Georg Schwedt

Goethe – der Manager

Georg Schwedt

Goethe – der Manager

WILEY-VCH Verlag GmbH & Co. KGaA

1. Auflage 2009

**Bibliografische Information
der Deutschen Nationalbibliothek**
Die Deutsche Nationalbibliothek verzeichnet diese Publikation in der Deutschen Nationalbibliografie; detaillierte bibliografische Daten sind im Internet über http://dnb.d-nb.de abrufbar.

© 2009 WILEY-VCH Verlag GmbH & Co. KGaA, Weinheim

Printed in the Federal Republic of Germany.

Gedruckt auf säurefreiem Papier.

Satz Kühn & Weyh GmbH, Freiburg
Druck und Bindung AALEXX Druck GmbH, Großburgwedel

ISBN: 978-3-527-50369-8

Inhalt

Goethe – der Manager. Georg Schwedt
Copyright © 2009 WILEY-VCH Verlag GmbH & Co. KGaA, Weinheim
ISBN: 978-3-527-50369-8

Vorwort

Auf den Spuren von Goethes Reisen und vor allem durch die
Beschäftigung mit seinen naturwissenschaftlichen Werken habe ich
Goethe bereits als erfolgreichen Manager und als planvoll tätigen
Wissenschaftler kennen gelernt und beschrieben. In diesem Buch
möchte ich darüber hinaus der Frage nachgehen, auf welche Weise
es Goethe möglich gewesen ist, so unterschiedliche und vielfältige
Geschäfte wie das Verwalten (als Beamter) und Dichten (als freier
Schriftsteller) erfolgreich zu organisieren. Denn gerade auch in die-
sem Sinne kann er als ein Vorbild für unsere Zeit betrachtet werden.

In ihrem neuesten Buch *Goethes letzte Reise* (2007) hat Sigrid
Damm Goethe als einen »Arbeitsbessenen, einen unablässig tätigen
Mann bezeichnet. Mit einem Zeitgeiz, der seinesgleichen sucht. Die
Einteilung der Zeit, Tag für Tag genau, über jede Stunde sich
Rechenschaft gebend... Seine Arbeitslast verteilt er zudem auf viele
Schultern, spannt andere rigoros für seine Zwecke ein, mit diesen
Mitarbeitern seine Kräfte vervielfachend.«

Mit diesen Worten hat sie den Manager Goethe treffend charakterisiert – sowohl als Zeit- als auch Personalmanager für all seine amtlichen und schriftstellerischen Aufgaben.

Ausgehend von dieser Betrachtung Goethes werden möglichst
viele Facetten seines Wirkens vorgestellt, die bisher nur in zahlreichen Einzelwerken bzw. Handbüchern Thema waren.

Goethe – der Manager. Georg Schwedt
Copyright © 2009 WILEY-VCH Verlag GmbH & Co. KGaA, Weinheim
ISBN: 978-3-527-50369-8

1
Goethe vor seiner Ankunft in Weimar

Seine Ausbildung und sein Studium

Als Johann Wolfgang Goethe am 7. November 1775 in der Haupt-
und Residenzstadt Weimar des Herzogtums Sachsen-Weimar-Eisenach eintraf, wohnten dort etwa 6000 Menschen, von denen 60 Personen zur Hofgesellschaft zählten. Eingeladen hatte ihn der erst 18
Jahre zählende Herzog Carl August, den Goethe im Dezember 1774
auf dessen Reise nach Paris in seiner Heimatstadt Frankfurt am
Main kennen gelernt hatte. Die Jahre der Bildung und Ausbildung
können hier nur als *Facetten* dargestellt werden; die überwiegend
bekannten *jugendlichen Leidenschaften* und seine ersten *dichterischen
Arbeiten* nur kurz erwähnt werden. Vor allem sollen die Aspekte,
Tätigkeiten und Ereignisse dargestellt werden, die als wesentliche
Voraussetzungen für sein späteres Wirken, seine berufliche Laufbahn und sein wirtschaftliches Denken anzusehen sind. Goethe
selbst hat in seiner Autobiographie *Aus meinem Leben. Dichtung und
Wahrheit* (erschienen 1811 bis 1814) auf mehr als 800 Seiten über
seine Entwicklung bis zur Ankunft in Weimar berichtet. An einigen
wesentlichen Stellen wird Goethe daher selbst zu Wort kommen.

Goethe begann 1765 in Leipzig im Alter von 16 Jahren ein Jurastudium – nicht nach seinem Wunsch, denn er hätte lieber in Göttingen *schöne Wissenschaften* (Poetik und Rhetorik) sowie klassische
Altertumswissenschaft studiert. Aber sein Vater Johann Caspar
(1710–1782), aufgewachsen im Gasthof »Zum Weidenhof« in Frankfurt, Alumnat des lutherischen Akademischen Gymnasiums Casimi-
rianum in Coburg (1605 gegründet), ehemaliger Student der Jurisprudenz in Gießen und Leipzig (mit Promotion zum Dr. juris utris-
que 1738 in Gießen), setzte seinen persönlichen Wunsch für den
Werdegang seines Sohnes durch. Goethes Vater hatte am Reichskammergericht in Wetzlar, beim Reichstag in Regensburg und am
Reichshofrat (dem kaiserlichen Reichsgericht seit 1559) in Wien hos-

Goethe – der Manager. Georg Schwedt
Copyright © 2009 WILEY-VCH Verlag GmbH & Co. KGaA, Weinheim
ISBN: 978-3-527-50369-8

pitiert, unternahm dann eine »wohlvorbereitete« Italienreise und kehrte 1741 in das von der Mutter Cornelia Goethe, geborene Walter, verwitwete Schellhorn (1668–1754), erworbene Haus am Großen Hirschgraben zurück. Der Vater Friedrich Georg (1657–1730) stammte aus Artern/Thüringen, kam als Schneidermeister nach Frankfurt und erwarb dort ein ansehnliches Vermögen, das durch die Heirat noch vermehrt wurde.

1742 erhielt Goethes Vater auf seine Bewerbung von Kaiser Karl VII. (1697–1745, Wittelsbacher), der in Frankfurt im selben Jahr gekrönt worden war, den Titel eines *Kaiserlichen Rates*. Damit war er gesellschaftlich den höchsten städtischen Beamten gleichrangig, ohne eine Anwaltspraxis ausüben zu dürfen, was auch aufgrund seiner guten finanziellen Verhältnisse nicht erforderlich war. Als gelehrter Privatmann und Verwalter eines beträchtlichen Vermögens heiratete er 1748 die um 21 Jahre jüngere Tochter des Frankfurter Schultheißen Dr. jur. Johann Wolfgang Textor, Catharina Elisabeth (1731–1808).

Den erstgeborenen Sohn Johann Wolfgang (geb. 1749) ließ Vater Johann Caspar im Sinne der *Aufklärung* von hervorragenden Lehrern erziehen. Diese Lehrer förderten Goethes Anlagen, legten die Fundamente für eine umfassende Bildung, die ihn in seinem späteren (und langen Leben) befähigten, sich selbst und auf so zahlreichen Gebieten zurecht zu finden und zu organisieren. Im Kindergarten (1752–1755) in der Weißadlerstraße in der Nähe des Elternhauses war Maria Magdalena Hoff, geb. Beyon (1710–1758) seine Erzieherin, die gebildete, reformierte Witwe eines Privatlehrers, bei der er auch etwas lesen, schreiben, rechnen und biblische Geschichte lernte. In der Grundschule (1755–1756) war der angesehene Schul-, Sprach- und Rechenmeister Johann Tobias Schellhaffer (1715–1773) sein Lehrer. Dort blieb Goethe nur wenige Monate während des Umbaues seines Elternhauses. Der oft gereizte Lehrer – so beschreibt ihn Goethe in *Dichtung und Wahrheit* – vermittelte ihm eine schöne Handschrift, brachte ihm aber auch empörende Schläge bei.

Danach wurde Goethe von Privatlehrern unterrichtet (gemeinsam mit seiner Schwester Cornelia und anderen Patrizierkindern) – so vom Schreibmeister Johann Heinrich Thym (1723–1789), Kalligraph und Privatinformator, im Schreiben, Rechnen, Geographie und Geschichte, von Johann Jacob Gottlieb Scherbius (1728–1804), später

Prorektor des Gymnasiums in Frankfurt, in Latein und Griechisch, von Mademoiselle Marie Madeleine Gachet in Französisch, von Domenico Giovinazzi (um 1680 bis um 1763), ehemaliger Dominikanermönch aus Neapel, in Italienisch, von Johann Peter Christoph Schade (geb. 1734) in Englisch (Juni/Juli 1762 – in einem Schnellkurs), von Johann Georg Albrecht (1694–1770), Rektor des Barfüßer-Gymnasiums in Frankfurt, in Hebräisch und von Johann Michael Eben (1716–1761), Kupferstecher und Kunsthändler im Zeichnen. Alle seine Lehrer hat Goethe in unterschiedlicher Weise in seiner Autobiographie mehr oder weniger ausführlich erwähnt.

Als Goethe am 19. Oktober 1765 an der Universität Leipzig im Fach Jura immatrikuliert wurde, hatte die seit 1409 bestehende Universität etwa 600 Studenten. Die sächsische Handels-, Messe- und Universitäts-Stadt zählte 28 000 Einwohner. Sein Vater ließ ihm 100 Gulden monatlich zukommen. Goethe hatte ein Wohnung im Haus zur »Großen Feuerkugel«, nahm seinen Mittagstisch anfangs beim Rektor der Universität Christian Gottlieb Ludwig (1709–1773, Mediziner) später im Hause des Weinhändlers und Gastwirts Christian Gottlob Schönkopf (1716–1791) ein, in dessen Tochter Käthchen (1746–1810) er sich verliebte. Juristische Lehrveranstaltungen besuchte er bald nicht mehr regelmäßig, sondern wandte sich zahlreichen anderen Fächern, auch den Naturwissenschaften und der Medizin zu. Er betrieb ein umfassendes *studium generale*. Der Professor für Staatsrecht und Geschichte Johann Gottlob Böhme (1717–1780) hielt zwar nach Goethes Meinung sehr trockene Vorlesungen, hatte aber als Studienberater einen entscheidenden Einfluss, als er Goethe riet, im Hinblick auf eine spätere Karriere das Jurastudium nicht zugunsten der schönen Wissenschaften und Philologie aufzugeben. Seine Frau Maria Rosine (1725–1765) vermittelte Goethe gesellschaftlichen Schliff und literarischen Geschmack. Weitere akademische Lehrer waren Christian August Clodius (1738–1784, Philosophie und schöne Wissenschaften), Johann August Ernesti (1707–1781, ehemals Rektor der Thomasschule, Rhetorik und Theologie), Christian Fürchtegott Gellert (1715–1769, Morallehre, Literaturgeschichte und Poetik), Samuel Friedrich Nathanael Morus (1736–1792, klassische Philologie) und Johann Heinrich Winckler (1703–1770, Philosophie und Physik). Bei Gellert absolvierte Goethe auch ein Stilpraktikum im natürlichen Briefstil.

Fast drei Jahre studierte Goethe die verschiedensten Wissenschaften – und das *Leben*, ohne einen akademischen Abschluss zu erreichen (oder auch nur anzustreben).

Ende Juli 1768 erlitt Goethe einen Blutsturz; daraufhin kehrte er Ende August wieder in sein Elternhaus zurück. Die Krankheit (als Lungenaffektion bezeichnet, versteht man heute wahrscheinlich eine Lungentuberkulose darunter) zwang ihn zu einer längeren Verweilzeit, in der sich aber nicht mit der Jurisprudenz sondern mit alchemistischen Werken und chemischen Experimenten beschäftigte. Anfang April 1770 reiste Goethe nach langer Rekonvaleszenz nach Straßburg, in die deutsch-französische Universitätsstadt mit etwa 43 000 Einwohnern und 500 Studenten. Beim Repetitor Johann Conrad Engelbach (1744 bis um 1802, bereits als Rat im Dienst des Fürsten von Nassau-Saarbrücken) ließ er sich auf das juristische Examen vorbereiten und bestand bereits im September 1770 das juristische Vorexamen. Er schrieb eine Dissertation mit dem Titel *De legislatoribus*, in der er im Sinne Rousseaus eine kirchenrechtliche Frage behandelte: »Recht und Pflicht des Staats, bei aller Freiheit des persönlichen Religionsbekenntnisses einen gewissen kirchlichen Kultus für Geistliche und Laien festzusetzen« (Gero von Wilpert), die jedoch verschollen ist. Wegen ihrer freigeistigen Thesen wurde sie von der juristischen Fakultät abgelehnt und nicht zum Druck freigegeben. Der Dekan der Fakultät J. F. Ehrlen riet ihm daraufhin, sein Studium mit dem *juristischen Lizentiat* abzuschließen. Goethe reichte 56 lateinische Thesen unter dem Titel *Positiones iuris* zu aktuellen Rechtsfragen ein. Darüber disputierte er am 6. August 1771 mit Franz Christian Lerse (1749–1800), Theologiestudent, Tischgenosse und Freund Goethes, aber offensichtlich auch ein sehr kritischer Opponent. Lerse wurde 1774 Inspektor der Militärakademie in Kolmar und besuchte Goethe mehrmals in Weimar. Der Ausgang der Disputation wurde *cum applausus* bezeichnet, womit Goethe dann auch den akademischen Grad eines *licentiatus iuris* erhielt. Er hatte damit eigentlich keinen Anspruch auf eine Anrede als *Doktor*, ließ sich in Frankfurt aber gern damit anreden, weil er der Meinung war, dass sein Titel mit dem Doktortitel gleichwertig sei. In einem Brief an den Theologen und Lehrer Christian Gotthelf Salzmann (1744–1811, gründete 1784 auf dem Landgut Schnepfenthal bei Gotha eine philanthropische Erziehungsanstalt) am Philanthropinum in Dessau schrieb Goethe Ende August 1771: Und das Zeremoniell weggerechnet, ist mir's vergangen, Doktor zu sein. Ich hab so satt am Lizentieren, so satt aller Praxis, daß ich höchstens des Scheins wegen meine Schuldigkeit tue, und in Teutschland haben beide Gradus gleichen Wert.

Erst 1825 erhielt er den *Ehrendoktor* der Universität Jena. Zu den interessantesten Thesen seiner Arbeit zählen folgende:

41: *das Jurastudium als das herrlichste Studium* – ironisch oder ernst gemeint?

43/44: *der Fürst als Quelle und Ausleger der Gesetze*
46: *das Wohl des Staates als oberstes Gesetz*
53: *Beibehaltung der Todesstrafe*
55: *Hinrichtung von Kindesmörderinnen.*

Straßburg stellte für Goethe aber nicht nur die wenn auch kurze Epoche des akademischen Abschlusses dar, sondern auch eine Phase weiterer Reifung. Sie wird deshallb literarisch gerne als »Durchbruch zum Sturm und Drang und zur Erlebnisdichtung« bezeichnet. In Goethes Straßburger Zeit gehört auch die Liebesgeschichte zu der Pfarrerstochter Friederike Brion (1752–1813) in Sesenheim. An der Universität besuchte er medizinische und chirurgische Vorlesungen, auch chemische Experimentalvorträge und historische Vorlesungen bei Jeremias Jakob Oberlin (1735–1806) und Christoph Wilhelm Koch (1737–1813). Oberlin und Koch versuchten vergeblich ihn zu einer akademischen Laufbahn in Geschichte, Staatsrecht oder Beredsamkeit zu überreden. Staatswissenschaftliche Vorlesungen hörte er bei Johann Daniel Schöpflin (1694–1771), der künftige Diplomaten aus ganz Europa anzog.

Zusammenfassend lässt sich feststellen, dass Goethe eine ausgezeichnete Ausbildung genoss. Wie bei vielen anderen weist sein Lebenslauf bis zum Abschluss seines Studiums jedoch nicht unbedingt die viel beschworene Zielstrebigkeit auf, die heute für berufseinsteigende Bewerber als unabdingbare Grundvoraussetzung gilt. Es zeigt sich jedoch schon früh eine gewisse Bereitschaft mit Konventionen zu brechen und neue Ideen zu entwickeln bzw. neue Wege zu gehen.

Der praktizierende Jurist

Im August 1771 kehrte Goethe in sein Elternhaus nach Frankfurt zurück. Er beantragte beim Magistrat und Schöffengericht die Zulassung zur *Advokatur* (als *Rechtsanwalt*), die ihm am 3. September erteilt wurde. Insgesamt vier Jahre war er als Advokat tätig, in denen er 28 Rechtsfälle, zumeist Prozesse, bearbeitete. Es handelte sich um Vormundschaftssachen, Nachlass- und Konkursangelegenheiten sowie Vermögensverwaltungen. Seine Fälle erhielt Goethe von seinem Onkel Johann Jost Textor (1739–1782, Bruder seiner Mutter, zunächst auch Anwalt, dann nach Aufgabe der Praxis Richter in Frankfurt) und von der Brüdern Hieronymus Peter und Johann Georg Schlosser (später Ehemann seiner Schwester) vermittelt. Sein Vater, der ja keine Anwaltstätigkeit ausüben durfte, unterstützte seinen Sohn:»Er studierte die Akten und bereitete die Fälle so weit vor, daß der junge Anwalt sie – zur Freude des Vaters – mit Leichtigkeit zur Ausführung bringen konnte.« (Wolfgang Klien im Goethe-Handbuch)

Bereits am 16. Oktober trat Goethe als Anwalt im Prozess Heckel gegen Heckel auf; sein Jugendfreund Maximillian Moors (1747–1782) war der Gegenanwalt. In diesem ersten, von ihm gewonnenen Prozess war Goethe Anwalt des Sohnes, der gegen seinen Vater auf die Herausgabe der versprochenen väterlichen Fabrik klagte. Zivilprozesse wurden damals ausschließlich in schriftlicher Form durchgeführt. Und hierin, in der Abfassung der Schriftsätze, lag auch Goethes Stärke – in seiner klaren Rhetorik, ohne die seinerzeit üblichen Spitzfindigkeiten und leeren Worte. Von Goethe stammt die (später formulierte) Äußerung im Geist der Sturm-und-Drang-Generation: Wer das Recht auf seiner Seite fühlt, muss derb auftreten: ein höfliches Recht will gar nichts heißen. In einem Prozess gegen die Stadt Frankfurt um die Zulassung einer Bebauung schrieb er: Ich würde ohne den Respect, den ich meiner gebietenden Obrigkeit schuldig bin, den Herrn Advokatum Fisci mit seiner Gesellschaft aus meinem Hause gewiesen haben.

Als Bürovorsteher unterstützte ihn Johann Wilhelm Liebholt (1740–1806), den er in *Dichtung und Wahrheit* selbst als trefflichen Kopisten, als gewandten Schreiber bezeichnete. Liebholt wirkte im Geschäftsbereich Rechts-, Vormundschafts- und Rechnungsfragen (später nach Goethes Weggang auch für seinen Vater und seine Mutter) und machte sich durch Redlichkeit und Pünktlichkeit überall, vor allem bei Goethe, beliebt und unentbehrlich. Goethes Tätigkeit als Advokat war für ihn in diesen vier Jahren (1771–1775) existentiell – von seinem Vater bekam er nur ein Taschengeld von monatlich sechs Gulden. Dass Goethe auch finanziell seine Interessen zu wahren verstand, schildert W. Klien an einem Beispiel:»So verlangte er von einem Korrespondenzanwalt außer der Erstattung von Auslagen ein Sonderhonorar von 25 Gulden, andernfalls er nicht nach seiner Überzeugung fortzufahren vermöge, sondern der Sache ›den gewöhnlichen Lauf‹ lassen müsse.« Diese Forderung ist nach heutiger Auffassung zwar standeswidrig, war damals im Rechtsleben wegen des allgemein herrschenden Trotts als selbstbewusste Forderung offensichtlich rechtens.

Als er mit Lilli Schönemann verlobt war, strebte er nach eigener Aussage (in *Dichtung und Wahrheit*) einen wachsenden Geschäftskreis, also eine Erweiterung seiner Advokatur an, weshalb er auch eine Zeit lang weniger häufig bei Lilli in Offenbach zu Besuch war. Seine Anwaltstätigkeit wird von Fachleuten anhand der Schriftsätze als sehr gewissenhaft charakterisiert, gegen Prozessverschleppungen gerichtet, mit sicherem Blick für die Schwächen seiner Gegner, voll in der Materie stehend und mit Weitblick, da er den Gesetzgeber sogar aufrief, überalterte Rechtsvorschriften zu überprüfen oder zu streichen. Er zeichnete seine Schriftsätze mit »J. W. Goethe, Lt.« oder »Licentiat« – sonst aber unterschrieb er mit »J. W. Goethe, Dr.« (in Weimar aus Prestigegründen dann sogar als Dr. jur.).

Im Reichskammergericht in Wetzlar (von Ende Mai bis Mitte September 1772) trug er sich zwar als Praktikant bzw. Referendar ein, übte dort aber keine Tätigkeit aus. Er war überzeugt, für seine Advokatentätigkeit in Frankfurt schon genug zu wissen, und er fühlte sich durch die am Reichskammergericht herrschenden Zustände (Prozessverschleppung, Korruption, Visitationen, Dünkel der Gerichtsräte) abgestoßen, worüber er in seiner Autobiografie ausführlich berichtete.

Zum Fazit seiner juristischen Tätigkeit bzw. Ausbildung hat Goethe sich mehrmals geäußert – er habe als Sohn eines Juristen Genauigkeit und Vorsicht im Denken gelernt und dieses Fach sei als Fundament eines Geschäftslebens anzusehen. Während seiner

Tätigkeit als Minister in Weimar war Goethe an der Abfassung zahlreicher Gesetze beteiligt – an einem Berggesetz, an einem Gesetz zur Ablösung von Feudallasten, einer Feuerlöschordnung, bei der Verbesserung des Wildschadensrechts, sogar an dem Entwurf einer Konkursordnung. Außerdem schloss er als Beamter zahlreiche Verträge, vor allem mit Schauspielern des Weimarer Theaters.

Auch wenn Goethe seine ersten Fälle über das berühmte »Vitamin B« erlangte und zudem von seinem Vater nicht unwesentlich unterstützt wurde, zeigte sich bald, dass er mit klarer Rhetorik, deutlichen Worten und trefflichen Argumentationen Eigenschaften aufwies, die für einen Advokaten ebenso wichtig sind wie für einen Manager. Besonders hervorzuheben ist aber auch, dass er in dieser Zeit lernte, seine finanziellen Interessen zu wahren und hauszuhalten.

Sturm und Drang – bis zur Ankunft in Weimar

Die Jahre bis zu seinem ersten Kontakt mit dem damals noch weimarschen Prinzen Carl August und dessen Bruder Constantin am 11. Dezember 1774 sind erfüllt von dichterischer Arbeit: *Götz* – erste Fassung als *Geschichte Gottfriedens von Berlichingen dramatisiert*, in sechs Wochen niedergeschrieben; Gedichte wie *Wanderers Sturmlied*, *Jahrmarktsfest zu Plundersweilern*, *Prometheus* und vor allem die *Leiden des jungen Werthers*.

Die äußeren Ereignisse lassen sich wie folgt zusammenfassen: zahlreiche Bekanntschaften mit Dichtern (und der Dichterin Sophie La Roche), die zu seiner künstlerischen Weiterentwicklung beitrugen, im Mai 1772 Eintragung in die Matrikel (als Praktikant) des Reichskammergerichts in Wetzlar (Bekanntschaft mit Charlotte Buff und deren Bräutigam Johann Christian Kestner), am 11. September 1772 Abschied aus Wetzlar und Reise nach Koblenz (Thal-Ehrenbreitstein zu Sophie La Roche und deren Tochter Maximilliane (spätere Brentano, Mutter von Clemens und Bettina)), Reisen nach Darmstadt zu Johann Heinrich Merck, Kriegsrat und Herausgeber der »Frankfurter Gelehrten Anzeigen«, für die Goethe Rezensionen schreibt, im Winter 1772/73 Porträtzeichnen und Kupferstechen, 1774 eine Lahn-Rhein-Reise, zahlreiche Besuche von Dichtern auch im Elternhaus in Frankfurt.

Am 11. Dezember erhielt Goethe Besuch von dem Weimarer Kammerherrn Karl Ludwig von Knebel (1744–1834). In seiner Autobiographie schrieb Goethe über dieser erste Begegnung, die zu einer lebenslangen Freundschaft führen sollte:

Er nannte mir seinen Namen von Knebel, und aus einer kurzen Eröffnung vernahm ich, daß er in preußischem Dienste, bei einem längern Aufenthalt in Berlin und Potzdam, mit den dortigen Literatoren und der deutschen Literatur überhaupt eine gutes und tätiges Verhältnis angeknüpft habe ... Kaum hatten wir diese allgemein deutschen literarischen Gegenstände durchgesprochen, als ich zu meinem Vergnügen erfuhr, daß er gegenwärtig in Weimar angestellt und zwar dem Prinzen Constantin zum Begleiter bestimmt sei. Von den dortigen Verhältnissen hatte ich schon manches Günstige vernommen: denn es kamen viele Fremde von daher zu uns, die Zeugen gewesen waren, wie die Herzogin Amalia zu Erziehung ihrer Prinzen die vorzüglichsten Männer berufen; wie die Akademie Jena durch ihre bedeutenden Lehrer zu diesem schönen Zweck gleichfalls das Ihrige beigetragen; wie die Künste nicht nur von gedachter Fürstin geschützt, sondern selbst von ihr gründlich und eifrig betrieben würden.

Noch am selben Tag, dem 11. Dezember 1774, lernte Goethe durch Vermittlung von Knebel die Prinzen Carl August und Constantin sowie den Führer des Erbprinzen (Carl August), Graf Görtz (eigentlich Johann Eustachius Graf von Schlitz, gen. von Görtz, 1737–1821, Jurist im Gothaischen Staatsdienst und Regierungsassessor in Weimar, weltgewandt, mit besten Hofsitten, daher Prinzenerzieher) kennen. Goethe schrieb nach der ausführlichen Darstellung dieses ersten Gespräches, das bei einem gemeinsamen Essen fortgesetzt wurde: ... manches Thema klang nur an, ohne daß man es hätte verfolgen können; und so ward, weil der Aufenthalt der jungen Herrschaften in Frankfurt nur kurz sein konnte, mir das Versprechen abgenommen, daß ich nach Maynz folgen und dort einige Tage zubringen sollte, welches ich denn herzlich gern ablegte und mit dieser vergnügten Nachricht nach Hause eilte, um solche meinen Eltern mitzuteilen.

Direkt an diesen Text anschließend beschreibt Goethe die Reaktion seines Vaters:

Meinem Vater wollte es jedoch keineswegs gefallen: denn nach seinen reichsbürgerlichen Gesinnungen hatte er sich jederzeit von den Großen entfernt gehalten, und obgleich mit den Geschäftsträgern der umliegenden Fürsten und Herren in Verbindung, stand er doch keineswegs in persönlichen Verhältnissen zu ihnen; ja es gehörten die Höfe unter die Gegenstände, worüber er zu scherzen pflegte ...*

1775 lernte Goethe Anna Elisabeth Schönemann (gen. Lilli, 1758–1817, spätere Frau von Türckheim) kennen, verlobte sich zur Zeit der Ostermesse mit ihr, trat im Mai seine erste Reise in die Schweiz an, war im Juli wieder in Frankfurt und löste zur Herbstmesse sein Verlöbnis wieder auf. Am 3. Oktober 1775 heiratete Carl August von Sachsen-Weimar-Eisenach (1757–1828), nun volljährig und Herzog, Prinzessin Louise von Hessen-Darmstadt (1757–1830). Am 3. September war Carl August mit 18 Jahren volljährig geworden und hatte die Regierung des Herzogtums übernommen. Bereits auf der Durchreise zur Vermählung nach Darmstadt hatte er am 22. September Goethe nach Weimar eingeladen. Das Herzogpaar reiste über Frankfurt nach Weimar zurück und lud Goethe wiederum ein. Goethes Vater schüttelte über diese Mitteilung seines Sohnes den Kopf, seine Mutter hatte nichts dagegen. Goethes Vater soll sich zur Mutter wie folgt geäußert haben: Sie vertraute mir Abends: als ich weggegangen, habe mein Vater sich geäußert, er wundre sich höchlich wie ich, doch sonst nicht auf den Kopf gefallen, nicht einsehen wollte, daß man nur von jener Seite mich zu necken und mich zu beschämen gedächte. Aber dieses konnte mich nicht rühren ...

Über das weitere Geschehen berichtete Goethe dann ausführlich im zwanzigsten und letzten Buch seiner Autobiographie *Dichtung und Wahrheit*:

Nachdem ich daher so freundlichen Anträgen aus guten Gründen nachgegeben hatte, so ward folgendes verabredet. Ein in Carlsruhe zurückgebliebener Kavalier, welcher einen in Straßburg verfertigten Landauer Wagen erwarte, werde an einem bestimmten Tage in Frankfurt eintreffen, ich solle mich bereit halten, mit ihm nach Weimar sogleich abzureisen... Aber auch hier sollte durch Zufälligkeiten eine so einfache Angelegenheit verwickelt, durch Leidenschaftlichkeit verwirrt und nahezu völlig vernichtet werden: denn nachdem ich überall Abschied genommen und den Tag meiner Abreise verkündet, sodann aber eilig eingepackt und dabei meiner ungedruckten Schriften nicht

---

* Trotzdem fand vom 13. bis 16. Dezember in Mainz eine weitere Begegnung mit den Prinzen aus Weimar statt.

vergessen, erwartete ich die Stunde, die den gedachten Freund im neuen Wagen herbeiführen und mich in eine neue Gegend, in neue Verhältnisse bringen sollte.

Der gedachte Freund war der Kammerjunker Johann August Alexander von Kalb (1712–1792, kursächsischer Offizier, Kammerrat und später Kammerpräsident in Weimar). Da Goethe vergeblich auf seine Abholung warten musste, entschloss er sich zu einer Reise nach Italien, reiste zunächst von Frankfurt nach Heidelberg, wo ihn schließlich der verspätete von Kalb erreichte. Goethe schrieb:

Mein ausgebliebener Geleitsmann hatte auf den neuen Wagen, der von Straßburg kommen sollte, Tag für Tag, Stunde für Stunde, wie wir auf ihn geharrt, war alsdann Geschäfts wegen über Man(n)heim nach Frankfurt gegangen, und hatte dort zu seinem Schreck mich nicht gefunden. Durch eine Stafette sendete er gleich das eilige Blatt ab, worin er voraussetzte, daß ich sofort nach aufgeklärtem Irrtume zurückkehren und ihm nicht die Beschämung bereiten wolle, ohne mich in Weimar anzukommen.

Obwohl ihm sein Vater für die Italienreise einen gar hübschen Reiseplan aufgesetzt und (ihm) eine kleine Bibliothek mitgegeben hatte, entschloss sich Goethe nach Weimar zu gehen. Sein Diener Philipp Friedrich Seidel (1755–1820, Frankfurter Handwerkersohn, später Goethes Sekretär und dann Rentkommissar in Weimar) begleitete ihn.

In dieser Zeit lernte Goethe wichtige Persönlichkeiten seiner Zeit kennen und knüpfte wichtige Verbindungen, die als Grundstein für seine spätere Karriere in Weimar angesehen werden können. Eine gewisse Zielstrebigkeit ist ihm in dieser Phase seines Lebens nicht abzusprechen.

Goethes frühes Netzwerk

Nach dem Motto »es kommt nicht darauf an, was Du kannst, sondern wen Du kennst« gilt »Networking« mittlerweile als bedeutender Schlüssel zum Erfolg. Ein Netzwerk tragfähiger Beziehungen gibt Sicherheit und kann gewinnbringend eingesetzt werden. Unter »netzwerken« wird heute allgemein der Aufbau und die Pflege eines tragfähigen, nutzbringenden Beziehungsgeflechts verstanden. Es wird sich zeigen, dass Goethe die Vorteilhaftigkeit dieser Verflechtungen früh erkannte und bereits in jungen Jahren zu nutzen verstand.

In den zehn Jahren zwischen dem Beginn des Jurastudiums in Leipzig (Oktober 1765) und der Ankunft in Weimar (7. November 1775) hatte sich Goethe ein *Netzwerk* an Kontakten (und beginnender Freundschaften) mit ihn prägenden und auch zukünftig für ihn wichtigen Persönlichkeiten seiner Zeit aufgebaut. Einige der bekanntesten (mit sehr unterschiedlichen Berufen) sollen im Folgenden kurz vorgestellt werden.

Beim Maler, Zeichner, Radierer und Bildhauer Adam Friedrich Oeser (1717–1799) nahm Goethe als Student in Leipzig von Dezember 1765 bis 1768 Zeichenunterricht. Durch ihn fand Goethe Zugang zu den Schriften Winckelmanns. Er wurde von Oeser vor allem in Kunstanschauung und Geschmacksbildung unterwiesen, zählte ihn zu seinen *echten* Lehrern, korrespondierte mit ihm und besuchte ihn von Weimar aus, zog ihn auch für Theaterdekorationen heran und vermittelte ihm Weimarer Aufträge, wie beispielsweise für Monumente im Park an der Ilm und im Tiefurter Park sowie für Deckengemälde im Wittumspalais und im Roten Turm, jetzt Belvedere. Oeser war seit 1764 Direktor der neugegründeten Kunstakademie in der Pleißenburg und kurfürstlicher Hofmaler. Er hatte einen bedeutenden Einfluss auf die Entwicklung des frühen Klassizismus. Goethes Graphikensammlung (s. 6.3) enthält mehrere Handzeichnungen Oesers.

Goethe lernte von der Leipziger Buchdrucker- und Verlegerfamilie Breitkopf noch den Firmengründer Bernhard Christoph Breitkopf (1695–1777) und dessen Sohn Johann Gottlieb Immanuel Breitkopf (1719–1794) in deren Haus »Zum Goldenen Bären« in Leipzig kennen. Mit den Enkeln, der Tochter Theodora Sophie Constanze (1748–1818) und den Söhnen Christoph Gottlob (1750–1800) sowie Bernhard Theodor (1749–1820) war Goethe eng befreundet. Der Letztere, musisch begabt, vertonte Goethes anakreontisches »Leipziger Liederbuch«, das 1770 als »Neue Lieder in Melodien gesetzt von Bernhard Theodor Breitkopf« im väterlichen Verlag erschien (s. auch Kap. 6.4).

Jung-Stilling, der eigentlich Johann Heinrich Jung, gen. Stilling (1740–1817), hieß, hatte Goethe bereits in Straßburg im September

1770 als Medizinstudenten (und Tischgenossen – s. o.) kennen gelernt. Jung-Stilling, Pietist, war zunächst Schneider und Hauslehrer, Autodidakt, und wurde dann ein bekannter Augenarzt. Er überließ Goethe 1777 seine Lebensgeschichte, der sie unter dem Titel »Heinrich Stillings Jugend« herausgab und damit dessen Ruhm als pietistischer Schriftsteller begründete. Jung-Stilling wurde 1787 als Professor für Kameralwissenschaften nach Kaiserslautern berufen. Ab 1803 lehrte er Staatswissenschaft in Heidelberg und 1806 berief ihn der badische Kurfürst als Hofrat zur Förderung von »Religion und praktischem Christentum« nach Karlsruhe. Diese Stellung ermöglichte es ihm, von nun an als freier Schriftsteller zu wirken. Goethe traf ihn auch auf seiner Lahn-Rhein-Reise im Sommer 1774 in Elberfeld, wohin er von Düsseldorf aus (s. Jacobi) geritten war. Im Februar/März 1775 war Jung-Stilling in Frankfurt, wo er den Bürgermeister Friedrich Maximilian von Lersner (geb. 1735) am Star operierte; der Eingriff war jedoch nicht erfolgreich. In dieser Zeit war Jung-Stilling auch Gast in der Familie Goethe. In Karlsruhe fand am 3. Oktober 1815 das letzte Treffen statt, wohin Goethe mit dem vermögenden Kölner Kaufmann und Kunstmäzen Sulpiz Boisserée (1783–1854) von Frankfurt aus gereist war, das er danach nie wieder besuchte. Goethe weilte in dieser Zeit zur Kur in Wiesbaden, von wo aus er zahlreiche Ausflüge unternahm.

Johann Gottfried Herder (1744–1803) lernte Goethe zufällig im Gasthof »Zum Geist« in Straßburg Ende September 1770 kennen. Der Sohn eines pietistischen Kantors und Volksschullehrers wurde zunächst Kopist bei einem Diakonus, begann 1762 ein Studium der Medizin in Königsberg, wechselte zur Philosophie und Theologie zur Zeit des Philosophen Kant. 1764 wurde er Lehrer an der Domschule in Riga (1767 Prediger). 1769 reiste er mit dem Schiff nach Frankreich, traf in Paris den Schriftsteller, Ästhetiker und Philosophen Denis Diderot (1713–1784), reiste weiter über Holland nach Hamburg und besuchte Lessing und Claudius. Bei J. H. Merck (s. u.) in Darmstadt lernte er seine spätere Frau Caroline Flachsland (1750–1809, Heirat 1773) kennen und von dort gelangte er nach Straßburg, wo er sein langwieriges Augenleiden behandeln ließ. Die Begegnung mit Goethe hatte eine nachhaltige Wirkung. Nach einer Tätigkeit als Konsistorialrat in Bückeburg (1771–1776) wurde er durch die Vermittlung von Goethe als Generalsuperintendent nach

Weimar berufen (1801 Oberkonsistorialpräsident, Aufsicht auch über das Schulwesen). 1788/89 begleitete er die Herzoginmutter Anna Amalia auf ihrer Italienreise.

Johann Heinrich Merck (1741–1791) aus Darmstadt gehörte seit Ende 1771 zu den ständigen Gästen im Hause Goethe in Frankfurt. Er war von den Brüdern Hieronymus Peter (1735–1797) und Johann Georg Schlosser (1739–1799, späterer Schwager Goethes, Ehemann seiner Schwester Cornelia), den Söhnen eines Frankfurter Juristen und Ratsherrn, eingeführt worden. Merck war ein vielseitig gebildeter Schriftsteller, Kritiker und auch Übersetzer, war 1767 Kanzleisekretär, 1768 Kriegszahlmeister und 1774 Kriegsrat geworden. Zu Goethe kam er auf Anregung von Herder. Zwischen Goethe und Merck begann ein intensiver geistiger Austausch und durch ihn wurde Goethe auch Mitarbeiter an den 1772 von Merck geleiteten *Frankfurter Gelehrten Anzeigen*. Im September 1772 (nach dem Weggang aus Wetzlar) traf Goethe ihn bei Familie von La Roche (s. u.) in Thal-Ehrenbreitstein und reiste mit ihm nach Frankfurt zurück. Goethe war häufig auch zu Gast im Hause Merck in Darmstadt. Über Mercks Einfluss auf Goethe schrieb Gero von Wilpert (Goethe-Lexikon) unter anderem:

»Mercks kritische, analytische Intelligenz befähigte ihn, als einer der ersten G.s [Goethes] Größe zu erkennen und einen zugleich kritischen und starken, anspornenden Einfluß auf ihn auszuüben. Allen Halbheiten, allem Mittelmaß und schönen Schein, allen Normen und Vorurteilen abgeneigt, erwartete er das Höchste, tadelte das Unbedeutende (*Clavigo* als ›Quark‹) und G.s *Zeitverschwendung* auf außerliterarische Dinge in den frühen Weimarer Zeiten, unterstützte aber seine mineralogischen, osteologischen und paläontologischen Studien.«

Sophie von La Roche (1731–1807, geb. Gutermann) war die Kusine, Jugendliebe und Verlobte Wielands gewesen und hatte 1753 Georg Michael Frank von La Roche (1720–1788, wahrscheinlicher unehelicher Sohn des Grafen Stadion) geheiratet. Im April 1772 lernte Goethe Frau von La Roche durch Merck in Frankfurt kennen. Sie war bereits 1771 als Schriftstellerin durch ihren empfindsamen Briefroman *Geschichte des Fräuleins von Sternheim* (auch ein Vorbild für Goethes *Werther*) hervorgetreten. Nach seinem Abschied in Wetzlar besuchte Goethe die Familie in Thal-Ehrenbreitstein. Dort lernte er auch deren Tochter Maximiliane (spätere von Brentano) kennen. Bis 1780 blieb Goethe auch in brieflichem Kontakt zu ihr. Im Juli 1799 besuchte sie Wieland in Ossmannstedt und Goethe veranstaltete ihr zu Ehren ein »großes Gastmahl« in seinem Hause in Weimar.

Den Gothaer Legationsrat und Schriftsteller Friedrich Wilhelm Gotter (1746–1797) lernte Goethe an der »Rittertafel« in Wetzlar kennen. Er vermittelte Goethe den Kontakt zu Heinrich Christian Boie (1744–1806), dem Herausgeber des *Göttinger Musenalmanachs*. Goethe pflegte den Kontakt zu ihm und sandte ihm auch 1773 seinen *Götz von Berlichingen* zur Aufführung in Gotters Liebhabertheater in Gotha.

Der spätere preußische Minister Carl August Freiherr von Hardenberg (1750–1822) studierte wie Goethe gleichzeitig in Leipzig Jura und nahm zusammen mit ihm am Zeichenunterricht 1766 bei Oeser teil. Goethe traf ihn im Sommer 1772 in Wetzlar wieder. Nach der Völkerschlacht bei Leipzig kam Hardenberg 1813 durch Weimar und speiste im Hause Goethe.

Johann Caspar Lavater (1741–1801) war Schriftsteller und reformierter Prediger in Zürich. Seine persönliche Bekanntschaft mit Lavater machte Goethe nach einem Briefwechsel im Juni 1774 in Frankfurt. Gemeinsam mit Basedow (s. u.) und dem Zeichner G. F. Schmoll unternahmen sie eine »Geniereise« per Schiff lahn- und rheinabwärts von Ems bis Köln. Sie schlossen Freundschaft und Goethe interessierte sich vor allem für Lavaters *Physiognomische Fragmente zur Beförderung der Menschenkenntnis und Menschenliebe* (1775–78). Ab 1774 lieferte Goethe dazu auch Zeichnungen, Silhouetten und eigene Beiträge und sorgte Anfang 1775 für den Druck. Später jedoch äußerte er sich distanzierter über dieses Werk. Auf seinen Reisen in die Schweiz (1775 und 1779) wohnte er bei Lavater in Zürich. 1782 erfolgte ein Bruch infolge Lavaters Schwärmerei und verstiegener Prophetenhaltung. Auf seiner 3. Schweizreise 1797 vermied Goethe ein erneutes Treffen mit Lavater.

Johann Bernhard Basedow (1724–1790), aufklärerischer und dogmenfeindlicher Pädagoge und Schulreformer, reiste mit Goethe im Juli 1774 nach Ems zu Lavater (s. o.) und anschließend zu Schiff auf Lahn und Rhein bis Neuwied, wo er die beiden zu einem Besuch wieder verließ. Auf der Rückreise schloss er sich wieder an. Am

12. August kehrten Goethe und Basedow nach Frankfurt zurück. Basedow gründete noch im selben Jahr von dem Philosophen Rosseau beeinflusst seine Musterschule »Philanthropinum« in Dessau, wo ihn Goethe mit dem Herzog Carl August Mitte Dezember 1775 besuchte. Goethe schätzte Basedows erzieherischen Ideale (eine natürliche Erziehung im Sinne der Aufklärung), weniger seinen wohl schwierigen Charakter und auch nicht dessen pädagogische Praxis.

Mit Friedrich Heinrich Jacobi (1743–1819) verband Goethe eine enge Jugendfreundschaft, die jedoch mit zunehmender Reife und geografischer Entfernung zur Entfremdung führte. Goethe lernte Jacobi in Elberfeld bei Jung-Stilling auf seiner Rheinreise im Juli 1774 kennen. Eigentlich hatte er den Kaufmann (1772 Hofkammerrat, 1807 Präsident der Akademie der Wissenschaften in München), Schriftsteller und Philosophen in seinem Wohnhaus in Pempelfort (Düsseldorf) aufsuchen wollen. Nach dem ersten Kennenlernen reiste Goethe mit ihm nach Pempelfort, dann über Bensberg nach Köln. In den Jahre 1774 und 1775 erfolgte ein intensiver Briefwechsel und Austausch der Werke. Trotz der Entfremdung besuchte Goethe ihn nach der Campagne in Frankreich noch einmal im November/ Dezember 1792 in Pempelfort – in unmittelbarer Nähe befindet sich heute das Goethe-Museum – und 1805 besuchte Jacobi Goethe in Weimar auf seiner Reise nach München.

Friedrich Maximilian Klinger (1752–1831) wird von Goethe als »treuer, fester, derber Kerl« geschildert. Klinger wohnte mit seiner verwitweten Mutter und zwei Schwestern in der Nähe von Goethes Vaterhaus. Mit dem jungen »Sturm und Drang-Dichter« verbanden Goethe gemeinsame Interessen. Er lernte ihn im Frühjahr 1774 in bescheidenen Verhältnissen kennen, unterstützte dessen Jurastudium in Gießen, indem er ihm Manuskripte von Fastnachtsspielen zur Veröffentlichung schenkte. Klinger hielt sich im Sommer 1776 in Weimar auf, konnte jedoch dort nicht Fuß fassen und machte schließlich 1780 Karriere als russischer Offizier, Hofmeister des Großfürsten Paul, 1801 Generalmajor und 1803–1816 Kurator der Universität Dorpat. Goethe blieb in brieflichem Kontakt mit ihm.

Georg Melchior Kraus (1737–1806) war Maler, Zeichner und Radierer, Schüler von Tischbein, stammte aus Frankfurt und begleitete Goethe und Lavater auf ihrer Rheinreise 1774. Am 1. Oktober

1775 wurde Kraus zum Zeichenmeister des Herzogs Carl August ernannt, noch bevor Goethe in Weimar eintraf. Goethe charakterisierte ihn als angenehmsten Gesellschafter: gleichmütige Heiterkeit begleitete ihn durchaus; dienstfertig ohne Demut, gehalten ohne Stolz und als den heitersten Mann, immer gleich, immer gesellig und gefällig. Von 1776 bis zu seinem Tod war Kraus Direktor der Freien Zeichenschule in Weimar, ab 1780 als weimarscher Rat. Er begleitete Goethe im August/September 1784 auf dessen 3. Harzreise und fertigte zahlreiche Zeichnungen von Felsformationen an.

Friedrich Leopold Graf zu Stolberg-Stolberg (1750–1819), Dichter und Übersetzer, trat nach einem Jurastudium in Halle und Göttingen zunächst als Mitglied des »Göttinger Hains« 1774 mit Goethe in Briefkontakt. Zusammen mit seinem älteren Bruder kam er im Mai 1775 nach Frankfurt, verkehrte in Goethes Elternhaus und lud Goethe spontan zu einer Bildungsreise (in Werthertracht) in die Schweiz ein. In Zürich trennten sie sich, besuchten Goethe dann aber Ende November/Anfang Dezember 1775 in Weimar und nahmen am dortigen »Genietreiben« teil. Die letzte Begegnung fand im Sommer 1812 während einer Kur Goethes in Karlsbad statt.

Johann Jakob Bodmer (1698–1783), Geschichtsprofessor und Literaturtheoretiker in Zürich, lernte Goethe auf seiner ersten Schweizreise im Juni 1775 mit den Grafen Stolberg in Zürich kennen. Im November 1779 besuchte er ihn zusammen mit seinem Herzog Carl August. Es waren Höflichkeitsbesuche, denn Goethe hielt schon als Student in Leipzig Bodmers biblische Epen und vaterländische Dramen für überholt und seinen Homer für völlig falsch übersetzt.

Den Züricher Maler und Kupferstecher Julius Heinrich Lips (1758–1817) traf Goethe ebenso wie Bodmer auf seiner ersten Schweizreise im Juni 1775. Als Goethe in Italien lebte, hatte er 1786 näheren Kontakt zu ihm. Für Goethes Werke stach Lips nach Zeichnungen von Angelika Kauffmann (1741–1807) zahlreiche Abbildungen. Lips übernahm auch Goethes Wohnung in Rom am Corso, als dieser nach Sizilien weiterreiste. Im Herbst 1789 kam Lips auf Goethes Einladung an die Freie Zeichenschule in Weimar, kehrte aber 1794 nach Zürich zurück. Goethes Graphiksammlung enthält 54 Porträtstiche und vier Handzeichnungen von Lips.

Zusammenfassend lässt sich feststellen, dass Goethe sein Beziehungsgeflecht teilweise über Jahrzehnte pflegte und dass es ihn ebenso beeinflusste und weiterentwickelte, wie er andere. Aber er profitierte auch ganz konkret: Von Oeser lernte er Zeichnen, Breitkopf verlegte seine »Neuen Lieder in Melodien gesetzt von Bernhard Theodor Breitkopf« und durch Merck wurde er Mitarbeiter der *Frankfurter Gelehrten Anzeigen*. Es war jedoch keinesfalls eine einseitige Nutzung des Netzwerks. So begründete Goethe durch eine Veröffentlichung den Ruhm Jung-Stillings als pietistischer Schriftsteller, vermittelte Herder die Stelle als Generalsuperintendent in Weimar, überließ Klinger Manuskripte zur Finanzierung des Studiums und Gotter den *Götz von Berlichingen* zur Aufführung in dessen Liebhabertheater. Zu Lavaters *Physiognomische Fragmente zur Beförderung der Menschenkenntnis und Menschenliebe* steuerte Goethe Zeichnungen, Silhouetten und Beiträge bei und sorgte sogar für den Druck (auch wenn er sich später hiervon distanzierte).

2
Der verbeamtete Manager

Das Umfeld

Der Begriff »Manager« geht uns heute im Zusammenhang mit der öffentlichen Verwaltung nur recht zögerlich über die Lippen. Zu Zeiten Goethes jedoch hatte die Verwaltung eine weitaus bedeutendere Stellung. Auch wenn Goethe keinen auf »Profit« und »Cashflow« ausgerichteten privaten Arbeitgeber hatte, wird sich nachfolgend zeigen, dass seine damalige Tätigkeit große Parallelen zur Tätigkeit eines privatwirtschaftlich angestellten Managers der heutigen Zeit aufwies.

Goethes Autobiografie *Dichtung und Wahrheit* endet mit der Ankunft der Kutsche, die ihn nach Weimar bringen sollte. Am 7. November 1775 kam er morgens um fünf Uhr in Weimar an und wohnte zunächst bis zum 18. März 1776 beim Präsidenten der Kammer (Finanzbehörde – von 1761–1776) Carl Alexander von Kalb (1712–1792), Vater des gedachten Freundes (s. 1.3) Johann August Alexander von Kalb (1747–1814). Das Stadthaus der Familie von Kalb, einer alten thüringischen Adelsfamilie, stand am Töpfenmarkt (heute Eisfeld 12, Eckhaus am heutigen Herderplatz) und gehörte früher dem Deutschritterorden. Es wurde Schwarzburger Hof, später Sächsischer Hof (ab 1810 Gaststätte »Hotel de Saxe«) genannt. Danach wohnte er etwa 9 Monate im 2. Stock eines alten Ritterhauses hinter der Wache (Am Burgplatz 1) des Hofkassierers König gegenüber dem Gelben Schloss (damals eine Ruine nach dem Brand vom 6. Mai 1774). Am 18. Mai 1776 bezog er das ihm vom Herzog Carl August geschenkte Gartenhaus im Ilmpark, behielt jedoch die Wohnung als städtisches Absteigequartier bis Ostern 1777. Weitere städtische Unterkünfte befanden sich im Erdgeschoss des Fürstenhauses (langgestrecktes, spätbarockes Gebäude am heutigen Platz der Demokratie, von Ostern 1777 bis 2. August 1779) und von August 1779 bis Juni 1781 im ehemals Vogelstädtischen Haus in der

Goethe – der Manager. Georg Schwedt
Copyright © 2009 WILEY-VCH Verlag GmbH & Co. KGaA, Weinheim
ISBN: 978-3-527-50369-8

Seifengasse 16 in unmittelbarer Nähe zum Haus der Frau von Stein. Danach mietete Goethe einen Teil des späteren »Goethehauses am Frauenplan«.

Zur Zeit des Regierungsantritts von Herzog Carl August am 3. September 1775 bot das *Herzogtum Sachsen-Weimar-Eisenach* das typische Bild eines deutschen Kleinstaates im 18. Jahrhundert. Es zählte weniger als 100 000 Einwohner auf einer Fläche von 36 Quadratmeilen (1 sächsische Meile = 9062 m; somit etwa 326 qkm). Dazu ist bei J. A. von Bradisch (*Goethes Beamtenlaufbahn*, 1937) zu lesen:

»Genauer ausgedrückt waren es eigentlich zwei Staaten. Durch eine Landesteilung im Jahre 1672 war nämlich das Herzogtum in drei Gebiete zersplittert worden: Weimar, Eisenach und Jena, die von da ab als selbständige Fürstentümer nebeneinander bestanden. Die Linie Jena starb schon 1690 aus, und ihr Land wurde nun unter die Häuser Weimar und Eisenach geteilt. Die Eisenachsche Linie erlosch im Jahre 1741, und nun fiel, auf Grund der Primogeniturordnung von 1724 [Nachfolgeordnung nach dem Erstgeburtsrecht: Zur Erbfolge ist nur der Erstgeborene des regierenden Hauses mit Ausschluss aller jüngeren Linien berufen.], der gesamte Besitz an den Weimarer Zweig, so dass von 1741 ab das ganze Herzogtum nur noch *einem* Herzog unterstand, jedoch Weimar und Eisenach selbständige Staaten mit eigener Behördenorganisation und eigener landsständischer Verfassung blieben. Untereinander verkehrten sie nur nach dem wortreichen Kurialstil [von *Curia*: älteste Gliederungsform der römischen Bürgerschaft in 30 Körperschaften] des 18. Jahrhunderts. Die eigene Verfassung des Jenaischen Landesteils war zwar seit 1756 aufgehoben, er wurde seit der Vereinigung von Weimar und Eisenach von Weimar aus regiert, aber die eigene landesstädtische Verfassung mit selbständigem Steuerwesen und selbständiger Steuerverwaltung blieb auch für Jena erhalten. Eine Sonderstellung nahm endlich das aus der Hennebergischen Erbschaft an Weimar gefallene nichtaltsächsische ›Amt Ilmenau‹ ein, welches eine eigene Steuerverfassung, wenn auch ohne Landesstände, besaß.«

An der Spitze der Behördenorganisation stand das *Geheime Consilium*. Dieses »leitende Amt« gab die Direktiven und überwachte deren Ausführung. Die eigentliche Durchführung und auch die Abfassung von Gesetzen erfolgte durch *Kollegialbehörden*: Die *Fürst-*

liche Landesregierung mit einem »Kanzler« an der Spitze war oberstes Gericht und oberste Verwaltungsbehörde zugleich. Die *Fürstliche Kammer*, von einem Kammerpräsidenten geleitet, hatte die Verwaltung der dem Landesherrn zustehenden Finanzen als Aufgabe. Und als drittes Kollegium gab es das *Oberkonsistorium* für die geistlichen Angelegenheiten und die Schulverwaltung.

Wenige Jahre nach Goethes Tod erschien im Verlag von Brockhaus (Leipzig 1838) das *Bilder-Conversations-Lexikon für das deutsche Volk*, ganz im Sinne von Goethe als *Ein Handbuch zu Verbreitung gemeinnütziger Kenntnisse und zur Unterhaltung*. Darin wird der Begriff *Kammer* wie folgt definiert:

»*Kammer* bezeichnet im Allgemeinen einen abgeschlossenen Raum, hat aber noch eine besondere Bedeutung in Bezug auf das Vermögen des Staatsoberhauptes erlangt. Man nannte nämlich Kammer die Gesammtheit der Verwaltung des Vermögens und der Einkünfte des Fürsten, sowol derjenigen, welche er als Privatmann besaß, als derjenigen, die ihm nur in seiner Eigenschaft als Oberhaupt des Staates zustanden. Die Oberleitung der Kammer pflegte einem *Kämmerer* übertragen zu sein. Allmälig erweiterte sich mit der Macht der Fürsten der Einfluß der Kammer, bis die ganze Verwaltung der innern Staatswirthschaft von ihr abhängig wurde. (...) Die Staatsverwaltung und die mit derselben beauftragten Behörden sind in neuerer Zeit streng von der Gerechtigkeitspflege und den mit dieser beauftragten Behörden gesondert worden, und man hat derjenigen, welche sich dem Verwaltungsfache widmen, *Kameralisten*, die Gesammtheit der ihnen nöthigen Kenntnisse aber *Kameralwissenschaften* genannt. Da die Gegenstände der Verwaltung so unendlich mannichfaltig sind, indem nicht allein die Verwaltung der Domainen, des Steuerwesens, der Staatsschulden, des Forstwesens, des Militairs, sondern auch der Policei, der Kirchen- und Schulangelegenheiten, des öffentlichen Medicinalwesens, des Bergbaus, der öffentlichen Bauten u. s. w. hierher gehören, so ist der Umfang der Kameralwissenschaften außerordentlich groß und können dieselben von den Einzelnen nur in einzelnen Fächern gründlich betrieben werden.«

In einer neueren Untersuchung über *Goethes wirtschafts- und finanzpolitische Tätigkeit. Ein wenig bekannter Teil seines Lebens* (A. Hüttl) bezeichnet der Autor die *Ökonomie* als *Modewissenschaft* in der

Goethezeit, deren Bedeutung sich z. B. aus dem Jahrgang 1772 der *Frankfurter Gelehrten Anzeigen* erkennen ließ. Die *Frankfurter Gelehrten Anzeigen* (1736 gegründet) wurden als ein allgemein wissenschaftlich-literarisches Rezensionsblatt ab 1772 unter der Leitung von Goethes Freund J. H. Merck (s. Kap. 1) als *Frankfurtische Gelehrte Zeitungen* herausgegeben. Im Jahr 1772 schrieb auch Goethe als Mitarbeiter zahlreiche Rezensionen, ebenso sein späterer Schwager Johann Georg Schlosser (1739–1799, heiratete 1773 zu Goethes Unwillen dessen Schwester Cornelia). Hüttl schreibt: »Den Rezensionen Schlossers, Goethes, Herders und Mercks sind Worte höchster Anerkennung gezollt worden: ›kein gebiet menschlicher interessen, an das dieses journal nicht rührte! Ästhetik, moral, politik, nationalöconomie, der ganze kreis der geistes- und naturwissenschaften wird hier unter den großen gesichtspunkten der neu anbrechenden epoche betrachtet und oft blitzartig erleuchtet‹ (Burdach ...) [1883/1884 erschienen]«

Goethes amtliche Tätigkeit begann am 11. Juni 1776. An diesem Tag wurde er zum *Geheimen Legationsrat* ernannt und am 25. Juni trat er mit Stimmrecht in das *Geheim-Conseils*, das *Geheime Consilium* ein. In den *Weimarschen Wöchentlichen Anzeigen* (»Num. 50 – Sonnabend, den 22sten Juni 1776.«) wurde unter »Beförderungen« über Goethes Ernennung wie folgt berichtet:

»... Desgleichen den Doct. Juris, Herrn Wolfgang Göthe, zum Geheimen Legations Rath mit Sitz und Stimme in Höchstdero Geheimen Consilio zu ernennen in Gnaden geruhet ...«

Der junge Herzog Carl August verfolgte mit der Berufung Goethes vor allem das Ziel, ihn an den Weimarer Hof zu binden. Er setzte ihm am 16. März 1776 ein Gehalt von 1200 Talern (1786: 1800 Taler) jährlich aus – das zweithöchste Gehalt eines Beamten nach Jacob Friedrich Freiherr von Fritsch (1731–1814, 1772–1800 Präsident des Geheimen Consiliums) mit 1800 Talern im Herzogtum – und schenkte ihm am 21. April das Gartenhaus am Stern.

Mitglied des Geheimen Consiliums

1756 war das *Geheime Consilium* (auch als Geheim-Conseil bezeichnet) vom Vater des Herzogs Carl August, dem bereits mit

21 Jahren verstorbenen Herzogs Ernst August II. Constantin (1737–1758), als oberste Landesbehörde des Herzogtums Sachsen-Weimar-Eisenach eingesetzt worden. Es wirkte als höchstes beratendes Gremium und stellte praktisch das Kabinett des Herzogs dar. Das thüringische Herzogtum *Sachsen-Weimar-Eisenach* zählte zur Zeit Goethes zu den kleineren deutschen Staaten – mit sieben räumlich voneinander getrennten größeren und kleineren Gebieten. Als Goethe in Weimar eintraf, gab es im Geheimen Consilium nur drei Geheime Räte.

Präsident war im Jahr von Goethes Ernennung Jacob Friedrich Freiherr von Fritsch. Fritsch war der Sohn eines kursächsischen Ministers, seit 1754 im Weimarer Staatsdienst, seit 1762 Mitglied und von 1772 bis 1800 Präsident des Geheimen Consiliums. Fritsch wird als Staatsmann ohne Format, aber als ehrlich, fleißig und gewissenhaft charakterisiert. Er war gegen die Berufung Goethes in das Geheime Consilium, da er für das Herzogtum eine Gefahr darin sah, »dass der junge, für Verwaltungsarbeit praktisch und theoretisch nicht im geringsten vorgebildete Rechtsanwalt Goethe, noch dazu ein Ortsfremder, der weder Land noch Leute kannte, unter Überspringung älterer und einheimischer Beamter über Nacht eine entscheidende Stimme in der höchsten Staatsbehörde erhalten sollte.« (J.A. von Bradisch) Er bat daher den Herzog am 24. April 1776 um seine Entlassung. Auf dringendes Bitten von Herzog Carl August und dessen Mutter Herzogin Anna Amalia blieb er aus Pflichtgefühl jedoch im Amt. Voigt war kein bequemer Minister; er wird eher als starr, aber gleichzeitig als absolut ergebener, verlässlicher, intelligenter und energischer Minister beschrieben. Goethe lobte in einem Brief vom 31. März 1824, dass Voigt stets redlich gegen ihn gewesen, obgleich sein [Goethes] Treiben und Wesen ihm nicht habe zusagen können. Und G. von Wilpert kommt zu dem Schluss: »Die seitherige, fruchtbare, wenn auch nicht ganz konfliktlose Zusammenarbeit der beiden so unterschiedlichen Temperamente ist ein Zeugnis für die politische und Lebensklugheit beider.« Voigt stellte sein 1767 erbautes Stadthaus, das spätere *Wittumspalais*, nach dem Schlossbrand von 1774 der Herzogin Anna Amalia als Wohnsitz zur Verfügung.

Christian Friedrich Schnauß (1722–1797) wird als Karrierebeamter bezeichnet, der in Jena Jura studierte und bereits mit 21 Jahren 1743

Kabinettssekretär der Hofkanzlei von Herzog Ernst August in Eisenach geworden war. Über den Regierungsrat 1763 und Hofrat 1770 in Eisenach kam er 1772 als Geheimer Assistenzrat und 1779 Geheimrat nach Weimar und wurde bereits 1776 Goethes Kollege im Geheimen Consilium. Ab 1786 war der als liebenswürdig und kunstliebend charakterisierte Beamte für die Bibliothek, das Münzkabinett und die Freie Zeichenschule zuständig, für die letztere Einrichtung von 1788 bis 1797 gemeinsam mit Goethe.

Johann Christoph Schmidt (1727–1807) war ein Jugendfreund Klopstocks. Er wurde 1756 Sekretär des Geheimen Consiliums. 1776 wurde er zum Geheimen Assistenzrat mit Sitz und Stimme im Geheimen Consilium ernannt. Während Goethes Italienreise (3.9.1786 bis 18.6.1788) übernahm er stellvertretend das Finanzressort – und er wurde auf Goethes Empfehlung (geschrieben aus Italien am 17.3.1788 an den Herzog Carl August) sein Nachfolger als Geheimer Rat und Kammerpräsident, 1804 als Oberkammerpräsident. Bereits 1784 hatte Goethe ihn als gewissenhaften Beamten und Menschen, *dem es ernst ums Gute ist*, charakterisiert.

Im *Geheimen Consilium* wurden die Fragen aus folgenden Gebieten diskutiert und nach der Entscheidung des Herzogs auch erledigt: Angelegenheiten des Fürstlichen Hauses, der auswärtigen Politik, die Beziehungen zu Kaiser und Reich sowie zu den reichsunmittelbaren Ständen, Angelegenheiten der Universität Jena und allgemeine Beamten-, Diener- und Gnadensachen. Darüber hinaus waren die von Fachbehörden an den Herzog als oberster Instanz gelangten Angelegenheiten der inneren Verwaltung, der Ämter, des Rechts-, Gerichts- und Lehnswesens, der Finanzverwaltung, der Forsten und des Bauwesens, geistliche Angelegenheiten, Kirchen- und Schulsachen, Militärsachen und Angelegenheiten der Landesstände und der Steuern zu behandeln. Den vier Räten des *Geheim-Conseils* wurden die Vorgänge nach der Reihenfolge ihres Eingangs und nicht nach Sachgebieten zur Bearbeitung zugewiesen. Sie hatten dann darüber zu referieren und beraten; die Entscheidung darüber erfolgte allein durch den Herzog. Durch seine Mitarbeit erhielt Goethe Kenntnisse über den gesamten Umfang der Staatsgeschäfte und der Verwaltungspraxis. Die Realität des täglichen Lebens im Fürstentum und die Zusammenhänge »der im staatlichen Rahmen wirksam werdenden bewegenden Kräfte seiner Zeit« (W. Flach) wurden ihm schnell vertraut. Wesentliche Charakteristika in der Arbeitsweise des *Geheimen Consiliums* waren kollegiale Verantwortlichkeit gegenüber dem Herzog (ohne Arbeitsteilung und Spezialisierung unter den Mitgliedern), die mündliche Entscheidungsfindung, selten eine schriftliche Vorlage von Voten, die in einer Art von Umlaufverfahren bearbeitet wurden. So hatte Goethe eine große Anzahl von Einzelentscheidungen mitzutragen, die von der Aufstellung des Kammeretats, dem Erlass rückständiger Pacht- oder Steuerschulden bis zur Besetzung von Lehrstühlen an der Landesuniversität reichten. In der Regel wurde das Geheime Consilium vom Herzog zweimal pro Woche zusammengerufen. Ab 1787 nahm Carl August jedoch nicht mehr an den Sitzungen teil, sondern ließ sich von einzelnen Referenten direkt berichten. Ab 1807 bestand das Geheime Consilium nur noch aus Goethe und Voigt.

Christian Gottlob Voigt (1743–1819) wird von Goethe in den *Tag- und Jahresheften* (1806) als treuer und ewig unvergesslicher Geschäftsfreund bezeichnet. Voigt war der Bruder des Bergrats J. C. W. Voigt und Sohn eines Justizbeamten. Nach seinem Jurastudium in Jena wurde er 1769 Nachfolger seines Vaters als Justizamtmann in Allstedt, 1777 Regierungsrat in Weimar, 1788 Mitglied des Kammerkollegiums (s. Kap. 2.3), 1791 Geheimer Assistenzrat mit Sitz und Stimme im Geheimen Consilium und 1803 schließlich Kammerpräsident. G. von Wilpert charakterisiert ihn und sein Wirken wie folgt: »G(oethe) zog den tüchtigen, gebildeten, umsichtigen und loyalen Verwaltungsbeamten bald als seinen engsten Mitarbeiter heran, ohne dessen Einsatz und absolute Vertrauenswürdigkeit G.s Amtstätigkeit kaum denkbar gewesen wäre: 1783 in der Ilmenauer Bergwerks- und Steuerkommission, 1794 in der Verwaltung der neugegründeten Botanischen Anstalt in Jena, 1797 in der Leitung der Bibliotheken in Jena und Weimar (...), 1803 in der Leitung der Jenaer naturwissenschaftlichen Sammlungen und besonders, offiziell seit 1809, in der Oberaufsicht der Anstalten für Wissenschaft und Kunst ...«

Goethe selbst äußerste sich über seine zukünftigen Aufgaben wie folgt:

Ich bin nun ganz in alle Hof- und politischen Händel verwickelt ... Meine ganze Lage ist vorteilhaft genug, und die Herzogthümer Weimar und Eisenach immer ein Schauplatz, um zu versuchen, wie einem die Weltrolle zu Gesichte stünde.

Auch wenn es Goethe während seines Studiums nur wenig zur Juristerei gezogen hatte, so war er später doch davon überzeugt, dass er als Jurist (und vor allem auch als Sohn eines Juristen) Genauigkeit und Vorsicht im Denken gelernt habe, und er schrieb am 8. Oktober 1810 an Herzog Carl August, dass die Juristerei als *Fundament eines Geschäftslebens* anzusehen sei. Als Minister hat sich Goethe an der Abfassung von Gesetzen (so bei einem Berggesetz), bei der Ablösung von Feudallasten, sogar bei einer Feuerlöschordnung, bei der Verbesserung des Wildschadensrechts und nach Angaben in seinem Tagebuch vom 5., 6. und 16. August 1781 am Entwurf einer Konkursordnung beteiligt. Im Fall einer ledigen Kindesmörderin hat er zusammen mit seinen beiden Ministerkollegen im Jahr 1783 für die Beibehaltung der Todesstrafe gestimmt – ganz im Gegensatz zu seiner Darstellung im *Werther* und gegen seine Ansichten in *Dichtung und Wahrheit*, wo er schrieb, es sollte mehr nach Billigkeit geurtheilt werden.

Goethe wohnte den Sitzungen des Geheimen Consiliums, dem er offiziell bis zur Umwandlung in ein Staatsministerium am 1. Dezember 1815 angehörte, regelmäßig bei, so dass er sich rühmen konnte, er habe dieselben nie versäumt, außer wenn Krankheit oder andere unüberwindliche Schwierigkeiten (wie Abwesenheit infolge einer Reise) sein Erscheinen unmöglich gemacht hätten. Am 2. Dezember 1783 schrieb er an Frau von Stein: Da heute Conseil ist und ich es nie ohne die höchste Noth versäumt habe, entschliese ich mich hinein zu gehn. Im Geheimen Consilium wurde am »grünen Tisch« regiert, schriftliche Berichte der Unterbehörden diskutiert und Erlasse und Verfügungen auf schriftlichem Wege daraufhin wieder heraus gegeben. Goethe soll dieses System nicht gefallen haben. In einem Brief vom 4. März 1779 äußert er sich an Charlotte von Stein dazu: Mit denen Leuten leb ich, red ich, und lass mir erzählen. Wie anders sieht auf dem Plazze aus was geschieht als wenn es durch das Filtrir Trichter der Expeditionen eine Weile läufft. Und in seinem Tagebuch ist am 1. Februar 1779 zu lesen: Conseil. Dumme Luft drinne Fataler Humor von Fr[itsch]. Jupiter [Herzog] zu viel gesprochen... mit Jupiter gessen nach Tisch einige Erklärung über: zu viel reden, fallen lassen, sich vergeben, seine Ausdrücke mässigen, sachen in der Hitze zu sprache bringen die nicht geredt werden sollten – Äußerungen, woraus auch Goethes Rolle als »Erzieher« des jungen Herzogs deutlich wird.

Die Atmosphäre der Zusammenarbeit dieser drei bzw. vier unterschiedlichen Charaktere im Geheimen Consilium wird wie folgt beschrieben: Der eine fertigt den Entwurf, die anderen begutachten ihn, billigen ihn oder machen Vorschläge zur Abänderung oder Verbesserung, die nun berücksichtigt werden oder auch nicht, wenn erforderlich nach dem Eingreifen des Herzogs in den Gang der Verhandlung. Anhand von Aktenstücken ließ sich feststellen, »wie, je weiter die Angelegenheit voranschreitet, die Individualitäten der drei Minister sich immer schärfer voneinander abheben: der immer ruhige, sachliche Fritsch, der aufgeregtere, stärker auf das Recht des Gekränkten pochende Schnauß, Goethe, der auch in dieser Angelegenheit kaum ein Wort schreibt, hinter dem man nicht die hohe ethische Gesinnung spürte, die alle seine Handlungen bestimmte; und wie zuletzt des Herzogs edle, wahrhaft fürstliche Haltung, dem besten der Ratgeber sein Ohr leihend, seine Klugheit und Mäßigung die rechte Lösung des Konfliktes finden.« (v. Bradisch)

Ulrich Küntzel fasst Goethes Einstellung und Wirken in der Verwaltung mit folgenden Sätzen zusammen: »In der Verwaltung wollte *Goethe* Vernunft, Gerechtigkeit, Wohlstand verwirklichen; wie, dafür hatte er kein konkretes, insbesondere kein doktrinäres Programm.« Und weiterhin: »Die Kameralistik strafte er mit Nichtachtung. Seine Schule war die gewissenhafte Erledigung seiner praktischen Aufgaben in der Weimarer Verwaltung, an die er ohne vorgefaßte Grundsätze heranging.«

Das *Geheime Consilium* fungierte nicht nur als eine Art Beraterstab (»Consultants«) für Herzog Carl August. Es setzte dessen Entscheidungen auch um. Damit ist es eher mit dem Vorstand heutiger Aktiengesellschaften vergleichbar. Bedeutendster Unterschied (neben der nicht vorhandenen Abgrenzung der Kompetenzbereiche) dürfte allerdings die Entscheidungsmacht des »Vorstandsvorsitzenden« bzw. »CEOs« sein. Im *Geheimen Consilium* oblagen sämtliche Entscheidungen dem Herzog. Es soll jedoch auch heute Unternehmen geben, in denen ähnliche Verfahrensweisen praktiziert werden.

Insgesamt dürfte die Tätigkeit im *Geheimen Consilium* nicht nur Goethes strategisches Denken gefordert und gefördert haben. Er konnte auch Fachwissen auf verschiedensten Gebieten erwerben. Aus Manager-Sicht sind sicherlich auch die Berichte über den »Teamspirit« des *Geheimen Consiliums* und die entsprechenden »Meetings« interessant, in denen Goethe sich auch als Moderator betätigte. Vielen dürfte auch der teilweise erkennbare Überdruss an diesen Beratungen aus eigener Praxis bekannt vorkommen.

Über die Aufgaben im Consilium mit Sitz und Stimme hinausreichend hatte Goethe auch eine Reihe von speziellen Aufgaben in Fachkommissionen zu erledigen, die man heute als Ministerien bezeichnen würde.

Leiter der Bergbaukommission

Bereits am 18. Februar 1777 wurde Goethe beauftragt, erste vorbereitende Verhandlungen zur Wiederaufnahme des Bergwerksbetriebes in Ilmenau zu führen. Dieses *Geschäft* sollte ihn viele Jahre intensiv beschäftigen – und blieb am Ende doch ohne (anhaltenden) Erfolg. Die Tätigkeit Goethes vermittelt im Detail aber ein gutes Bild über seine Arbeitsweise, auch im Hinblick auf seine Qualitäten als Manager.

Die Bergstadt Ilmenau, am Austritt der Ilm aus dem Thüringer Wald (1302 erstmals urkundlich erwähnt) gehörte zur Herrschaft der Grafen von Käfernburg-Schwarzberg, von 1343 bis 1583 den Grafen von Henneberg, dann den Wettinern. Zu Goethes Zeit war Ilmenau eine Exklave im Herzogtum Sachsen-Weimar. Bergbau nach silberhaltigem Kupferschiefer wurde seit dem 15. Jahrhundert betrieben. Die Anlagen waren jedoch durch einen Wassereinbruch am 9. Mai 1739 zerstört worden. Das Amt Ilmenau bestand aus der Stadt und acht Dörfern in ihrem nördlichen Vorland. Im südlichen Waldgebiet gehörten einige Häuser in Manebach (beim Steinkohlenbergwerk Kammerbach) und ein Teil von Stützerbach (etwa 12 Häuser) zum Amt. Im 16./17. Jahrhundert waren 600 bis 800 Knappen beschäftigt. Aus dem Abbau des Stollens der Sturmheide war 1730 bis 1739 ein Gewinn von 288 978 Reichstalern erzielt worden. 1741 kam das Ilmenauer Amt aus der Hennebergischen Erbschaft an das Herzogtum Sachsen-Weimar. Der junge Herzog Carl August hatte sich schon zu Beginn seiner Regierungszeit vorgenommen, den Bergbau in der auch durch Steuermisswirtschaft verarmten Stadt wieder aufzunehmen. Als typisches Merkmal von Goethes Amtsführung gilt, dass er sich bei jedem Geschäft zunächst durch eine Ortsbesichtigung (und nicht allein nach Akten) ein persönliches Bild verschaffte.

Goethes erster Besuch in Ilmenau fand am 3. Mai 1776 statt – mit einer Einfahrt in das stillgelegte Bergwerk. Am 20. Juli inspizierte er zusammen mit dem Herzog Carl August und dem Vizeberghauptmann Friedrich Wilhelm Heinrich von Trebra (1740–1819) den Threuen-Friedrich-Schacht. Aus der ersten Begegnung Goethes mit von Trebra in Weimar am 16. Juni entwickelte sich eine der wenigen Duz-Freundschaften. In der 1765 gegründeten Bergakademie Freiberg/Sachsen, der ersten Montanhochschule der Welt, war der in Allstedt geborene von Trebra, dessen Vater Hofjunker in Weimar war, der Student Nr. 1. Die Hauptaufgabe der Bergakademie war es, den Beamtennachwuchs für den Erzbergbau in Kursachsen in den Montanwissenschaften auszubilden. Aber auch Bewerber aus dem »Ausland« wurden zum Studium zugelassen. Von Trebra war damals Bergmeister in Marienberg und sächsischer Vizeberghauptmann, später in Zellerfeld und Clausthal tätig, wo Goethe ihn im September 1783 besuchte und mit ihm den Brocken bestieg. 1801 wurde von Trebra Berghauptmann in Freiberg. In seinem Gutachten stellte von Trebra bei Kosten von 22 500 Reichstalern in drei Jahren Gewinne in Aussicht.

Am 18. Februar 1777 wurde Goethe zum Bergwercks-Commissar ernannt. Den Vorsitz in der Kommission hatte zunächst der Kammerpräsident Johann August Alexander von Kalb (1747–1814), weiteres Mitglied war Hofrat Johann Ludwig Eckardt (1732–1800 – seit 1790 von E.; ab 1783 Juraprofessor in Jena). Am 8. April wurde von Kalb, seit 1781 Leiter der obersten Finanzbehörde des Herzogtums, wegen finanzieller Misswirtschaft, Verschuldung der Hofkasse und Veruntreuung entlassen. Im Haus seines Vaters, Carl Alexander von Kalb (1712–1792), der 1761 bis 1776 Kammerpräsident gewesen war, ein verdienstvoller Beamter der Herzogin Anna Amalia, der als aufgeklärter Freund der Künste und Wissenschaften und sparsamer Rechner sehr angesehen war, hatte Goethe in den ersten vier Monaten seines Aufenthalts in Weimar gewohnt. Am 18. April erhielt

Goethe die »Direction über alle Bergwercks-Angelegenheiten in Unseren sämtlichen Fürstlichen Landen«. Goethe überführte den Ilmenauer Steuer-Kassierer Gruner, Steuereinnehmer und Ratsherr, der Unterschlagung von 5 000 Talern, in dessen Amtszeit 11 000 Taler Steuerrückstände aufgelaufen waren, und brachte ihn am 3. Dezember ins Gefängnis. Anfang Februar 1783 kam Gruner dank eines Gnadenakts des Herzogs anlässlich der Geburt des Erbprinzen Carl Friedrich (1783–1853) wieder frei.

Der erste Gewährsmann Goethes für den Bergbau in Ilmenau war der Markscheider Johann Gottlob Schreiber, der 1776/77 eine geologische Karte erstellte – mit dem Titel »Bergmännische Erfahrungen. Ilmenau am 21. August 1777«. Rötelstriche im Original lassen vermuten, dass Goethe sich intensiv damit beschäftigt hat. Auf seiner 1. Harzreise im Winter 1777 (inkognito) sammelte Goethe weitere Erfahrungen im Bergbau. Goethe versicherte sich weiterer Fachleute. So lud er beispielsweise den Fürstlich Schwarzenburgischen Berg Meister Herrn Johann Otto Mühlberg zu Blanckenburg, so in vorigen Zeiten auf denen hiesigen Silber- und Kupfer-Bergwercken gearbeitet, nach Ilmenau ein.

Am 11. Oktober 1780 schrieb Goethe an seinen Freund Merck: Ich habe mich diesen Wissenschaften, da mich mein Amt dazu berechtigt, mit einer völligen Leidenschaft ergeben ... Am 10. Juli 1781 erfolgte eine Generalbefahrung mit dem Geschworenen Schreiber aus Ilmenau, dem Obersteiger Paul und mit Johann Carl Wilhelm Voigt (1752–1827), Bruder des Ministers Christian Gottlob Voigt. Voigt hatte zunächst Jura in Jena, dann auf Veranlassung Goethes und des Herzogs Bergwesen sowie Mineralogie und Geologie in Freiberg studiert, wurde 1783 Bergsekretär bei der Bergwerkskommission in Weimar und 1789 Bergrat in Ilmenau. Goethes Ziel seiner intensiven Bemühungen war es, den armen Maulwürfen von hier Beschäfftigung und Brod (zu) geben (Brief an Frau von Stein am 7. September 1780). Von Goethe wurden für diese Aufgabe bergmännische und juristische Kenntnisse gefordert und auch sein Wissen (und seine Fähigkeiten) als Ökonom nach der damals weithin anerkannten Wirtschaftsauffassung des Merkantilismus.

Zunächst einmal mussten die Rechte der Fürstentümer Sachsen-Gotha und Kursachsens (in Bezug auf die »Hennebergische Berg-Ordnung Anno 1566«) verhandelt und abgegolten werden. Es fand eine zweitägige Konferenz mit Vertretern der Höfe in Dresden (vertreten durch den Oberaufseher Herrn von Taubenstein) und in Gotha (vertreten durch den Hofmarschall und Kammerrat von Franckenberg) statt. Das Protokoll der Konferenz vom 27. Juni 1781 verzeichnet auch die Sitzordnung mit folgenden Angaben: ... ich, der Geheime Rat Göthe, saß an der Querseite des Tisches ... Es mussten die Ansprüche der Freiin von Gersdorf aus Görlitz über 65 000 Taler (ausgehandelt 6 000 Taler sofort, dann jährlich zur Leipziger Messe je 1 000 Taler in Raten) und der rückständige Lohn der Bergleute und Handwerker von 2 000 Talern abgelöst werden.

Es wurde ein Finanzmodell entwickelt: Eine neue Gesellschaft – eine so genannte Gewerkschaft aus Käufern von Anteilsscheinen, einer Art von Aktien, Kuxe genannt (Wert: 20 Taler in Louisdor je 5 Reichtalern), zur Sicherung eines Bergwerksanteils – wurde gegründet. Das Ziel bestand natürlich darin, Gewinn zu machen. In einem Gewerkenbuch wurden alle Besitzer von Bergwerksanteilen, alle Kuxinhaber, verzeichnet. Goethe hatte einen Aufsatz über die *Geschichte des Ilmenauer Bergbaus und Voraussetzungen für seine Wiederaufnahme*, aufgesetzt im Mai 1781, geschrieben. Das Protokoll vom 29. Oktober 1783 enthält den Entwurf für ein Gewerkenbuch, den Entwurf zu den Gewährscheinen für die zu vergewerkschaftenden 1 000 Kuxen und den Auftrag für ein Bergsiegel mit Fürstlichem Wappen.

Am 24. Dezember 1783 tritt die *Bergwercks-Commission* in Weimar mit Geheimrat Goethe und den Brüdern Voigt, Christian Gottlob (damals noch Regierungsrat, später Kammerpräsident) und Johann Carl (damals Sekretär und Protokollant) zusammen. Anfang 1784 sind 400 Kuxe gezeichnet, die No. 1 vom Herzog Carl August, weitere 29 durch Familienmitglieder, 60 in Ilmenau, 20 im Amt Berka, 100 von den Berliner Bankiers David Ephraim und Isaac Daniel Itzig, einige in Weimar unter anderem von Herder und Knebel, 10 von Wieland und nur eine einzige Kuxe mit der No. 100 von Goethe (2 weitere von ihm für Fritz von Stein und einen Jungen aus Ilmenau).

Am 24. Februar 1784 (Fastnacht) erfolgt die feierliche Eröffnung des Bergwerks. Goethe beschwört in seiner Rede den neuen Bergbau als ein Gemeinwesen, als ein wirtschaftliches Unternehmen, das selbstbestimmt, zugleich gemeinschaftsstiftend und natürlich auch gewinnbringend sein solle. Bei dieser Ansprache kommt es nach Aussagen von zwei Beteiligten, die Eckermann wiedergibt, zu einem Zwischenfall: »Goethe blieb mitten in der Rede stecken, und da er das Manuskript nicht aus der Tasche holen wollte, ließ er die Zuhörer wenigsten zehn Minuten (!) lang in einer peinlichen Stille warten, bis er den verlorenen Faden wieder gefunden hatte.«

Als der Herzog Ernst II. Ludwig (1745–1804) von Sachsen-Gotha und Altenburg 10 Kuxe erwirbt, schreibt Goethe ihm am 15. März 1784: Nicht leicht habe ich etwas mit soviel Hoffnung, Zuversicht und unter so glücklichen Aspeckten unternommen, als diese Anstalt eröffnet.

Goethe hält sich häufig in Ilmenau auf – so 1785 vom 2. bis 16. Juni und vom 6. bis 12. November. Ein Bergamt wird gegründet, eine Knappschaftskasse und ein Kornmagazin eingerichtet, ein Bergarzt berufen. Mit hohem Kostenaufwand wird das alte System der Berggräben, von deren Bedeutung er vor allem auch auf seiner Harzreise erfahren hat, instand gesetzt. Am 8. November heißt es, das Wasser fließt. Am 10. Juni 1785 wird der Obersteiger Paul entlassen – wegen übermäßigen Trinkens von Branntwein und Räsonierens gegen den neuen Bergbau. Goethe nimmt zahlreiche Aufgaben war und seine Bilanz am 10. Juli 1786 lautet: Wer sich mit der Administration abgibt, ohne regierender Herzog zu sein, der muß entweder ein Philister oder ein Schelm oder ein Narr seyn.

Am 23. Juli 1786 beauftragt Goethe seinen Sekretär Philipp Friedrich Seidel (1755–1820), Frankfurter Handwerkerssohn, der zunächst Schreiber des Vaters, dann Goethe nach Weimar folgte (s. Kap. 5), Sachen das Bergwerk oder H. Steuerwesen (betreffend) an Herrn Hofrath Voigts Wohlg. (weiterzuleiten). Die nächste Akte Goethes zum Ilmenauer Bergbau stammt erst vom 30. Oktober 1789. Dazwischen liegt seine Flucht (Reise) nach Italien (heimliche Abreise von Karlsbad am 3. September 1786 – Rückkehr nach Weimar am 18. Juni 1788).

Im Amt Ilmenau leben 1787 etwa 3700 Menschen, in der Stadt Ilmenau rund 1900, im Dorf Roda ungefähr 300. Sie leben von der Land- und Forstwirtschaft, vom Bergbau oder sind in den Glas- und Porzellan-Manufakturen tätig. Am 6. Juni 1791 eröffnet Goethe den 1. Gewerkentag und erreicht von den Aktionären Zubußen zu den Kuxen für den Bau von zwei Kunstgezeugen in Höhe von 7800

Talern. Die Schuldensumme von 5 000 Talern soll durch den Verkauf einiger Gewerkschaftlicher Grundstücke verringert werden. Als sich Goethe mit seinem Herzog auf dem Feldzug in Frankreich, von ihm die Campagne in Frankreich genannt, befindet, erhält er am 3. September vor Verdun die Nachricht aus Ilmenau, dass die erste Tonne gefördert worden sei. Die Schmelzproben vor Ort, in Freiberg und in Hettstedt jedoch ergeben nur taubes Gestein. Im April haben sich die Schulden des Bergwerkes auf 7 293 Taler erhöht, 147 Kuxe sind ungültig geworden, da von den Inhabern keine Zubußen mehr gezahlt werden. Auf dem 2. Gewerkentag am 9. Dezember 1793 muss Goethe feststellen, dass man an einen kritischen Punkt des Unternehmens gekommen ist. Er setzt aber auf die Kunstgriffe der Mechanik und auch auf die Chemie: So wird uns ja wohl gegenwärtig die Chemie nicht verlassen, deren Wirkungskreis sich in neuern Zeiten um so ein Merkliches erweitert. Es wird die Forderung nach weiteren Proben und Gutachten gestellt und daher zunächst die Stilllegung des Bergwerks beschlossen.

Goethes Resümee am 2. September 1795 lautet bereits: Es ist schon vorauszusehen, dass unsere Poch und Wasch Anstalt so wie unser nächstes Schmelzen betrübte Resultate geben wird ... Die Leute werden unwillig, es folgen Eingaben, Rücktrittserklärungen und massive Proteste auswärtiger Aktionäre, von Kuxinhabern. Bereits am 3. März 1796 äußert sich Goethe aus Weimar in einer Mitteilung an Voigt, das Ilmenauer Bergwerk ähnele einer auslöschenden Lampe. Es beginnt eine verzweifelte Suche nach einem Ausweg. Im Juli 1796 finden vier Gewerkenzusammenkünfte in Weimar statt. Auf der 3. Zusammenkunft hält Goethe eine Ansprache und vertritt die Meinung, das Flöz habe man 1792 an der falschen (tauben) Stelle getroffen. Erreiche man den Rücken des Flözes, so sei eine Ausbeute wahrscheinlich. Der Bergrat Voigt und Einfahrer Schreiber sollten entlassen werden. Goethe wird ungeduldig, schreibt über Schlendrian und unzeitiges Geldausgeben an seinen Weimarer Ministerkollegen Voigt, womit er auch dessen Bruder meint.

In der Nacht vom 22. auf den 23. Oktober 1796 erfolgt ein Wassereinbruch in den Martinsröder Stollen. Die 12 in der Nachtschicht arbeitenden Bergleute können sich nur unter großen Mühen retten. Am 30. Oktober besucht Goethe noch einmal Ilmenau und zieht sich danach aus seiner Verantwortung für den Bergbau völlig zurück. Goethe und Voigt versuchen die Diskussion des »Offizial-Berichts« im Geheimen Conseil zu verhindern, jedoch sorgt der Herzog für eine Debatte am 4. Mai 1797, die ohne Goethe stattfindet. Carl August versucht Alexander von Humboldt zur Hilfe zur holen, muss seinem Minister Voigt jedoch am 6. Mai mitteilen, dass dieser den Antrag nach Ilmenau zu kommen abgelehnt habe. Die Regierung des Herzogtums Sachsen-Weimar-Eisenach verfügt, den Schacht ohne Förderung weiter zu unterhalten, so dass einige wenige Bergleute bleiben können. 1798 belaufen sich die Schulden des Ilmenauer Bergwerks auf 13 590 Taler, die zu verzinsen sind. Goethes letzte Unterschrift unter ein Schriftstück zum Ilmenauer Bergwerk stammt vom 18. August 1800.

Der Bergingenieur Otfried Wagenbreth stellt in seinem Werk *Goethe und der Ilmenauer Bergbau* (2. Aufl. 2006) zum Scheitern des Bergbaus in Goethes Amtszeit zusammenfassend fest: »Die komplizierten tektonischen Verhältnisse in der Nordrandstörung des Thüringer Waldes (...) und die sehr unterschiedlichen Metallgehalte im Kupferschiefer zu erkennen und richtig zu deuten, war beim damaligen Stand der Geologie noch nicht möglich.« Und weiter: »Die Ursache dafür (für das Misslingen) lag nicht wie in der vorausgegangenen Periode im Unvermögen oder in Unredlichkeiten der leitenden Beamten, sondern in den für eine rentable Schmelztechnik zu niedrigen Metallgehalten im Erze. Technisch war der von Goethe geleitete Ilmenauer Bergbau eine Meisterleistung, speziell wenn man an die Wassssereinbrüche und an die zu ihrer Bewältigung gebauten vier Kunstwerkzeuge denkt. Man muss also Goethe und seinen Ilmenauer Bergleuten große Anerkennung zollen, ohne sie für den wirtschaftlichen Misserfolg verantwortlich zu machen.«

Goethes Bilanz am Ende dieser Bergbauperiode lautete:
Ilmenau hat mir viel Zeit, Mühe und Geld gekostet, dafür habe ich auch etwas gelernt und mir eine Anschauung der Natur erworben, die ich um keinen Preis umtauschen möchte. Ohne meine Bemühungen in den Naturwissenschaften hätte ich jedoch die Menschen nie kennengelernt wie sie sind.

Welchen Umfang Goethes Tätigkeit im Ilmenauer Bergbau hatte, verrät ein Zettel Goethes aus dem Jahr 1793 mit Notizen, den Wagenbreth zitiert. »Auf diesem hat Goethe skizziert, wie eine

schadhaft gewordene Stelle des Stollens durch ein daneben vorzu-
treibendes Stollenstück, einen ›Umbruch‹, zu umgehen und damit
ersetzt werden sollte.«

Alle durchzugehen, Bergälteste, Bergmeister, Bergrichter, Schreiber,
die ... wie sie beschaffen, Steiger und Bergleute ... Besitzungen, Bera-
tung wegen des Schemas, Bergakten nach dem neusten Bericht des
Bergmeisters durchzugehen. Stollen, Umbruch, Lichtloch, Schacht,
Maschinen, Flöz, Baue darauf, Belegung, Strecken, Orte, abgebaute
Strecken, ... Poch- und Waschwerk, Idee, Lage, Intension, Riß,
Anschlag, Vorgesehene Zeit, Ausführung, Zeit, Geld, Versuche, Wir-
kung, Hindernisse, was es noch bedarf ..., Personal, Mechanik.

1812 überwölbte man nach Abbruch der Gebäude den Schacht
»Getreuer Friedrich« und den 1784 von Goethe feierlich begonnenen
»Neuen Johannesschacht« und ebnete die Haldenoberflächen ein
(Wagenbreth). Zwischen 1796 und 1813 kam Goethe nicht mehr
nach Ilmenau. 1824 lautete sein rückblickendes Urteil, dass der
Ilmenauer Bergbau sich wohl gehalten hätte, wenn er nicht isoliert
dagestanden hätte, sondern sich an ein Harzer oder Freiberger Bergwesen hätte anschließen können – eine weitschauende, sehr ökonomisch erscheinende Ansicht. Goethe feierte seinen letzten Geburts-
tag in Ilmenau am 28. August 1831 zusammen mit seinen zwei
Enkeln (s. Sigrid Damm: *Goethes letzte Reise*, 2007) und schrieb von
dort am 4. September an seinen langjährigen Freund Carl Friedrich
Zelter in Berlin: Nach so vielen Jahren war denn zu übersehen: das
Dauernde, das Verschwundene. Das Gelungene trat vor und erhei-
terte, das Misslungene war vergessen und verschmerzt.

Diese Episode aus Goethes Leben zeigt ihn oberflächlich als
gescheiterten Manager. Interessant ist jedoch seine Herangehens-
weise an diese Unternehmung. Er begeht das Bergwerk und gibt ein
Gutachten in Auftrag. Als nächster Schritt seines »Business-Plans«
folgt die Zusammenstellung seines Teams und die Ablösung der
bestehenden Verbindlichkeiten und Verpflichtungen. Im Anschluss
erfolgt ein »Going Public«: Er nimmt Fremdkapital am Kapitalmarkt
(in Form von Kuxen) auf, mit dem er seine Unternehmung finanziert. Vergebens versucht er das Bergwerk mit moderner Technologie (Mechanik und Chemie) rentabel zu machen. Als dann jedoch
auch noch das »Riskmanagement« versagt (Wassereinbruch) zieht
Goethe die Verantwortung und sich aus dem Unternehmen Bergbau

zurück. Rückblickend kommt er zu der Erkenntnis, dass nur eine strategische Allianz das Bergwerk hätte retten können.

Neben der Tatsache, dass er sich hier zu einer sozialen Verantwortung bekennt (Stichwort »Wertediskussion«) ist auch die Tatsache interessant, dass er Gruner wegen einer Unterschlagung zur Rechenschaft zieht. Dies passt zur derzeit laufenden Diskussion über die Verantwortung des Managements. Mit dem Bericht über die Entlassung des Obersteigers erhalten wir auch erste Erkenntnisse über die Konsequenz seiner »Leadership« und über sein »Human-Resources-Management«.

Finanzminister (Kammergeschäfte)

Nachfolgend werden wir eine Episode aus Goethes Leben betrachten, in der er vom Herzog als Finanzminister eingesetzt wird. Er soll – nachdem der bisherige Amtsinhaber wegen Erfolglosigkeit von seinen Pflichten entbunden wurde – als »CFO (Chief Financial Officer) auf Zeit« bzw. als »Interimsmanager« die Finanzen des kurz vor der Insolvenz stehenden Herzogtums wieder in geordnete Bahnen lenken.

Wie bereits im vorigen Kapitel berichtet, wurde der Präsident der weimarschen Kammer Johann August Alexander von Kalb (1747–1814) am 6. Juni 1782 seiner Amtsgeschäfte enthoben. Er wird als der Beamte bezeichnet, der die Finanzen des Herzogtums Sachsen-Weimar an den Rand des Bankrotts und zwei reichbegüterten Adelsfamilien den Ruin gebracht habe. Sein Vater dagegen, Carl Alexander von Kalb (1712–1792) aus alter thüringischer Adelsfamilie, war ein verdienstvoller Beamter der jungen Herzogswitwe Anna Amalia, galt als aufgeklärter Freund der Künste und Wissenschaften und vor allem sparsamer Rechner, der zugleich aber auch »schlau« auf seinen Vorteil bedacht gewesen sei (Gero von Wilpert). Er war von 1761 bis 1776 Präsident der Kammer, d. h. der Finanzbehörde. Sein Sohn machte Karriere – seit 1768 als Kammerjunker (nahm Goethe mit einem verspätet aus Straßburg kommenden Landauer nach Weimar mit), 1770 Kammerrat und 1776 Nachfolger seines Vaters gegen den Widerstand älterer Beamter. »Aber schon im Juni 1782 hatte der Herzog allen Grund, von ihm ein Demissionsgesuch zu fordern, das Kalb erlaubt, angesichts der von ihm durch mangelnde Erfahrung, Leichtfertigkeit, Unkorrektheiten, wilde Spekulationen und Eigendarlehen verursachten Finanzkrise wenigstens äußerlich das Gesicht zu wahren.« (Gero von Wilpert)

Goethe hatte mit ihm zusammen ab 1777 die Bergwerkskommission geleitet (s. Kap. 2.2) und urteilte über ihn in einem Brief an Knebel vom 27. Juli 1782: Als Geschäftsmann hat er sich mittelmäßig, als politischer Mensch schlecht, und als Mensch abscheulich aufgeführt.

Am 11. Juni 1782 wird Goethe sein Amtsnachfolger, jedoch ohne den Titel des Kammerpräsidenten; er wird mit der interimistischen Leitung beauftragt. Goethe wird beauftragt, an den Sitzungen des Kammerkollegiums teilzunehmen. Er soll sich zunächst mit dessen Geschäften vertraut machen. Die Mitglieder der Kammer werden angewiesen, Goethe ihrerseits von allen »Vorfallenheiten« zu unterrichten, sie sollen die notwendigen Informationen liefern und ihm die Akten bereitstellen. Goethe erhält die Aufgabe, den Kammeretat auszugleichen.

Der Erlass des Herzogs am 11. Juni 1782, genau sechs Jahre nach Goethes Eintritt in den Staatsdienst, lautete:

»Die Geschäfte Euers Departement gehen vorerst in der zeitherigen Ordnung und in dem hergebrachten gewöhnlichen Gang unter der Leitung des jedes Malen vorsitzenden Geheimen Cammerraths fort und Ihr zusammen expedirt die current und ordinairen, durch Etat und andere Vorschriften bestimmte Angelegenheiten, so wie zeithero geschehen. So viel hingegen alle etwas beträchtlichere, aus der gewöhnlichen Bahn herausschreitende, eine Abweichung von dem, was obgedachtermaßen durch Etat und sonst festgesetzt ist, mit sich führende Vorfallenheiten anbelanget, gehet Unsere Intention dahin, daß, da Wir Unserm Geheimen Rath Goethe Gelegenheit, sich mit denen Cammerangelegenheiten näher bekannt zu machen und Uns in diesem Fach in der Folge nützliche Dienste zu leisten verschaffen wollen. Ihr über alle dergleichen Vorfallenheiten mit demselben Rücksprache halten, ihn, wenn er, so oft es seine übrigen Dienstverrichtungen gestatten, denen Sessionen Euers Collegii beywohnen will, sowie außer selbigen mit allen ihn nöthig scheinenden Informationen an Handen gehen, die von ihm verlangenden Acten ihm verabfolgen und alle Auskunft geben lassen sollet.«

Kurz zusammengefasst und in die Sprache unserer Zeit übersetzt bedeutet dieser Erlass, Goethe möge sich zunächst einmal informieren und sich mit der ihm bisher unbekannten Materie vertraut machen. Zugleich aber ist die Absicht des Herzogs Carl August erkennbar, dass er Goethe später einmal zum Kammerpräsidenten ernennen wolle – zu einer förmlichen Ernennung ist es jedoch nie gekommen.

Goethes Funktionen in der Kammer beschränkten sich darauf, den Kammeretat auszugleichen. Diese Aufgabe ergab sich auch aus seiner Zuständigkeit für Finanzfragen im Geheimen Consilium. Sein Vorgänger von Kalb hatte Schulden in Höhe von 130 000 Reichstalern angehäuft, welche die Stände übernehmen sollten. Dafür sollte der Militäretat um mehr als die Hälfte, auf 30 000 Taler jährlichen Zuschuss durch die Stände, herabgesetzt werden – eine Aufgabe, der sich Goethe als Mitglied der Kriegskommission annahm.

Bereits durch seine Tätigkeit in der Bergbaukommission hatte sich Goethe mit der Revision des Ilmenauer Steuerwesens beschäftigen müssen. Am 6. Juli 1784 erhielt er offiziell die Leitung der »Ilmenauer Steuerkommission« übertragen, die als Sonderbehörde zur Aufsicht und Revision des Ilmenauer Steuerwesens eingesetzt wurde. Goethe befasste sich daraufhin vor allem mit Bewertungsfragen und mit der Erstellung von Einschätzungsunterlagen für die Grundsteuer. In seiner Amtszeit wurde das Amt Ilmenau neu vermessen und in Katastern erfasst – die Grundstücke wurden neu *beschockt* und neu mit einer in *Schockgroschen* (60 Groschen) berechneten Grundsteuer belegt. Noch von seiner ersten Reise nach Italien schrieb Goethe am 18. September 1786 aus Verona an seinen Kollegen Christian Gottlob Voigt: Indessen ist ein Anfang und manche Erfahrung gemacht, man wird die Zeit, in der das Ganze beendigt werden kann, und die Kosten eher überschlagen können (abwarten müssen). Die Ordnung bey der Casse dauert fort, und wir sehn zwar einer langsamen doch gewissen Geneßung entgegen.

Hüttl stellt in diesem Zusammenhang fest, dass diese Geschäfte Goethes Kenntnisse in den Fragen der staatlichen Finanzen erweitert und vertieft hätten – und er habe auch das große Risiko gekannt, das er auf sich genommen hätte. Bereits am 27. Juli 1782 schrieb er an seinen Freund von Knebel, dass es sich wohl in zwei Jahren zeigen werde, ob er mit Ehren bleiben oder abdancken könne. Goethe war also bewusst, dass seine Tätigkeiten als weimarscher Beamter nur dann von Dauer sein könnten, wenn sich die Staatsfinanzen nicht weiter verschlechtern würden. Am 3. Januar 1796 konnte Goethe in einem Bericht der Kommission den erfolgreichen Abschluss der Vermessung und die Bonitierung der Grundstücke melden.

1783 wird dann als Jahr von Goethes »Finanzreform« und »Großer Steuerreform« gerühmt, wie ebenfalls Hüttl schreibt. Goethe setzte sich mit der Erkenntnis durch, dass die geringe wirtschaftliche Leistungsfähigkeit des Landes keine Erhöhung der Steuereinnahmen mehr vertrug. Es war somit eine Beschränkung der Ausgaben erforderlich. Goethe verhandelte mit den Landständen und erreichte durch geschickten persönlichen Einsatz eine Abwälzung der Kammerschulden. Die *Landstände* waren im Mittelalter (im Heiligen Römischen Reich Deutscher Nation) zunächst als nach Ständen (Geistlichkeit, Ritterschaft oder Städten) auftretende Lokalgewalten in den Territorien entstanden und hatten sich in der späteren ständestaatlichen Epoche zur ständisch gegliederten Vertretung des Lande gegenüber dem Landesherrn entwickelt. Im 16. Jahrhundert entstand auch die Bezeichnung *Landtag*. Ihre Befugnisse lagen vor allem im Steuerbewilligungsrecht, das die Landstände auch zur Festigung ihrer Macht nutzten. Im Absolutismus (17./18. Jahrhundert) wurde jedoch die Macht der Landstände stark eingeschränkt. Im Herzogtum Sachsen-Weimar-Eisenach erreichte Goethe, dass die durch den Kammerpräsidenten von Kalb verursachten Schulden gegen gewisse Gegenleistungen wie die Halbierung der Anzahl von Soldaten zu übernehmen. Auch konnte nach und nach eine Herabsetzung der Steuern erfolgen. Goethe schlug darüber hinaus Sparmaßnahmen am Hofe vor, was ihm verständlicherweise viel Anfeindung eintrug. Durch die Säuberung des »mitverdienenden Einnehmerdienstes«, durch die Lockerung der Stundungs- und Erlasspraxis zeigte Goethe auch menschliches Verständnis für die Sorgen und Nöte der Untertanen und erreichte als Ergebnis unter anderem auch eine Verminderung der Lasten für die Bevölkerung bei stärker fließenden Einnahmen der Finanzkasse, wie Hüttl festhält.

In einem Brief von seinem Freund Knebel vom 16. Februar 1784 ist unter anderem zu lesen:
Ich bin fleisig und meine Sachen gehen gut und obgleich übrigens unsere Verhältnisse allerley Schwingungen unterworfen sind, so steht doch das *Ökonomikum* auf einem guten Grunde, und das ist die Hauptsache.

Goethe machte Karriere. Wie diese von Außenstehenden beurteilt wurde, ist in einem Brief Herders an Johann Georg Hamann (1730–1788, Gelehrter und philosophischer Schriftsteller in Königsberg) vom 11. Juni 1782 nachzulesen:

»Er ist also jetzt wirklicher geheimer Rath, Kammerpräsident, Präsident des Kriegscollegii, Aufseher des Bauwesens bis zum Wegbau hinunter, Director des Bergwercks, dabei auch directeur des plaisirs, Hofpoet, Verfasser von schönen Festivitäten, Hofopern, Ballets, Redoutenaufzügen, Inscriptionen, Kunstwerken etc. Direktor der Zeichenakademie, in der er den Winter über Vorlesungen über die Osteologie gehalten, selbst überall der erste Akteur, Tänzer, kurz das Fac totum des Weimarschen und so Gott will, bald der maior domus sämmtlicher Ernestinischer Häuser, bei denen er zur Anbetung umherzieht. Er ist baronisirt u. an seinem Geburtstage ... wird die Standeserhebung erklärt werden. Er ist aus seinem Garten in die Stadt gezogen u. macht ein adlich Haus, hält Lesegesellschaften, die sich bald in Aßembleen verwandeln werden etc. ceterorum.« (Welch ein weit umfassendes *tätiges Leben!*)

Am 14. November 1781 hatte Goethe das Haus am Frauenplan gemietet – und am 3. Dezember desselben Jahres an Knebel geschrieben: Das Bedürfnis meiner Natur zwingt mich zu einer vermannigfaltigten Tätigkeit. Im Dezember 1781 reiste Goethe nach Gotha, Eisenach und Erfurt. Im März/April 1782 folgte eine Rundreise als Abgesandter des Herzogs zu den thüringischen Höfen mit Stationen in Erfurt, Gotha, Eisenach, Gerstungen, Meiningen und Ilmenau. Am 10. April 1782 wurde Goethe durch Kaiser Joseph II. in den Adelstand erhoben; das Diplom empfing er am 3. Juni 1782.

Hüttl bewertet »Goethes wirtschafts- und finanzpolitische Tätigkeit« zusammenfassend wie folgt: »Goethe arbeitete mit äußerster Energie daran, die Finanzen des erschöpften Landes zu ordnen. Alles, was er tun konnte, war jedoch letzten Endes Flickwerk. Die Umwandlung des armen Fürstentums in ein blühendes Gemeinwesen lag außerhalb von Goethes Möglichkeiten, wohl auch außerhalb der bestehenden Realität.«

Und Goethe selbst: Meine Finanzsachen gehen besser als ich es mir vorm Jahr dachte. Ich habe Glück und Gedeyhen bey meiner Administration, halte aber auch auf das festeste über meinem Plane und über meinen Grundsäzen. Der Herzog pflanzt viel und möchte auch schon daß es gewachsen wäre. (Brief an Knebel vom 21. April 1783)

Ich bin fleisig und meine Sachen gehen gut und obgleich übrigens unsere Verhälntisse allerley Schwingungen unterworfen sind; so steht doch das Ökonomikum auf einem guten Grunde, und das ist die Hauptsache. Persönlich bin ich glücklich. Die Geschäffte, die Wissenschafften ein paar Freunde, das ist der ganze Kreis meines daseyns in den ich mich klüglich verschanzt habe. (Brief an Knebel vom 16. Februar 1784)

In den Briefen an Charlotte von Stein ist zu lesen:

Ich stecke in Zahlen und Ackten. (6. Juli 1782)

Mein Geschäffte geht gut, ich habe soviel Geld, Gewalt, Verstand, Menschen und Geschick dazu als nötig ist, und da kanns wohl nicht fehlen. Sey nur mit deinen Gedanken fleisig bey mir. (7. Mai 1784)

Man sieht nicht eher wie schlecht eine Wirtschafft ist, als wenn man ihr ordentlich nachrechnet und alles umständlich bilancirt. Mit der desolatesten Kälte und Redlichkeit, ist hier ein Etat aufgestellt, woraus man deutlich sehen kann daß überall, besonders in dem Fach das mich jetzt interessirt, überall nichts ist und nichts seyn kann. (26. Januar 1786)

Das Vertrauen des Herzogs in Goethes finanzielle und Managementfähigkeiten ist so groß, dass er seinem »CFO auf Zeit« für dessen Krisenmanagement vollständige Unterstützung zusichert und ihm alle Freiheiten gibt. Eine derartige Unterstützung durch die »Shareholder«, also die Eigentümer, würde sich heute wohl so mancher Manager wünschen.

Es gelang Goethe zwar nicht, das Fürstentum in ein blühendes Gemeinwesen zu verwandeln. Seine eigentliche Aufgabe, die Finanzen neu zu ordnen und das Herzogtum vor der Insolvenz zu bewahren, kann aber als erfüllt angesehen werden.

Einem Beobachter in der heutigen Zeit wird wohl auch die von Goethe durchgeführte »große Steuerreform« bekannt vorkommen.

Auch wenn dem deutschen Steuerzahler derartige Reformen mittlerweile im Jahresrhythmus präsentiert werden, waren diese zu damaliger Zeit eher seltener anzutreffen. Interessant ist auch das von Goethe in diesem Zusammenhang genannte Prinzip der Besteuerung nach der wirtschaftlichen Leistungsfähigkeit, das sich mittlerweile wohl auch in jeder Gesetzesbegründung eines Jahressteuergesetzes an der einen oder anderen Stelle finden lässt.

Direktion der Wegebaukommission

Am 19. Januar 1779 (bis zur Abreise nach Italien 1786) übertrug der Herzog Goethe die Direktion der *Wegebaukommission*. Diese Kommission wird als Bau- und Steueramt bezeichnet (A. Hütl), »das sich mit einer Reihe von Wegsteuern selbst finanzieren mußte.« Goethe hatte sich mit so speziellen Steuern wie der Stadtpflastersteuer, der Pferdeabgabe, der Pferdepassiersteuer, der Bierfuhrsteuer, mit den Wege-, Brücken- und Geleitgeldern, den Spann- und Handfronden und deren teilweiser Ablösung durch Geldfronden (Fronde zu Fron = dem Landes(Fron)herrn zu leistende Arbeit) zu beschäftigen.

Herder spöttelte über diese Ernennung. Er gab Goethe in einem Brief an Knebel den Titel »Pontifex Maximus« – zu deutsch etwa in der Bedeutung oberster Wegaufseher und Straßenkehrer. Zuvor war diese Funktion dem Artilleriehauptmann de Castrop seit dem 21. August 1776 übertragen gewesen, der sich aber wegen geheimer und offener Intrigen des jüngeren Kalb gezwungen sah, seinen Abschied einzureichen. Als Goethe sein Vorgesetzter wurde, war er daher sehr erfreut und schrieb ihm am 1. Feburar 1779: »Tandem bona causa triumphat, was ich längstens sehnlichst gewünscht, geschiehet.«, nachdem ihm Goethe am gleichen Tage seine Ernennung zum Wegebaudirektor mitgeteilt hatte. De Castrop blieb unter Goethes Leitung als erfahrener Fachmann der ausführende Ingenieur. Die ökonomische Verantwortung und Zuständigkeit für den Straßenbau blieb weiterhin beim Kammerkollegium.

Zunächst war Goethe nur die Landstraßenverbesserung übertragen worden. Mit einem Erlass des Herzogs vom 3. Februar 1779 wurde ihm auch die Aufsicht über die um die Stadt Weimar verlau-

fenden Promenaden und die Direktion des Weimarer Stadtpflaster-
bauwesens übertragen. Das Obergeleitsamt in Erfurt und die Weimarer Rechnungsämter wurden im Hinblick auf den Straßenbau
der Wegebaudirektion unterstellt.

Goethe musste sich im Rahmen dieser Kommission mit allen
Angelegenheiten des Straßen- und auch Wasserbauwesens, mit Fragen der Straßenpolitik, der Straßenführung und mit den finanziellen Problemen der Geleits- und Zollabgaben befassen. War de
Castrop der praktische und technische Bauleiter, so hatte Goethe
sich um die Akten- und Rechnungsführung sowie um die Bericht-
erstattung zu kümmern. Der Etat von etwa 3 000 Talern musste von
den Weimarer und Jenaer Landständen bewilligt werden. Jahrelang
reichten diese Mittel nur für Reparaturmaßnahmen. Goethe organi-
sierte eine ständige Überwachung für einzelne Straßenabschnitte
durch Wegeknechte, die von Wegekommissaren beaufsichtigt wurden. 1786 hatte Goethe für diese Aufgabe vier Aufseher und 20 ständige Arbeiter zur Verfügung (Kosten für diesen »Stab« jährlich
2 000 Taler). Auf diese Weise konnten Schäden rechtzeitig erkannt
und trotz der geringen Mittel rasch beseitigt werden. Erst nach der
Sanierung des Kammerhaushalts ab 1782 konnte Goethe neue Vorhaben wie die Chausseebauten nach Erfurt und Jena und größere
Ausbesserungen auf der Ilmenauer Straße verwirklichen. Am 9. Juni
1786, nachdem de Castrop bereits gestorben war, beendete Goethe
diese Tätigkeit mit einem abschließenden Bericht. W. Vulpius
(1990) beurteilt Goethes Wirken in diesem Bereich wie folgt:
»Als Leiter der Wegebaukommission war Goethe 1779–1782
ängstlich darauf bedacht, haushälterisch zu wirtschaften. Es schien
sein Ehrgeiz, sich nicht nur im Rahmen der bewilligten Mittel zu
halten, sondern sogar noch Ersparnisse für Notfälle und künftige
größere Vorhaben zu erzielen. 1782 aber, als die Entlassung des
Kammerpräsidenten von Kalb erfolgte und er dessen Stelle übernehmen mußte, erhielt er Einblick in die Mißwirtschaft, die hier betrieben worden war. (...) Von 1782 an hat Goethe den Haushaltsplan der
Wegebaudirektion sorglos überschritten und sich immer wieder Vor-
griffe auf das nächste Jahr gestattet, offenbar in der Überzeugung,
daß die öffentlichen Mittel in erster Linie da verwendet werden sollten, wo die größte Nutzwirkung für das Gemeinwesen erzielt würde.
Während er sich bis dahin mit Ausbesserungs- und Pflegearbeiten

begnügt hatte, ging er nun dazu über, schlechte Fahrwege zu dauerhaften Landstraßen auszubauen. Es handelte sich um die Strecken Erfurt-Weimar und Weimar-Jena und die von Ilmenau ausgehenden Straßen nach Martinroda einerseits und Frauenroda andererseits.«

Nach 1786 widmete sich Goethe nur noch dem *Wasserbau.* Zunächst war schon vor seiner Italienreise eine Kommission von ihm geleitet worden, die zunächst die Aufgabe hatte, Bürgern Jenas zu helfen, die von den Überflutungen der Saale am 28./29. Februar 1784 betroffen waren. Eine *Wasserbaukommission* wurde offiziell am 21. Oktober 1790 gegründet. Ihr gehörten außer Goethe Johann Christian Schmidt (1727–1807), seit 1788 Geheimer Rat und Kammerpräsident, der Oberforstmeister Otto Joachim Moritz von Wedel (1752–1794, seit 1789 Mitglied des Kammerkollegiums) und Christian Gottlob Voigt, Goethes treuer und ewig unvergesslicher Geschäftsfreund, ab 1803 Kammerpräsident, an. Die Wasserbau-Kommission wurde am 1. September 1803 auf Antrag Goethes wieder aufgelöst, deren Aufgaben – zuletzt auch vom Hauptmann Christoph Gottlob Vent (1761–1835) und Goethes früherem Diener Paul Götze (s. Kap. 5) mit wahrgenommen – wieder an die Wegebaudirektion zurückgingen. In den letzten Jahren wurde vor allem der Flusslauf der Saale bei Jena immer wieder reguliert. Unter Goethes Aufsicht fanden bis zur Auflösung der Wasserbaukommission am 1. September 1803 auch Kanalisierungen, die Auffüllung von Schloss- und Stadtgräben sowie Teichen und der Bau von Wasser- und Abwasserleitungen statt.

Goethes anhaltendes Interesse am Wegebau dokumentiert ein Gespräch mit dem Baumeister Coudray, das uns Eckermann vom 3. April 1829 überliefert hat und zugleich auch eine amüsante Ergänzung zum Thema Reisen (s. Kapitel 3) darstellt:
»Mit Oberbaudirektor *Coudray* bei Goethe zu Tisch. – Coudray erzählte von einer Treppe im großherzoglichen Schloß zu Belvedere, die man seit Jahren höchst unbequem gefunden, an deren Verbesserung der alte Herrscher [Carl August, gest. am 14. Juni 1818 – auf der Rückreise von Berlin in Graditz bei Torgau] immer gezweifelt habe, und die nun unter der Regierung des jungen Fürsten [Carl Friedrich, 1783–1853] vollkommen gelinge.

Auch von dem Fortgange verschiedener Chaussee-Bauten gab Coudray Nachricht, und daß man den Weg über die Berge nach

Blankenhain, wegen zwei Fuß Steigung auf die Rute, ein wenig hätte umleiten müssen, wo man doch an einigen Stellen noch achtzehn Zoll auf die Rute habe [1 Fuß etwa 30 cm; 1 Rute = etwa 10 Fuß; 1 Zoll = 4,4 cm].

Ich fragte Coudray, wie viel Zoll die eigentliche Norm sei, welche man beim Chausseebau in hügeligen Gegenden zu erreichen trachte. ›Zehn Zoll auf die Rute‹, antwortete er, ›da ist es bequem.‹ Aber, sagte ich, wenn man von Weimar aus irgendeine Straße nach Osten, Süden, Westen oder Norden fährt, so findet man bald Stellen, wo die Chaussee weit mehr als zehn Zoll Steigung auf die Rute [etwa 15 %] haben möchte. ›Das sind kurze, unbedeutende Strecken‹, antwortete Coudray, ›und dann geht man oft beim Chaussee-Bau über solch Stellen in der Nähe eines Ortes absichtlich hin, um demselben ein kleines Einkommen für Vorspann nicht zu nehmen.‹ Wir lachten über diese redliche Schelmerei. ›Und im Grunde‹, fuhr Coudray fort, ›ist's auch eine Kleinigkeit; die Reisewagen gehen über solche Stellen leicht hinaus, und die Frachtfahrer sind einmal an einige Plackerei gewöhnt. Zudem, da solcher Vorspann gewöhnlich bei Gastwirten genommen wird, so haben die Fuhrleute zugleich Gelegenheit einmal zu trinken, und sie würden es einem nicht danken, wenn man ihnen den Spaß verdürbe.‹

›Ich möchte wissen‹, sagte Goethe, ›ob es in ganz ebenen flachen Gegenden nicht besser wäre, die grade Straßenlinie dann und wann zu unterbrechen, und die Chaussee künstlich hier und dort ein wenig steigen und fallen zu lassen; es würde das bequeme Fahren nicht hindern, und man gewönne, daß die Straße wegen besserem Abfluß des Regenwassers immer trocken wäre.‹ ›Das ließe sich wohl machen‹, antwortete Coudray, ›und würde sich höchstwahrscheinlich nützlich erweisen.‹

Coudray brachte darauf eine Schrift hervor, den Entwurf einer Instruktion für einen jungen Architekten, den die Ober-Baubehörde zu seiner weiteren Ausbildung nach Paris zu schicken im Begriff stand. Er las die Instruktion, sie ward von Goethe gut befunden und gebilligt. Goethe hatte beim Ministerium die nötige Unterstützung ausgewirkt, man freute sich, daß die Sache gelungen, und sprach über die Vorsichtsmaßregeln, die man nehmen wolle, damit dem jungen Manne [Karl Georg Kirchner, 1802–1858] das Geld gehörig zugute komme, und er auch ein Jahr damit ausreiche. Bei seiner

Zurückkunft hatte man die Absicht, ihn an der neu zu errichtenden Gewerkschule als Lehrer anzustellen, wodurch denn einem talentreichen jungen Mann alsobald ein angemessener Wirkungskreis eröffnet sei. Es war alles gut und ich gab dazu meinen Segen im stillen.«

Diese Episode aus Goethes Wirtschaftsleben zeigt, wie Goethe als Leiter der Wegebaukommission, die als Profitcenter zu verwalten war, mit Budgets verfuhr. Nachdem er die vorhandenen Mittel anfänglich konservativ und zurückhaltend investierte, ging es ihm wie vielen Managern: Er begann, seine Budgets kreativer zu handhaben und leistete sich »Vorträge« auf neue Budgets: Eine Verfahrensweise, die heute wohl auch hin und wieder zu beobachten ist und nicht bei jedem Manager geduldet wird.

In der Kriegskommission

Am 5. Januar 1779 trat Goethe in die Kriegskommission ein bzw. übernahm faktisch deren Leitung. Die Kommission hatte die Geschäfte der Militärverwaltung, vor allem die ökonomischen Fragen zu besorgen. Der Kriegsrat Carl Albrecht von Volgstedt (gest. 1784) hatte sich als ungeeignet erwiesen, so dass Goethe eine verwahrloste Aktenführung feststellen musste. Erst 1781 wurde von Volgstedt entlassen. Von diesem Zeitpunkt an konnte Goethe auch erste Erfolge erzielen. Zur Zeit von Goethes Amtsantritt bestand das Heer aus 690 Soldaten. Die aktive Truppe kostete den Herzog im Jahr 56 000 Taler, die Pensionen beliefen sich auf weitere 10 000 Taler. Der Nutzen des »Heeres« war gering. Nur einige Landadelige hatten einen Vorteil dadurch, dass sie ihre jüngeren Söhne als Offiziere versorgen konnten – wenn auch nur mir geringem Salär. Der Jahressold eines Seconde-Lieutenants bei der Infanterie betrug 180, eines Lieutenants 204 bzw. bei der Kavallerie 360 Taler, – und jeder Soldat musste bis an sein Lebensende dienen, wenn er nicht zuvor als Invalide ausschied. Natürlich waren alle Offiziere verschuldet – und dieses Thema, die Sanierung und Entwirrung der Nachlässe gehörte auch zur Goethes unerfreulichen Aufgaben.

Ulrich Küntzel beschreibt als Beispiel den Zustand der weimarischen Artillerie: Diese habe aus dem Hauptmann de Castrop (um 1731–1785), Schreiber, einem Unteroffizier und vier Kanonieren bestanden, die bei herzöglichen Familienfesten für das Abbrennen von Böllern und Feuerwerk zuständig gewesen seien. Die Husaren hätten sich vor allem als reitende Boten und als Gendarmen, die Infanterie als Posten an Brücken und Schlössern sowie als Wachen und Zolleinnehmer nützlich gemacht. Der Hauptmann de Castrop war zugleich Tiefbauingenieur, der mit einem Jahresgehalt von 200 Talern jedoch weitaus schlechter besoldet war als der Kavalleriekommandeur mit 360 Talern. Als Junggeselle sei er damit jedoch halbwegs zurecht gekommen. Aber auch de Castrop sei bei seinem Tod 1785 verschuldet gewesen.

Goethe verringerte die Zahl der Soldaten und deren Ausstattungskosten. Nach und nach entließ er vier Obristleutnants, sechs Majore, vierzehn Hauptleute und Rittmeister und zwölf Leutnants, also insgesamt sechsunddreißig Offiziere. Bis 1785 hatte Goethe es erreicht, dass die verbliebenen Kammerschulden auf die Landstände übertragen wurden und der Militäretat um mehr als die Hälfte herabgesetzt werden konnte. Mit diesen Maßnahmen reduzierte Goethe die Infanterie auf 248 Mann.

Die Akten belegen an manchen Beispielen, dass bei den Entlassungen soziale Gesichtspunkte berücksichtigt wurden. So wurden die Berufschancen der zu Entlassenden in Rechnung gestellt. Bei Desertionen wurde oft auf das Recht des Staates auf Einzug des Vermögens verzichtet, wenn es sich um bedürftige Familien handelte. Allgemein wird Goethes Tätigkeit in der Kriegskommission als Beispiel »einer umsichtigen Wohlfahrtspolitik« bewertet.

Aus Apolda schrieb Goethe, der bei einer »Aushebung« von Soldaten dabei gewesen war, die von ihm auch in einer karikierenden Zeichnung dokumentiert und überliefert wurde, am 6. März 1779 an Frau von Stein: Kein sonderlich Vergnügen ist bei der Ausnehmung, da die Krüppel gerne dienten, und die schönen Leute meist Ehehaften [d. h. Befreiung] haben wollen.

Doch ist ein Trost: mein Flügelmann (II Zoll I Strich) kommt mit Vergnügen, und sein Vater gibt den Segen dazu ...

Hier will das Drama gar nicht fort. Es ist verflucht, der König von Tauris [Goethe schrieb im März 1779 an seiner 1. Fassung seines Dramas *Iphigenie auf Tauris*] soll reden, als wenn kein Strumpfwürker in Apolda hungerte!

Dazu schreibt U. Küntzel: »Die Abneigung der ›schönen Leute‹ gegen den Heeresdienst war verständlich, denn der Dienst war lebenslänglich, also für Handwerksgesellen und andere tüchtige Menschen, die Aussicht auf bürgerliches Fortkommen hatten, eine Art bürgerlicher Tod.«

Apolda war zu Goethes Zeit die drittgrößte Stadt des Herzogtums Sachsen-Weimar-Eisenach mit 1786 ungefähr 4000 Einwohnern. Dort wurde 1593 das Strickhandwerk eingeführt und 1690 der Strumpfwirkerstuhl entwickelt. In der zweiten Hälfte des 18. Jahrhunderts (zur Zeit des Siebenjährigen Krieges 1756–1763) durchlebte die Stadt als Zentrum der deutschen Strumpfwarenindustrie wegen der Importabhängigkeit eine schwere Krise. Mit der Notlage der in Heimarbeit produzierenden Strumpfwirker beschäftigte sich Goethe auch in seinem Tagebuch.

Zusammenfassend lässt sich feststellen, dass Goethe seine Aufgabe, die ökonomischen Fragen der Kriegskommission zu besorgen, sehr ernst genommen hat. Er hat nicht nur eine vollständige Entschuldung vorgenommen. Zu den Maßnahmen, die er für die Sanierung als notwendig erachtete, gehörte auch die Durchführung von Massenentlassungen, die er allerdings – und das war zur damaligen Zeit nicht selbstverständlich – sozialverträglich durchführte.

Zwischenbilanz vor der Italienreise

Zwischen seiner Ankunft in Weimar (7. November 1775) und seiner Abreise aus Karlsbad nach Italien (3. September 1786) liegen mehr als zehn Jahre. In dieser Zeit stellte Goethe seine Arbeiten am dichterischen Werk bewusst hinter seine Tätigkeiten als Beamter zurück. Er schrieb Hunderte von Aktenvermerken, reiste durch das Land, um sich stets ein eigenes Bild von den Zuständen, eine Anschauung von den Realitäten zu verschaffen. Auf diesen »Dienstreisen« lernte er das Land und seine Probleme kennen – im bewussten Gegensatz zur Arbeitsweise seiner Kollegen.

W. Däbritz schreibt in »Goethes volkswirtschaftliche Anschauungen« (Heft 4 der Schriften der Ortsvereinigung Essen der Goethe-Gesellschaft zu Weimar, 1948) über dessen Arbeitsstil unter anderem: »Man stelle sich doch diesen Weimarer Staatsminister in der ganzen Spannkraft und Aufgeschlossenheit seiner 27 Jahre vor, wie er durch das Land reitet – er ist oft wochenlang zu Pferde gewesen – wie er dann aus dem Sattel springt, um in einem ärmlichen Bauernhaus ein Glas Milch zu trinken und sich mit den Bauersleuten über den Stand der Saaten, die sauren Wiesen, die hohen Abgaben und die verderblichen Wildschäden zu unterhalten.«

Kurz vor seiner »Flucht« nach Italien schrieb Goethe an Charlotte von Stein (am 9. Juli):
Meine Geschäffte sind geschlossen und wenn ich nicht wieder von vorn anfangen will muß ich gehen. (...)

In den zehn Jahren seines Aufenthaltes und Wirkens in Weimar hatte sich Goethe vom »jungen Frankfurter Advokaten, der nur eine bestimmte formale Schulung nach Weimar mitgebracht hatte«, zu einem erfahrener Leiter der Weimarer Administration entwickelt. (Hüttl). Wieland hatte schon 1776 in einem Brief an Lavater (vom 21. Juni) vorausgesehen:
»Göthe thut nichts halb. Da er nun einmahl in diese neue Laufbahn getreten ist, so wird er nicht ruhen, bis er am Ziel ist; wird als Minister so groß seyn, wie er als Autor war.«

Nach seiner Rückkehr aus Italien am 18. Juni 1788 blieb Goethe noch in der Bergwerkskommission, in der Ilmenauer Steuerkommission und in der Wasserbaukommission. Er übernahm neue Aufgaben auf dem Gebiet von Wissenschaft und Kunst, die im Kapitel 4 ausführlich vorgestellt werden.

Aus Italien schrieb Goethe zwei, seine weitere Tätigkeit in Weimar bestimmende Briefe an seinen Herzog. Am 25. Januar 1788 legte er Rechenschaft über seine Reise ab und legte sein zukünftiges Verhältnis zu Fürst und Staat dar. Am 17. März 1788 schrieb er an Carl August unter anderem: Ich habe mich in dieser eineinhalbjährigen Einsamkeit wiedergefunden; aber als was? – als Künstler.

Auf den 11. April 1788 ist ein Dokument datiert (mit dem Vermerk: »praes[entiert] den 22. April 1788.«, in dem der Herzog Goethe von seinen Pflichten in der Kammer entbindet. Dort ist unter anderem zu lesen:
»a). wollen Wir den Geheimen Rath von Goethe von dem zeitherigen Auftrag wegen des Directorii by Unserm Cammercollegio in der Maße dispensiren, dass er, um in beständiger Connexion mit den Cammerangelegenheiten zu bleiben, den Sessionen des Collegii

von Zeit zu Zeit, so wie es seine Geschäfte erlauben, beyzuwohnen und dabey seinen Sitz auf den für Uns bestimmten Stuhl zu nehmen berechtigt seyn soll.«

Mit denselben Daten versehen wird Goethe jährliches Gehalt auch auf 200 Reichstaler erhöht und seine Karriere vorangebracht.

Mitglied in der Schlossbaukommission

Wieder nach Weimar zurückgekehrt, beginnt für Goethe ein neuer Lebensabschnitt – auch und vor allem privat durch den Beginn der »Gewissensehe mit Christiane Vulpius« (1765–1816), die Franz Göttingen in seiner *Chronik von Goethes Leben* (erschienen 1953) auf den 12. Juli 1788 datiert. Im September hält Goethe sich wieder in Ilmenau auf, im November beginnt er mit anatomischen Studien in Jena, am 9. Dezember setzt er sich für die Anstellung Schillers als Professor ein, den er am 7. September in Rudolstadt im Haus der Frau von Lengefeld kennen gelernt hatte.

Am 23. März 1789 wird Goethe zum Mitglied in der *Schlossbaukommission* ernannt. Weitere Mitglieder sind der Geheime Rat und Kammerpräsident J. C. Schmidt, der Kammerherr und Oberforstmeister von Wedel und Hofrat C. G. Voigt, »womit Ihnen zu Regulierung des Plans zum neuen Schloßbau mit dem Baucontroleur Steiner und dem hieher berufenen Baumeister Arends aus Hamburg Auftrag ertheilet wird.« (Bradish)

Die *Baugeschichte des Schlosses* umfasst einen Zeitraum von mehr als 1 000 Jahren. Der erste nachweisbare Bau war eine Wasserburg der Grafen von Weimar. Sie wurde im Stil der Spätgotik im 10. Jahrhundert mit einem ovalen Grundriss, Wassergraben und Ringmauern mit Türmen erbaut bis sie dem großen Feuer von 1424 zum Opfer fiel. Bis 1439 entstand ein Neubau, der sich im 16. Jahrhundert durch Umbauten zum Renaissanceschloss Hornstein entwickelte. Von diesem Schloss sind noch ein Teil des Südwestflügels mit dem Torbau (Bastille) und der untere Teil des Schlossturms (Hausmannsturm) erhalten. Der Wohntrakt lag im Ostflügel. Er brannte am 2. August 1618 ab. Von 1651 bis 1654 wurde die prächtige barocke Wilhelmsburg als ein nach Süden offener Dreiflügelbau mit Schlosskirche (1630), Rittersaal, Bibliothek, Kunstkammer und

Schlosstheater (1696) errichtet. Am 6. Mai 1774 brach im Küchentrakt des Westflügels ein Feuer aus, welches fast das ganze Schloss bis auf die Außenmauern vernichtete.

Die Schlossbaukommission sollte den Wiederaufbau des Residenzschlosses in künstlerischer, technischer und finanzieller Hinsicht fördern. Die Herzogin Anna Amalia war nach dem Brand in das *Wittumspalais* gezogen, die beiden Prinzen wohnten zunächst im *Fürstenhaus*.

Das *Wittumspalais* genannte dreigeschossige, spätbarocke Stadthaus hatte sich der Geheimrat und Minister J. F. Freiherr von Fritsch 1767 bis 1769 am Ende der Esplanade erbauen lassen. Nach dem Schlossbrand stellte er es der Herzogin Anna Amalia zur Verfügung, die es 1775 für 20 000 Taler erwarb und bis zu ihrem Tode 1807 bewohnte. 1779 wurde ein zweigeschossiger Nordflügel angebaut. Dieses Haus bildet das Zentrum des *Weimarer Musenhofes* – mit Anna Amalias berühmter Tafelrunde, kleineren Aufführungen des Liebhabertheaters im Festsaal und Veranstaltungen von Goethes Freitagsgesellschaft (s. Kap. 4). Die *Tafelrunde* fand meist am Montag statt, nachdem Carl August 1775 die Regierungsgeschäfte übernommen hatte. Anna Amalia versammelte »in ungezwungener heiterer Atmosphäre Adlige, Hofleute, Schriftsteller und Künstler zu kultivierter Geselligkeit, zu Unterhaltungen über Kunst und Literatur, Vorlesungen, Zeichnen, Malen und Musizieren« (G. von Wilpert). Goethes *Freitagsgesellschaft* war ein Kreis von Gelehrten aus Weimar und Jena, die in Vorträgen und Demonstrationen Themen aus ihren Fachgebieten vorstellten. Sie bestand bis 1797.

Das *Fürstenhaus* (heute Franz Liszt Hochschule für Musik) liegt südlich am heutigen Platz der Demokratie, dem Schloss gegenüber und besteht aus einem langgestreckten, spätbarocken Gebäude. Es wurde ursprünglich von 1770 bis 1774 vom Landesbaumeister J. G. Schlegel als Amtsgebäude für die weimarischen Landstände errichtet. Noch in der Bauphase wurde es wegen des Schlossbrandes zur einstweiligen Residenz der herzoglichen Familie umgewidmet. In diesem Gebäude befand sich auch der Sitzungssaal des Geheimen Consiliums. Goethe hielt sich oft im Fürstenhaus auf.

Beim Wiederaufbau des Schlosses traten einige Schwierigkeiten auf: Durch fehlende Fachkräfte kam es mehrmals zu Unterbrechungen. Die ursprünglich veranschlagte Bausumme von 130 Tausend

Talern erhöhte sich bis 1800 auf geschätzte 403 Tausend Taler. Die Kosten sollten bei der Fertigstellung 1804 sogar 690 Tausend Taler erreichen. Goethe hatte die Aufgabe der künstlerischen Ausgestaltung. Im Oktober 1791 konnte zunächst einmal Richtfest gefeiert werden. Dann aber zogen sich die weiteren Arbeiten des Innenausbaus bis zum 8. August 1803 hin. Erst beim Einzug der russischen Großfürstin *Maria Pawlowna* (1786–1859) im Jahr darauf, Tochter des Zaren Paul I. und der Maria Feodorowna aus dem Hause Württemberg (Enkelin Katharina der Großen), war das Schloss fertig gestellt. Sie hatte am 3. August 1804 den Erbprinzen Carl Friedrich von Sachsen-Weimar-Eisenach (1783–1853) geheiratet.

Über Goethes Rolle schrieb G. von Wilpert: (ihm) »der sich seit 1778 und besonders nach der Italienreise im Zusammenhang seiner Architekturstudien mit *Grillen zum neuen Schloßbau* befaßte und entscheidende Anstöße gab, fiel dabei im Sinne seiner Kunstauffassung die künstlerisch-stilistische und architektonische Beratung zu, der er sich mit großer Energie und unermüdlichem Interesse widmete.«

1798 konnte für den Innenausbau der Stuttgarter Nicolaus Friedrich Thouret (1767–1845) und nach ihm ab 1800 bis 1803 H. Gentz aus Berlin gewonnen werden. Thouret war ein Künstler des Klassizismus, hatte die Hohe Karlsschule in Stuttgart absolviert und war in Paris zum Maler sowie in Rom zum Architekten ausgebildet worden. Goethe hatte ihn auf seiner dritten Reise in die Schweiz in Stuttgart im September 1797 kennen gelernt. Von 1798 bis 1818 war Thouret württembergischer Hofbaumeister. Herzog Carl August bat den Herzog Friedrich I. um die Beurlaubung von Thouret und so konnte dieser als Nachfolger des Hamburger J. A. Arens zum Leiter der Schlossbaus in Weimar berufen werden. Die klassizistischen Innendekorationen im Ostflügel und der Umbau des Komödienhauses (Theaters) wurden von Thouret durchgeführt – in engem Kontakt zu Goethe, bei dem er mehrmals zu Gast war. Dann aber traten wiederum Verzögerungen bei der Übersendung von Plänen und Materialien durch Thouret ein, der zunehmend in Stuttgart beansprucht wurde. 1800 schließlich erschien Thouret nicht mehr in Weimar, wegen der durch Napoleon verursachten Kriegswirren – und wegen einer unglücklichen Liebesaffäre. Deshalb wurde er vom Herzog Carl August im November aus seinen Verpflichtungen entlassen und an seine Stelle trat Heinrich Gentz (1766–1811). Er war nach einer Studienreise in Italien (1790–1794), wo er in Rom und Neapel auch Freunde Goethes kennen gelernt hatte, Oberhofbauinspektor und Professor in Berlin geworden. Gentz gilt als einer der führenden Architekten des preußischen Klassizismus. Auf Goethes Empfehlung erhielt er im Dezember 1800 den Auftrag zum Innenausbau. Auch hier musste der Herzog zunächst eine befristete Freistellung beim preußischen König erwirken. In den Jahren bis zum August 1808 kam Gentz häufig nach Weimar, verkehrte im Hause Goethe und erwies sich als ein gebildeter und liebenswürdiger Mann. Deshalb zog ihn Goethe auch für den Neubau des Theaters in Lauchstädt (1802), für den Anbau der Weimarer Bibliothek (1803/04) und für Entwürfe zum Umbau des Reithauses, das Schießhauses und des Festsaales im Stadthaus heran.

Am 1. August 1803 konnte die herzogliche Familie in die frühklassizistische so genannte »Karlsburg« einziehen, die sich durch die Einebnung der Wassergräben und den Abriss der Wehrmauern zum Park hin öffnete. Am 9. November 1811 zog dann der Erbprinz Carl Friedrich mit Maria Pawlowna in den Nordflügel ein. Erst unter dem Baumeister C. W. Coudray wurde der Westflügel zwischen 1830 und 1847 fertiggestellt, in dem nach den Wünschen von Maria Pawlowna weitere Wohnräume, die Schlosskapelle und vor allem die so genannten »Dichterzimmer« entstanden.

Clemens Wenzeslaus Coudray (1775–1845) wurde am 20. April 1816 zum Großherzoglichen Oberbaudirektor von Sachsen-Weimar-Eisenach ernannt. Coudray wurde in Ehrenbreitstein bei Koblenz als Sohn eines Tapezieres und Dekorateurs geboren und erlernte zunächst auch den Beruf seines Vaters. Ab 1795 wirkte er als Innenraumgestalter für einen Geschäftsmann in Frankfurt am Main, begann 1799 ein Studium der Architektur in Berlin, das er in Paris fortsetzte und 1804 abschloss. Danach war er bis 1816 als Hofarchitekt und Professor am Lyceum in Fulda tätig. In Weimar blieb er 29 Jahre, wurde ein guter Freund Goethes, der ihn stets am Hofe unterstützte. Goethe charakterisierte ihn in seinen Gesprächen mit Eckermann am 12. Februar 1829 wie folgt:

» ›...Es ist mir lieb‹, fuhr Goethe fort, ›daß Sie Coudray gestern näher kennengelernt haben. Er spricht sich in Gesellschaft selten aus, aber so unter uns haben Sie gesehen, welch ein trefflicher Geist und Charakter in dem Manne wohnt. Er hat anfänglich vielen Widerspruch erlitten, aber jetzt hat er sich durchgekämpft und genießt vollkommene Gunst und Vertrauen des Hofes. Coudray ist einer der geschicktesten Architekten unserer Zeit. Er hat sich zu mir gehalten und ich mich zu ihm, und es ist uns beiden von Nutzen gewesen. Hätte ich den vor fünfzig Jahren gehabt!‹«

Eine große Enttäuschung erlebten beide, als Coudrays zusammen mit Goethe entworfene Pläne für einen Neubau des Theaters nach dem Brand von 1825 vom Herzog Carl August unter dem Einfluss der Caroline Jagemann abgelehnt wurden (s. 4.3). Coudray musste zunächst die neu geschaffene Oberbaudirektion organisieren und für sie eine Struktur entwickeln. Seine Aufgaben umfassten sowohl die Planung einzelner Gebäude als auch von Straßen. Von Coudray, dem Architekten und Stadtplaner des Klassizismus, stammen unter anderem das Bürgerhaus am Goetheplatz (heute Jugendzentrum), die Bürgerschule in der heutigen Karl-Liebknecht-Straße (Musikschule Otmar Gerster), die Fürstengruft auf dem historischen Friedhof, die Wagenremise am Theaterplatz (heute Bauhaus-Museum) und der schon genannte Westflügel des Schlosses sowie das Coudray-Haus in Bad Berka (s. Kap. 4). Bei der Bürgerschule handelte es sich um den ersten von Goethe initiierten städtischen Volksschulbau, in dem auch Mädchen, jedoch getrennt von den Knaben, unterrichtet wurden.

Aus Managementsicht ist an Goethes Engagement für die Schlossbaukommission, in der er sich weniger um die finanziellen Aspekte zu kümmern hattte, insbesondere sein erfolgreiches »Recruiting« interessant. So konnte er mit Thoret und Gentz High Potentials für die Aufgabe gewinnen.

3
Der Zeitmanager

Zu Besuch in Goethes Wohnhaus

Um ein anschauliches Bild von der Arbeitsatmosphäre, d. h. von
den Räumlichkeiten in Goethes Wohnhaus vermitteln zu können,
wird zunächst ein Teil des Berichtes eines zeitgenössischen Dichters,
von Karl Lebrecht Immermann (1796–1840, Dramatiker und Erzähler des Biedermeier) über einen Besuch im Jahre 1837, fünf Jahre
nach Goethes Tod 1832, zitiert. Nachdem er die für jeden Besucher
zu Goethes Lebzeiten zugänglichen Räume beschrieben hat, heißt
es (kursive Hervorhebungen und Angaben in eckigen Klammern
vom Autor G.S.):
»... Auf der Schwelle des Empfangszimmers begrüßte uns ein
freundliches; Salve! Goethe kam, wenn er Menschen empfing, nie
auf dem Weg von der Treppe aus, den wir gewandert sind, er ging
vielmehr von seinem Arbeitszimmer durch einen *Kommunikations-
gang* in das Urbinozimmer, und aus diesem trat er dann, vorbereitet
und gefasst, den Fremden entgegen ... In sein Arbeitszimmer ließ er
mit Ausnahme der Intimsten: Coudray, Müller, Riemer, Eckermann,
niemand. (...) Die Beschreibungen, welche sich in Memoiren und
Reiseblättern von diesen Gemächern finden, hatten alle ein unrich-
tiges Bild mir von ihnen gegeben. Ich erwartete eine gewisse Pracht,
wie sie wohl jetzt in den Häusern derer gefunden wird, welche, ihre
Umgebungen zu schmücken, Talent und Mittel besitzen. Zu dieser
Annahme hatten mich die schimmernden Worte der Besucher ver-
leitet. Sie sahen den Zeus [gemeint ist Goethe], und darum erweiterten sich die Wände um ihn zu Tempelhallen, welche von seinem
Abglanz strahlten. Vermutlich wäre es mir auch so gegangen. Nun
man aber durch die verlassenen Räume geht, verschwindet die Illu-
sion und macht einer bescheidenen Wahrheit Platz. Es ist eine Wohnung, bequem, heiter, anständig, aber durchaus einfach, im Stile
früherer Einrichtungsart, hin und wieder selbst etwas vernutzt; es ist

die Wohnung eines Altvaters, dessen beste Erinnerungen sich an Möbel, Leisten und Farben knüpfen, die von langer Zeit herrühren und die er daher um sich erhalten wissen mag, wenn sie auch unscheinbar zu werden und abzubleichen begonnen haben.

Der Tod hat den vom Meister gesetzten Bann gebrochen; frei gingen wir durch kleine *Kommunikationsgemächer* quer durch das Haus, dem *Studier-* und *Arbeitszimmer* zu. (...) Im Vorzimmer des Museums sah ich ein Schränkchen und unter Glaskasten an den Wänden umher Stufen, Steine, Konchylien, Petrefakten, überhaupt alles, was Gegenstand seiner naturwissenschaftlichen Betrachtungen geworden. Alles fand ich sehr sauber gehalten und mit einer gewissen Eleganz arrangiert. Eine Türe rechts war geöffnet, da blickte ich in die *Bibliothek*. Sie konnte für solche Mittel, wie sie hier Gebote gestanden hatten, klein erscheinen. Goethe sammelte absichtlich nicht viele Bücher, da ihm die *Bibliotheken von Weimar und Jena* zu Disposition standen, ja, um alles Anhäufen derartiger Schätze, die ihm unnötig vorkommen mochten, zu verhindern, schenkte er das meiste, was ihm von nah und fern verehrt wurde, nach der Lesung wieder weg.

Jetzt tat der *Bibliothekssekretär Kräuter* [s. Kap. 5], der frühere *Schreiber Goethes*, bevor er *John* zum Kopisten annahm, der treue Wächter dieses Allerheiligsten, die Tür des *Arbeitszimmers* auf, und da wurde mir ein rührender Anblick. Ich erinnerte mich aus *Eckermanns Gesprächen* der angelegentlichen Äußerungen Goethes, die mich *hohe Simplizität* hier erwarten ließen, aber wieder war die Wirklichkeit anders. Dieses kleine, niedrige, schmucklose, grüne Zimmerchen mit den dunkeln Rouleaus von Rasch, den abgeschabten Fensterbrettern, den zum Teil morsch gewordenen Rahmen war also der Ort, von dem aus sich eine solche Fülle des glänzendsten Lichtes ergossen hatte! Ich fühlte mich tief bewegt, ich musste mich zusammennehmen, um nicht in eine Weichheit zu geraten, die mir die Kraft der Anschauung geraubt hätte.

(...) Hier ist jeder Fleck heiliger Boden, und tausend Gegenstände, von denen das Zimmerchen erfüllt ist, reden von dem Wesen und Weben des Geistes. Rings umher an den Wänden laufen niedrige *Schränke mit Schiebefächern*, in den *Skripturen* aufbewahrt wurden, darüber befinden sich *Repositorien*, worin Goethe die Sachen stellte, mit denen er sich eben beschäftigte. Das Holzwerk ist altersbraun, ein Schrank von poliertem und glänzendem Kirschbaum sticht dagegen ab; die Schwiegertochter redete ihm denselben auf, Goethe mochte lange das gleißende Möbel nicht leiden, ›das ihn zerstreue‹. – Darum ist auch kein Kunstwerk im Zimmer, wie man auch vergeblich sich nach einem Spiegel und Sofa umsieht. Letzteren bedurfte er schon deshalb nicht, *weil er den ganzen Tag über ging oder stand.* Er las stehend, er schrieb stehend, er verzehrte selbst sein Frühstück an einem hohen Tische stehend. Ein gleiches Verhalten empfahl er jedem, für den er sich interessierte, als *lebenserhaltend* angelegentlich sowie, dass die *Hände auf den Rücken* gehalten würden, wodurch, wie er sagte, die Brust vor jeder Verengung und Zusammenpressung bewahrt werde.

Sehen wir uns in dieser ehrwürdigen *Werkstatt* noch etwas genauer um! Da hängt an der Türe links eine Art von historischem *Konduitenzettel* [Konduite, veraltet für Führung]. Goethe ließ für das eine Jahr in der ersten Kolumne die Weltcharaktere und Korporationen verzeichnen, welcher nach seiner Meinung politischen Ertrag verhießen, und in den folgenden Kolumnen bemerken, ob und inwiefern sie in den Jahren darauf die erwartete Ausbeute gewährten. Von Jackson hatte er sich viel versprochen, sein Benehmen gegen die Indianer aber war in der Folge schwarz markiert worden. [Andrew Jackson (1767–1845), 1829 bis 1837 als 7. Präsident der USA, verfolgte aggressive Indianerpolitik, verursachte 1837 Finanzkrise durch Zerstörung der mächtigen Nationalbank]

Ein Triangel von Pappe, welchen er selbst verfertigt hat und der im Repositorio zunächst steht, ist als Denkmal eines psychologischen Gedankenspiels merkwürdig. Goethe wollte sich das Verhältnis der Seelenkräfte verdeutlichen. Sinnlichkeit erschien ihm als die Grundlage alles übrigen, er wies ihr daher die Grundfläche des Dreiecks an und färbte dieselbe grün, Phantasie erhielt eine dunkelrote, Vernunft eine gelbe, Verstand eine blaue Seitenfläche eingeräumt.

Daneben liegt eine schwarzgefärbte Halbkugel aus Pappe, auf welcher Goethe mittels einer gläsernen Kugel voll Wasser bei hellem Sonnenschein alle Regenbogenfarben zu entzünden liebte. Damit hat er sich stundenlang, besonders nach dem Tode seines Sohnes, beschäftigen können, und seine größte Freude ist gewesen, wenn der bunte Schein sich so recht energisch hervorlocken ließ.

Wie er denn überhaupt glückselig war, wenn ihm ein Naturphänomen begegnete! Dort steht die kleine Büste Napoleons aus Opalfluss, die ihm Eckermann aus der Schweiz mitbrachte, die ihm Sachen der Farbenlehre bestätigte und ihm zum wahren Entzücken gereichte! Über jene Flasche, die uns da auf dem andern Tisch gezeigt wird, jauchzte er wie ein Kind. Es war roter Wein darin gewesen, sie hatte auf der einen Seite umgelegen, und als Goethe sie zufällig gegen das Licht hielt, so sah er darin die allerschönsten Kristallisationen des Weinsteins in Blätter- und Blumenform abgesetzt. Begeistert rief er seine Nächsten zusammen, zeigte ihnen dieses Schauspiel, ließ eine brennende Kerze bringen und drückte mit Feierlichkeit sein Wappen in Siegellack auf den Pfropfen, damit kein Zufall diese Erscheinung zerstören möge. Die Flasche ist nachmals in seinem Zimmer geblieben ...

Reinlich war er über alle Maßen. Er verdross ihn, dass der *kleine Kontorkalender*, den er zu gebrauchen pflegte, sich das Jahr hindurch nicht sauber halten wollte. Da machte er eigenhändig ein pappnes Futteral dazu.

In der Mitte des Zimmers steht ein großer runder Tisch. Daran saß der *Kopist, dem Goethe diktierte*, während er den Tisch unaufhörlich umwandelte. Die *Arbeit begann um acht* morgens und dauerte oft *bis zwei Uhr nachmittags, ohne Unterbrechung.*

Abends, wenn Goethe sich wieder, wie er in den letzten Jahren immer tat, in dieses stille Zimmer zurückgezogen hatte, sah ihm der Bediente nach den Augen, ob diese freundlich und aufgeweckt waren. Ließ sich darin ein *Begehren nach Mitteilung und Gesellschaft verspüren*, so rückte er stillschweigend den Lehnsessel zum Tisch, breitete ihm ein Polster auf denselben, setzte einen Korb zur Seite, in dem Goethe sein Tuch legte, und dann nahm Goethe Platz, harrend, ob ihn ein Freund besuchen möge. Den Nächsten war unterdessen Nachricht gegeben worden, und wer wäre nicht gern, wenn er konnte, gekommen? – Dann saß er mit seinem kleinen Zirkel bis gegen elf in traulicher Unterhaltung, ließ ihnen Wein und kalte Küche geben, er selbst genoss schon seit Jahren am Abend nichts mehr.«

Der Besuch bei Goethe verdeutlicht insbesondere die ausgeprägte Konzentration auf die jeweilige Aufgabe. Er mochte keine Möbel oder sonstigen Gegenstände, die in ablenkten. Außerdem arbeitete er weitgehend im Stehen. Eine Arbeitsweise, zu der auch heute wieder immer mehr Manager übergehen (wenn auch aus gesundheitlichen Gründen).

Zwei Tage aus Goethes Leben

Nachfolgend werden zwei Tage aus dem Leben Goethes betrachtet. Mit dieser Fallstudie lässt sich nicht die ausgeprägt »Work-Life-Balance« erkennen.

Im Oktober 1961 hielt einer der bedeutendsten Goethekenner der Gegenwart, Erich Strunz (1905–2001), Herausgeber der Hamburger Ausgabe von Goethes Werken, bei einem Ausflug zu den Dornburger Schlössern bei Jena vor den Mitarbeitern der »Nationalen Forschungs- und Gedenkstätten der klassischen Literatur in Weimar« im Esszimmer des Rokokosaales einen Vortrag mit dem Titel *Ein Tag in Goethes Leben*. Der erste Druck erschien am 27. August 1972 in der *Neuen Züricher Zeitung*, dann in dem Buch *Weimarer Goethe-Studien* (Schriften der Goethe-Gesellschaft Band 61, Weimar 1980) und 1990 in einem Buch mit gleichem Titel im Beck-Verlag, München. Aus diesem Text und anhand eines zweiten Tages mit vor allem amtlichen Pflichten werden die für Goethes Tagesablauf wichtigsten Merkmale vorgestellt.

Die Tagebucheintragungen für den 12. April 1813 lauten:
Biographisches. Wetzlar. Orden. Göttingen, die Barden pp. Major von Knebel. Speiste derselbe mit uns. Nach Tische das Gespräch fortgesetzt. Kam seine Frau, dann sein Sohn. Abends Prof. Riemer. Lexicon technologiae latinorum rhetoricae. Nachts im Mondschein spazieren bis zum Römischen Haus. Aushängebogen des Seebeckischen Aufsatzes über die neuentdeckten Farbenerscheinungen. Schöner Tag.

Der 12. April 1813 war ein Montag. Goethe war 63 Jahre alt, Christiane 47 Jahre und der Sohn August, Kammerassessor bei der weimarschen Regierung 23 Jahre. Goethe stand meist um 6 Uhr auf und frühstückte – »des Morgens außer seinem Spaa-Wasser abwechselnd Kaffee, Schokolade oder Fleischbrühe«, wie Friedrich Wilhelm Riemer, Goethes langjähriger Mitarbeiter (s. in Kap. 5.2) an den Verleger Carl Friedrich Ernst Fromann in Jena schrieb. Der damals sehr bekannte Badeort *Spaa* in der Provinz Lüttich rühmte sich seiner

»alkalisch-erdigen Eisenwassern« (Volks-Brockhaus 1841: »Das Wasser derselben wird weit versendet.«) Goethes Sekretär war 1813 Ernst Carl Christian John (Kap. 5), der in Goethes Haus wohnte und sich zum Diktat im Arbeitszimmer bereit halten musste. Aus Knebels Tagebuch wissen wir, dass der 12. April ein sonniger Frühlingstag war. E. Trunz vermutet, dass Goethe wahrscheinlich zunächst in den Garten gegangen sei, um die von ihm besonders geschätzten Krokusse und Narzissen zu betrachten. In das nach Süden gerichtete Arbeitszimmer schien um diese Zeit bereits die Sonne; hohe Bäume behinderten den Sonnenschein nicht.

Das Wort *Biographisches* besagt, dass Goethe seine Autobiographie *Dichtung und Wahrheit* diktierte – er arbeitete am 3. Teil. Über seinen Arbeitsstil wissen wir Folgendes: Prosa pflegte Goethe – im Unterschied zu Gedichten, der er mit der Hand schrieb – immer zu diktieren. Dabei ging er im Raum auf und ab und verschränkte die Arme auf dem Rücken, um besser atmen zu können. Der Schreiber (und problematische »Mitarbeiter« – s. Kap. 5) John wird von der Malerin Caroline Luise Seidler (1786–1866), Tochter des Jenaer Oberstallmeisters mit Dienstwohnung im Jenaer Schloss, die Goethe 1811 porträtiert hatte, in einem Brief an ihre Freundin Pauline Schelling als »ein kleines, hageres, hässliches, stilles, aber nicht so still und klein sein wollendes Wesen, von dem ich nicht recht begreife, wie es der Geheimrat um sich dulden kann ...« beschrieben »seine geistigen Einmischungen werden von dem alten Herrn so in aller Grandezza übersehen ...« John mischte sich somit offensichtlich beim Diktieren bzw. Schreiben ein, schlug vielleicht andere Formulierungen vor; andererseits soll er rasch und gut, d. h. fast fehlerfrei auch Fremdwörter und lateinische Bezeichnungen geschrieben haben. Er saß stets an einem einfachen Holztisch. Die Sonne konnte morgens von ganz links in den Raum herein scheinen. Es war üblich, dass Goethe und John durch Christiane oder die Köchin gegen 10 Uhr ein kleines zweites Frühstück gebracht bekamen.

Aus Goethes Tagebuchaufzeichnungen wissen wir, dass er bereits in den vorhergehenden Tagen den Abschnitt über das Reichskammergericht diktiert hatte. Dafür hatte er sich am 6. April sechs Bücher über das Kammergericht aus der Weimarer Bibliothek entliehen, durchgesehen und dann am 8. und 9. April das entsprechende Kapitel diktiert. Am 12. April kam er dann auf die eigenen Erlebnisse zu sprechen:

Daß mir, außer dem deutschen Zivil- und Steuerrechte, hier nichts Wissenschaftliches sonderlich begegnen, dass ich aller poetischen Mitteilung entbehren würde, glaubte ich voraus zu sehn, als mich, nach einigem Zögern, die Lust meinen Zustand zu verändern, mehr als der Trieb nach Kenntnissen, in diese Gegend hinführte. Allein wie verwundert war ich, als mir anstatt einer sauertöpfischen Gesellschaft, ein drittes akademisches Leben entgegensprang. An einer großen Wirtstafel traf ich beinah sämtliche Gesandtschaftsuntergeordnete, junge muntere Leute, beisammen; sie nahmen mich freundlich auf, und es blieb mir schon den ersten Tag ein Geheimnis, daß sie ihr mittägiges Beisammensein durch eine romantische Fiktion erheitert hatten. Sie stellten nämlich, mit Geist und Munterkeit, eine Rittertafel dar ...

Danach erfolgt die Vorstellung seiner Tischgenossen, auf deren Kreis er in seinem Tagebuch mit den Stichworten *Wetzlar. Orden* verweist. Goethes besondere Begabung lag auch in der Darstellung kurzer Porträts, so dass E. Trunz der Meinung ist, dass Goethe dieses Stück flüssig hat diktieren können. Der Kreis, den Goethe vorfand, war fast wie eine Studentenverbindung, daher wohl die Bezeichnung *Orden.*

In *Dichtung und Wahrheit* berichtet Goethe auch über seinen ersten Kontakt zu Friedrich Wilhelm *Gotter* (1746–1797). Goethe schreibt: ... als ich daher meine Frankfurter und Darmstädter Umgebung vermißte, war es mir höchst lieb, *Gottern* gefunden zu haben, der sich mit aufrichtiger Neigung an mich schloß, und dem ich ein herzliches Wohlwollen erwiderte. Gotter vermittelte Goethe die Bekanntschaft mit den Herausgebern des Göttinger *Musenalmanachs* und lud ihn zu eigenen Beiträgen ein.

An dieser Stelle stellt Goethe dann in seinen Erinnerungen den Geist und Sinn dieses Dichterkreises mit den beiden Grafen Stolberg, Bürger, Voß, Hölty und anderen ausführlich vor. Und in diesem Zusammenhang ist auch die Tagebucheintragung Barden p.p. (p.p. für »perge, perge«, d. h. fortfahren, fortsetzen) zu verstehen. Dazu schreibt E. Trunz: »Nun handelt es sich darum, den Geist dieses Kreises darzustellen, gute Ansätze und ihre Übertreibung ins Verkehrte, allgemeine Ideale und ihre provinziell-verengten Fortführungen. (...) Er blickt aus in die damalige politische Welt, er nennt Voltaires Kampf um das Recht des Bürgers und Friedrichs II. Leistung für Preußen. Klopstock dagegen verherrlichte Arminius, und seine Anhänger dichteten ›Bardenlieder‹.« – Am 14. April diktierte Goethe dann auch Einzelheiten über die »Werther-Stimmung« in dieser Zeit.

Schaut man sich den Text zu diesem Abschnitt in *Dichtung und Wahrheit* an, so stellt man fest, dass Goethe am 12. April wohl ein recht umfangreiches Stück diktiert hat. Daraus lässt sich der Schluss ziehen, das Mittagessen habe erst relativ spät, wahrscheinlich gegen 14 Uhr, stattgefunden. Goethe ermüdete nicht schnell. Bei einer Arbeit, die er liebte, konnte er sich stundenlang konzentrieren. Auch verhalf ihm die Atmosphäre im Haus dazu. Christiane hielt ihm unerwünschte Besucher fern. Vom Treiben im Vorderhaus war nichts zu hören. Von den Nebenhäusern drangen höchstens gedämpfte Geräusche einiger Handwerker in Goethes Arbeitszimmer. Das Nachbarhaus nach der Seifengasse wurde vom Kammersekretär Treuter bewohnt. Auch der Hausgarten vor seinem Fenster trug zur Ruhe beim Arbeiten bei. Auf dem schmalen Weg mit der Bezeichnung »Ackerwand« fuhr nur selten ein Wagen entlang.

Vor dem Essen kam jedoch an diesem Tag noch Besuch – Goethes »Urfreund« Carl Ludwig von Knebel (1744–1834). Ihn hatte Goethe in Frankfurt am 11. Dezember 1774 als Begleiter und Erzieher des Prinzen Constantin kennen gelernt, der sich mit seinem älteren Bruder, dem späteren Herzog Carl August, auf einer Bildungsreise nach Paris befand. Knebel war einer der wenigen, mit denen sich Goethe duzte. Er stammte aus einer fränkischen, 1756 geadelten Familie, wurde nach einem abgebrochenen Jurastudium 1763 preußischer Offizier im Garderegiment zu Potsdam und fand dort Verbindung zu einer Gruppe von Literaten (Nicolai, Gleim, Boie unter anderem). Nachdem er auch Wieland in Weimar auf einer Reise in seine Heimat besucht hatte, berief ihn die Herzogin Anna Amalia im Juli 1774 als Prinzenerzieher an ihren Hof. G. von Wilpert schildert ihn als einen »leicht hypochondrischen Sonderling und temperamentsmäßig unausgeglichen«. Für Goethe jedoch war er ein willkommener Begleiter, der seine Werke »mit lebhaftem Interesse und kritischem Verständnis begleitete«. Nachdem der Prinz mündig geworden war, band ihn der Herzog ohne Amt durch ein Ruhegehalt an Weimar und verlieh ihm 1784 den Rang eines Majors. Knebel zog zwar nach Jena, heiratete 1798 im Alter von 54 Jahren die junge

Kammersängerin Louise Rudorff (1777–1852), adoptierte deren Sohn von Carl August, und lebte von 1798 bis 1804 in Ilmenau – am damaligen Wohnhaus befindet sich heute eine Gedenktafel. Er betrieb literarische Studien und unterstützte Goethe auch in seinen naturwissenschaftlichen Forschungen. 1813 wurde der eigene Sohn Bernard geboren. Der Besuch von Knebel zu diesem Zeitpunkt ist kein Zufall, denn Goethe wollte in seiner Autobiographie die Frankfurter Zeit im Jahre 1774 darstellen, als er Knebel zum ersten Mal traf. Bereits im November 1812 hatte er bei Besuchen in Jena im Tagebuch notiert: Abends bei Herrn v. Knebel, Details unserer ersten Zusammenkunft im Jahre 1774. Am 10. März 1813 hatte Goethe ihn gebeten Materialien zu senden – ohne Erfolg; Knebel wollte lieber mündlich Auskunft geben. In Knebels Tagebuch findet sich für den 12. April 1813 folgende Eintragung:

»Sehr schön. Früh 6 Uhr mit Frau und Sohn nach Weimar gefahren. Bei Goethe, beim Herzog, Herzogin, wo Prinz Bernhard, beim Erbprinzen, bei Frau v. Stein, mittags bei Goethe, Frau v. Schiller, abends 8 wieder hier. Preußen in Weimar, 40 bis 50 Mann. Für den Wagen 2 Taler; Trinkgeld 3 Kopfstück [kleine Münze, etwa 4–6 Groschen]; Chausee 8 Groschen, 5 Pfennig.«

Für den Langschläfer Knebel war es eine frühe Abfahrt. Von Jena bis Weimar benötigte eine Kutsche wegen der Berg- und Talfahrten etwa 3 Stunden. Wahrscheinlich hat Knebel dann gegen 9 Uhr in Weimar eintreffend zunächst mit Christiane eine Zeit zum Mittagessen vereinbart und Goethe, der ja diktierte, nicht gesprochen. Er kam dann allein zu Goethe, seine Frau und der 17-jährige Sohn Karl besuchten offensichtlich Bekannte. Knebel wird wie folgt beschrieben (E. Trunz): »Er war 69 Jahre alt, gesund und kräftig. Er trug nicht die neumodischen langen Hosen, sondern Kniehosen, Strümpfe und Halbschuhe. Den Hals hatte er frei, den Hemdkragen über die Jacke geschlagen. Über der hohen, geraden Gestalt saß ein knorriges Gesicht mit klugen Augen und wuchtigem Kinn. Er hatte wenig Haare, so daß man den charakteristisch geformten Schädel sah.«

In Goethes Tagebuch heißt es zu diesem Besuch: Major v. Knebel. Speiste derselbe mit uns. Nach Tische das Gespräch fortgesetzt. Kam seine Frau, dann sein Sohn.

Am nächsten Tag schrieb Knebel dann aus Jena einen Brief an Goethe, in dem zu lesen ist:

»Nach einem heitern und vergnügten Tage kamen wir gestern ganz wohlbehalten hier wieder an ... Für Deine gütige Aufnahme danke ich nebst den meinigen Dir und Deiner lieben Frau. Ich freue mich, Dich in Deinen Zauberzirkeln zu finden, die Dich besser beschützen werden als alle neuerrichteten Kohorten.«

Mit »neuerrichteten Kohorten« meint Knebel die neu aufgestellten Regimenter (die Kriegsunruhen des »Deutschen Befreiungskrieges« gegen Napoleon erreichen im April auch das Herzogtum; am 16./19. Oktober findet die Völkerschlacht bei Leipzig statt), mit »Zauberzirkeln« bezeichnet er Goethes schriftstellerische Arbeit und auch dessen Beschäftigung mit der Kunst. Denn Goethe wird Knebel bei dessen Besuch auch seine neuesten Kunstwerke gezeigt haben – eine Bacchus-Statue und Gipsabdrücke der Apostelfiguren des Sebaldusgrabes in Nürnberg von Peter Vischer.

Knebel hatte bei seinem Besuch auch den Prinzen Bernhard, eigentlich Carl Bernhard, Prinz von Sachsen-Weimar-Eisenach mit Herzogtitel (1792–1862), beim Herzog Carl August und der Herzogin Louise Auguste (1757–1830) sowie deren Sohn Carl Friedrich (1783–1853) getroffen. Danach besuchte Knebel noch Charlotte von Schiller. Um 5 Uhr am Nachmittag fuhr man wieder ab, so dass sich Knebel mit seiner Familie von Goethe wahrscheinlich gegen 4 Uhr verabschiedet hat.

In Goethes Tagebuch heißt es nach dem Besuch der Familie Knebel, der nach diesen Betrachtungen etwa 2 Stunden gedauert hat, Abends Professor Riemer. Über die Rolle Riemers wird ausführlicher im Kapitel 5 berichtet. Mit *abends* bezeichnete Goethe stets die Zeit der beginnenden Dunkelheit, also der Dämmerung. Riemer kam somit vermutlich nicht lange nach der Abreise der Knebels.

Mit Riemer hatte Goethe meist bestimmte Themen, über die sie sprechen wollten, vorher vereinbart. So auch an diesem Tage, was die Notiz *Lexicon technologiae Latinorum rhetoricae* bestätigt. Dieses Lexikon (ein Sachwörterbuch der Rhetorik), von dem Goethe beide Bände mit insgesamt 472 Seiten aus dem Jahr 1797 besaß, war von dem klassischen Philologen Johann August Ernesti (1707–1781), früherer Rektor der Thomasschule, Herausgeber antiker Autoren und ab 1756 o. Professor für Rhetorik (ab 1759 auch der Theologie) an der Universität Leipzig, verfasst worden. Über seine Ansicht zu diesem Werk schrieb Goethe später in seinen *Tag- und Jahresheften* 1813: In Absicht auf allgemeineren Sinn in Begründung ästhetischer Urteils hielt ich mich immerfort an Ernesti's Technologie griechischer und römischer Redekunst und bespiegelte mich darinnen scherz- und ernsthaft, mit nicht weniger Beruhigung, daß ich Tugenden und Mängel nach ein paar Tausend Jahren als einen großen Beweis menschlicher Beschränktheit in meinen eigenen Schriften unausweichlich wieder zurückkehren sah.

Und 1816 ergänzte Goethe dazu:

Das nicht zu erschöpfende Werk Ernestis, Technologia rhetorica Graecorum et Romanorum, lag mir immer zu Hand; denn dadurch erfuhr ich wiederholt, was ich in meiner schriftstellerischen Laufbahn recht und unrecht gemacht hatte.

Das Wörterbuch von Ernesti war in lateinischer Sprache geschrieben, die Goethe fließend beherrschte – sogar sprechen konnte. Die Art und Weise, wie Goethe durch seinen Vater Latein lernte, ist auch ein Lehrstück für unsere Zeit: E. Trunz berichtet darüber. »Das Früheste, was wir von Wolfgang Goethe haben, sind lateinische Übersetzungen und Dialoge. In diesen wird die Welt des Alltags lateinisch wiedergegeben. Vater und Sohn gehen in den Keller und sprechen darüber, wie der Grundstein (lapis fundamentalis) gelegt wurde und wie damals der Sohn in Maurertracht, eine Kelle in der Hand, unter vielen Maurer-Gesellen stand, neben einem Steinmetz-Meister (ut murarium amictum spatulum manutenentem magnoque murariorum sociorum agmine stipatum, lapicida latus meum claudente). In solcher Weise lernte Goethe die Dinge des Hauses, des Handwerks, des Handels lateinisch ausdrücken. Rechtswissenschaft und Naturwissenschaften benutzten damals ohnehin meist das Latein.«

Überliefert ist auch, dass Goethe im Oktober 1815 auf einer Versammlung von Naturforschern in Karlsruhe sich in dieser Sprache unterhalten habe: »Sie sprachen plötzlich lateinisch miteinander.«

Die nächste Eintragung in Goethes Tagebuch lautet: Nachts im Mondschein spazieren bis zum Römischen Haus, wobei *nachts* für Goethe nach Einbruch der Dunkelheit bedeutet. Als Riemer gegangen war, war es wohl zwischen 20 und 21 Uhr. Der Mond (drei Tage vor Vollmond) stand etwa in Südsüdost. Gegessen hat Goethe zu Abend nichts. Diese Feststellung lässt sich sowohl aus Äußerungen von Riemer (»Er isst bloß zu Mittag; aber gut und hinlänglich.« – Brief an den Verleger Frommann in Jena) als auch von einem Gast (A. Nicolovius (1806–1890), Großneffe Goethes, mit längerem Aufenthalt im Hause Goethe: »Am Abend genießt Goethe nichts.« – Dezember 1852) schließen. Goethes Abendspaziergang an diesem schönen Tag können wir in etwa rekonstruieren:

Goethe ging durch die Seifengasse oder die Ackerwand entlang und danach rechts in den Park. Dort angekommen konnte er zwischen zwei Wegen wählen, dem oberen Weg mit Blick (auch bei Mondschein) auf das Ilmtal und die Wiesenlandschaft oder die Schlängelwege unten an der Ilm entlang. Auf dem oberen Weg kam Goethe am Schlangenstein und am Erinnerungsstein für den Herzog von Dessau vorbei – mit dem Mond vor sich über dem Tal. Am Römischen Haus angekommen hatte er einen Blick bis zu seinem Gartenhaus. Das *Römische Haus* war weitgehend nach Goethes Plänen 1797 fertig gestellt worden. Der Herzog hatte ihm bereits am 27. Dezember 1792 den Auftrag dazu erteilt: »Den Bau des Gartenhauses übergebe ich Dir ganz, tue, als wenn Du für Dich bautest.« Es handelt sich um ein klassizistisches Sommerhaus, dessen Stil von Goethes Begegnung mit der antiken Architektur in Italien geprägt ist. Darüber schreibt G. von Wilpert: »Das erste klassizistische Gebäude Weimars verleiht durch seine Lage als Blickpunkt in der Landschaft dem Park einen südländischen Akzent.«

Nach der Rückkehr in sein Wohnhaus »rundete« Goethe seinen Tag durch Lesen. »Nach Möglichkeit richtete er es so ein, daß jeder Tag etwas Arbeit, etwas Bewegung im Freien, etwas Gespräch und etwas Lektüre enthielt.« (E. Trunz) Der Physiker und Chemiker Thomas Johann Seebeck (1770–1831, 1802–1810 als Privatgelehrter in Jena, später in Bayreuth und Nürnberg, ab 1818 Mitglied der Akademie der Wissenschaften in Berlin) hatte Goethe einen so genannten Aushängebogen des »Journals für Chemie und Physik« (noch nicht gehefteter und nicht beschnittenen Bogen) seines Aufsatzes »Einige neue Versuche und Beobachtungen über Spiegelung und Brechung des Lichtes« geschickt. Im Winter 1812/13 hatte sich Goethe selbst mit Erscheinungen der Lichtbrechung am rhombischen Kalkstein beschäftigt und daher großes Interesse an Seebecks Ergebnissen. Am folgenden Tag diktierte Goethe seinem Sekretär John einen Brief (Konzept) an Seebeck, in dem sich seine Gedanken vom Abend zuvor widerspiegeln, der jedoch nicht abgeschickt wurde. Darin steht unter anderem: ... haben Sie zuerst tausend Dank für die vortrefflichen Bogen, wodurch jene An- und Aussichten, über die wir uns einige sind, herrlich bestätigt und erweitert werden. Es ist ein Begriff von großer Tiefe, daß jede Form des durchsichtigen Glasmittels eine innere Farbenerscheinung bestimmt, die unter jenen Bedingungen von Trübung und Aufklärung, von Verdunkeln und Aufklären, von Schein und Gegenschein so wundersam hervortreten. Die Ähnlichkeit mit den Chladnischen Figuren ist überraschend und die Vergleichung der Bedingungen, unter welchen beide entstehen, höchst belehrend. Ist dort auch Ruhe und Bewegung, Strebendes und Widerstehendes in dem Körper, auf den gewirkt wird ... Ich muß mich enthalten, mehr zu sagen, und will lieber gestehn, daß ich von der Entdeckung noch geblendet bin und mir die Versuche freilich nur bloß durch die Einbildungskraft und durch Hülfe der schönen Tafeln und der so methodischen Erklärung eigen zu machen suche ...

Die Veröffentlichung von Seebeck enthielt zwei Kupferstiche, einer war auch koloriert. Bei den *Chladnischen Figuren* handelt es sich um Klangfiguren (Knotenlinien), die der Physiker Chladni (1756–1827) erstmals 1802 durch Streichen mit einem Geigenbogen auf Metallplatten, mit feinem Lycopodiumpulver (Bärlappsamen) bestreut, erhielt.

Goethes Aufzeichnungen für diesen Tag nach der beschriebenen Abend-Lektüre enden mit der Bemerkung schöner Tag, die vielleicht nicht nur das Wetter betrafen, sondern auch seine Zufriedenheit mit dem »Geschaften« und »Erlebten« beinhalten. Goethe ging früh zu Bett, meist zwischen 21 und 22 Uhr, an diesem Tag wohl erst nach 22 Uhr.

Zusammenfassend stellt E. Trunz fest, dass es sich um einen Tag ohne Amtsgeschäfte, ohne Besuche bei Hofe, ohne Theaterproben, also um einen recht stillen, aber arbeitsreichen Tag gehandelt habe. Und grundlegend sowie verallgemeinernd stellt er Folgendes fest:

1. »Das Diktieren, die Gespräche, die Lektüre waren die üblichen Vorgänge seines aufnehmenden und gestaltenden Lebens, und dazu gehörten und der Spaziergang und der nächtliche Schlaf.«

2. »Zu dem Geheimnis von Goethes Vielfalt, Produktivität und Gesundheit gehörte auch die Fähigkeit der Entspannung.«

3. »Er schlief leicht und rasch ein, dazu trug wohl bei, daß er es gern tat und daß er das Gefühl hatte, mit dem Weltganzen in einem tiefen und geheimen Zusammenhang zu stehn, dem er dankbar und glücklich sich hinzugeben verstand.«

Der zweite ausgewählte Tag aus Goethes Tagebuch ist der 4. August 1781.

Am 28. August 1781 wurde Goethe 32 Jahre alt (also halb so alt wie an dem zuvor beschriebenen Tag); vor fast 6 Jahren war er nach Weimar gekommen. 1777 hatte er im Winter seine erste Harzreise unternommen, im Mai 1778 war er mit Herzog Carl August und dem Fürsten Leopold von Dessau in politischer Mission in Berlin und Potsdam gewesen. Im Herbst 1779 reiste er als Begleiter des Herzogs und zusammen mit dem Oberforstmeister Otto Joachim Moritz von Wedel zum zweiten Male in die Schweiz. Im Jahr 1781 begann sich Goethe neben seinen Dichtungen auch mit naturwissenschaftlichen Studien zu beschäftigen.

Die Tagebucheintragung lautet:
früh zu Hause schrieb an Tasso. Korrigirte die Iphigenie. As allein. Auf der Gewehrkammer d. alten Sch. zu beruhigen. Auf dem Paradeplatz das zu pflanzende Buschwerck abgesteckt. mit d. Herrsch. spazieren. Zu ☉ wo d Waldner und Carolingen waren, und kinderten.

Goethe hatte bereits im Juni 1781 mit einem neuen Drama, wie er an Lavater in Zürich schrieb, begonnen. Den italienischen Renaissancedichter Torquato Tasso (1544–1595) hatte Goethe bereits durch dessen Kreuzzugsepos *Das befreite Jerusalem* sowohl in einer italienischen Ausgabe (*Gerusalemme liberata*, erschienen 1575) als auch in deutscher Übersetzung (von J. F. Koppe, 1744) in der Bibliothek seines Vaters kennen gelernt. Es gehörte zu seinen Lieblingsbüchern und bis zum Ende des 18. Jahrhunderts auch zum allgemeinen Bildungsgut. Die Konzeption von Goethes Schauspiel (in fünf Akten) ist im Tagebuch auf den 30. März 1780 datiert, von Mitte Oktober 1780 bis August 1781 entstanden zunächst die beiden ersten Akte. Im *Ur-Tasso* steht im Unterschied zur späteren, erst 1790 nach seiner Italienreise erschienenen Fassung, eine legendäre Liebesbeziehung des Dichters zur Prinzessin Leonore von Este.

Das Schauspiel *Iphigenie auf Tauris* hatte Goethe nach mehrjähriger geistiger Vorbereitung in der 1. Fassung in Prosa vom 14. Februar bis 18. März 1779 niedergeschrieben. In diesen Wochen befand er sich vom 28. Februar bis 12. März auf Dienstreisen nach Jena, Dornburg, Apolda, Buttstädt, Allstedt, wo er die Funktionen der Wegebau-Aufsicht wahrnahm und als Kriegsminister auch an einer Rekrutenaushebung in Apolda teilnahm. Das Schauspiel ist somit vor allem während dieser Reisen entstanden. Am 28. März notierte Goethe, dass er die »Iphigenie« zwischen den Dienstgeschäften beendet habe. Bereits am 6. April wurde das Schauspiel vom höfischen Liebhabertheater in Weimar mit der Schauspielerin Corona Schröter (1751–1802) als Iphigenie und Goethe als Orest uraufgeführt. Eine zweite Fassung entstand im Frühjahr 1780 in freien Jamben, eine dritte Fassung wiederum in Prosa von April bis November 1781. Gedruckt wurde aber erst die vierte und endgültige Fassung als »Ächte Ausgabe« im Verlag Göschen (Leipzig) 1787 in gedruckter Form veröffentlicht.

Die nächste Notiz im Tagebuch enthält die Information, dass Goethe allein zu Mittag gegessen hat. Zu dieser Zeit (seit dem 2. Juni 1782) hatte Goethe bereits einen Teil des späteren Wohnhauses am Frauenplan gemietet.

Nach dem Mittagessen begab sich Goethe in die *Gewehrkammer*, womit wahrscheinlich das *Geleithaus* gemeint ist. Dort traf er sich mit Vater von Charlotte von Stein, Johann Wilhelm Christian von Schardt (1711–1790). In wiefern bzw. weshalb Goethe ihn beruhigen musste, lässt sich aus den Tagebuchnotizen nicht entnehmen. Schardt wird als ein anspruchsvoller, prätentiöser Hofmann beschrieben, der von 1741 bis 1782 als Reise-, Haus- und Hofmarschall im Dienst der Weimarer Herzöge stand. Herzogin Anna Amalia hatte ihn jedoch bereits 1758 der meisten Ämter enthoben. Infolge seines übertriebenen Aufwandes an Repräsentation hatte er sein und seiner Frau Concordia Elisabeth, geb. von Irving (1724–1802) Vermögen vergeudet. Goethe wich ihm in der Regel aus, deshalb hat Goethe diese Begegnung, aus welchem Grund auch immer, in seinem Tagebuch festgehalten. Paul Raabe schreibt in seinem Buch *Spaziergänge durch Goethes Weimar* (Zürich 1990) über das »Das Geleithaus, Geleitstraße 8. In dem altertümlichen Haus befand sich über Jahrhunderte das Amt, das für die Sicherheit auf den herzoglichen Straßen durch Bereitstellung bewaffneter Begleiter für die Reisenden sorgte. Sie gaben den gefährdeten Fahrzeugen Geleitschutz. Später wurden hier die Geleitzettel ausgestellt, Quittungen für ein Wegegeld, das jedermann, der über die Straßen des Herzogtums mit seinem Wagen reiste, zur Unterhaltung der schlechten Straßen zu zahlen hatte.« Raabe berichtet auch, dass in diesem Gebäude Goethes Diener Philipp Seidel gewohnt habe. Unweit davon steht auch das Haus der Familie von Schardt, in der Scherfgasse 3, das Raabe als einst herrschaftliches Stadthaus beschreibt, in dem Goethes Freundin Charlotte von Stein aufwuchs und zu dem ein großer schöner Garten gehörte, der bis zur Stadtmauer reichte.

Die nächste Eintragung in Goethes Tagebuch beinhaltet offensichtlich eine dienstliche Aufgabe: Auf dem Paradeplatz das zu pflanzende Buschwerck abgesteckt.

Danach ist er mit d. Herrsch. Spazieren gegangen. Die Herrschaften waren der Herzog Carl August von Sachsen-Weimar-Eisenach (1757–1828), der als fürstlicher Freund Goethes bezeichnet wird, und dessen Ehefrau Herzogin Louise Auguste (geb. Prinzessin von Darmstadt, 1757–1830). Carl August war der Sohn des früh verstorbenen Herzogs Ernst August II. Constantin (1737–1758) und wurde unter der Vormundschaft seiner Mutter, der Herzogin Anna Amalia (1739–1807, Tochter des Herzogs Carl von Braunschweig und der Herzogin Philippine Charlotte, einer Schwester Friedrich des Großens), durch Wieland erzogen. Anna Amalia übernahm von 1758 bis 1775 bis zur Volljährigkeit ihres Sohnes die Regentschaft im Herzogtum. Zum Spazieren bot sich der Park an der Ilm an. Er entstand »in den stürmischen Jahren Carl Augusts und Goethes« (wie P. Raabe schrieb) zwischen 1776 und 1786. Im 19. Jahrhundert wurde der Park wie folgt beschrieben (Adolf Stahr – zitiert nach P. Raabe): »Keine Mauer umschließt, kein Gitter umgrenzt diese liebliche Schöpfung Goethes und Carl Augusts ... Wie Stadt und Park ineinander gehen, so verlieren sich auch Park, Feld und Wald nach allen übrigen Seiten ineinander, und da das Auge nie und nirgends an eine Trennung, an ein Aufhören durch irgendeine Schranke erinnert wird, so überkommt uns in dem engen Raume, den die eigentlichen Parkanlagen einnehmen, ein Gefühl unbegrenzter Freiheit. Carl August fühlte ebenso menschlich als künstlerisch, da er nach

Vollendung seines Parks alle Eingänge, Brücken und Stege für jedermann öffnete.«

Die *Ilm* ist ein Nebenfluss der Saale. Sie bildet bei Weimar ein etwa 500 m breites Tal. Von 1778 bis 1786 wurde durch Goethe und den Herzog aus der nur für den Hof reservierten Barockanlage am Stern und dem »Welschen Garten« am Beethovenplatz nach dem Vorbild des Wörlitzer Parks ein öffentlich zugänglicher Park geschaffen – und zwar im Stil englischer Landschaftsgärten. Durch Kunstbauten wie dem bereits genannten Römischen Haus, dem Dessauer Stein (1782) oder Schlangenstein (1787), einer Sphinxgrotte, einem Felsentor und dergleichen mehr wurden Blickpunkte gesetzt.

Die letzten Eintragungen Goethes am 4. August 1781 betreffen einen Besuch bei Charlotte von Stein, gekennzeichnet durch das Zeichen ⊙ (im Original Kreis mit Punkt im Inneren), wo sich die Hofdame Louise Adelaide Waldner von Freundstein (1746–1830) und wohl eine weitere Hofdame aufhalten, die Goethe Carolingen (Näheres nicht feststellbar) nennt. Am Donnerstag, den 2. August, hatte Goethe noch im Tagebuch vermerkt, dass Frau von Stein krank sei, er am Nachmittag mit Herzogin Luise im Welschen Garten spazieren gewesen und am Abend mit Georg Christoph Tobler (1757–1812, Schweizer Theologe und Schüler sowie Freund von Lavater) unter Zelt (Fürstliche Tafel im Park) gegessen habe. Auch am Freitag, nachdem er auf dem Conseil gewesen und bei Herzogin Anna Amalia gegessen habe, sei Frau von Stein noch empfindlich von der Kranckheit gewesen. Louise Waldner stammte aus dem Elsass und war als Hofdame der Herzogin Louise von 1780 bis 1784 Erzieherin von deren Tochter Prinzessin Louise Auguste Amalia. Sie wird als lebenslustig-kokette und muntere Dame beschrieben, die sich zum Horror der konservativen Hofgesellschaft am munteren Treiben des Herzogs Carl August und Goethes beteiligt habe. Sie war mit dem ehemaligen Pagen der Herzogin Anna Amalia Friedrich Hildebrand von Einsiedel (1750–1828) befreundet. Einsiedel war nach seinem Jurastudium in Jena (1766–1770) zunächst in der Weimarer Landesregierung tätig, schied jedoch 1776 aus dem »nüchternen Verwaltungsdienst« aus und wurde Kammerherr, ab 1802 Oberhofmeister, im Dienste der Herzogin Anna Amalia. Er wird als liebenswürdig, humorvoll, musikalisch und schauspielerisch begabt, aber auch als zerstreuter, verspielter und exzentrischer Träumer geschildert, der mit Goethe und dem jungen Herzog in deren »wilden Jahren« eng verbunden war. G. von Wilpert stellt fest, das Einsiedels undisziplinierte Lebensweise und Vermögensverwaltung einer Ehe mit Louise Adelaide Waldner von Freundstein im Wege gestanden hätten.

Aus der Charakterisierung sowohl der Hofdame als auch ihres Freundes erklärt sich abschließend auch Goethes Wort kinderten in der Tagebucheintragung vom 4. August 1781.

Goethe als Manager seiner Reisen

Weltweites Reisen gehört in unserer heutigen Zeit vor dem Hintergrund einer weit fortgeschrittenen Globalisierung für viele Manager zum Tagesgeschäft. Oft kommt es hierbei zu Ärgernissen und Unannehmlichkeiten (z. B. wenn der Transatlantikflug – aus welchen Gründen auch immer – nicht pünktlich landet und nachfolgende Termine verschoben oder nicht wahrgenommen werden können).

Goethes Welt war sicherlich »kleiner«. Trotzdem bedurfte das Reisen eines zumindest ähnlich großen Vorbereitungsaufwandes wie in der heutigen Zeit. Wer sich heute nach dem »Quick Check-In« über schleppende Pass- und Sicherheitskontrollen ärgert, wird sich trotzdem sicherlich nicht in Goethes Zeit zurück wünschen, in der es Kontrollen an den Grenzen der 36 innerdeutschen Staaten gab.

Ähnliches gilt für das mit Reisen (inzwischen nur noch) gelegentlich verbundene »Problem« der unterschiedlichen Währungen. Wer nach seiner Ankuft in Mailand eine Flasche Wasser mit Euro bezahlt oder sich in Chicago mit seiner Kreditkarte Dollar aus einem Geldautomaten »zieht«, hat es diesbezüglich wesentlich einfacher als Goethe, der einen benachbarten Staat bereist.

Aus Goethes Tagebüchern und für spezielle Reisen auch aus seinen ausführlichen Reiseberichten erfahren wir viele Einzelheiten über die Schwierigkeiten des Reisens in der zweiten Hälfte des 18. bzw. ersten Hälfte des 19. Jahrhunderts. Bevor Goethe größere Reisen unternehmen konnte, musste er sich einen *Reisepass* besorgen, was noch relativ einfach war. Auch eine Erlaubnis des Herzogs war in der Regel einzuholen. Wenn Goethe nicht die Linienpost benutzte, ließ er durch seinen jeweiligen Diener (s. Kap. 5.1) den *Reisewagen* bestellen. Auch wenn Goethe in seiner eigenen Kutsche reiste, mussten umfangreiche Vorbereitungen getroffen werden. 1792 hatte Goethe vom Herzog Carl August eine zweisitzige Halbchaise geschenkt bekommen. 1798 kaufte er sich eine bequemere und größere Equipage – sie steht heute in der Remise von Goethes Wohnhaus am Frauenplan. Als hoher Beamter, ja Minister des Herzogtums, erhielt er die Pferde vom herzoglichen Marstall gestellt. 1799 schaffte er sich auch ein eigenes Gespann an, wofür er aus der Kasse des Herzogtums einen jährlichen Zuschuss erhielt. Für das Gespann musste Goethe auch einen Kutscher unterhalten.

Als Beispiel für die »Langsamkeit« von Reisen im Zeitalter von Goethe sei eine Teilstrecke der im Jahr 1797 von ihm durchgeführten dritten Reise in die Schweiz gewählt. In seiner Geburtstadt Frankfurt am Main sah er seine Mutter zum letzten Mal. Am 25. August reiste er – nach schönen Wochen in der Vaterstadt – von Frankfurt nach Heidelberg und beschrieb diesen Abschnitt seiner bis zum 20. November dauernden Reise wie folgt (Ausschnitte):
Früh nach sieben Uhr von *Frankfurt* ab. (...) Basalt in Pflaster und auf der Chaussee bis *Langen*. (...) Um zehn Uhr in Langen. Der Boden wird etwas besser. Aus *Darmstadt* um zwölfeinhalb, nachdem wir in einer Viertelstunde expediert worden waren. (...) *Darmstadt* hat eine artige Lage vor dem Gebirg und ist wahrscheinlich durch die Fortsetzung des Wegs aus der Bergstraße nach Frankfurt in frühern Zeiten entstanden. *Eberstadt, Fechenbach,* halbe Stationen. (...) Bis *Zwingenberg ... Bensheim. Heppenheim.* (...) Um fünfeinhalb erst von *Heppenheim* wegen Pferdemangel. *Hemsbach.* (...) *Weinheim* schöne Lage und Schlösser. In *Heidelberg* abends neuneinhalb, eingekehrt in den »Drei Königen«; der »Goldene Hecht«, der vorgezogen wird, war besetzt.

Die Reise von Frankfurt dauerte also mit der Postkutsche 12 ½ Stunden – heute benötigt die Regionalbahn, die von den von Goethe genannten Orten in Langen, Eberstadt, Darmstadt, Zwingenberg, Bensheim, Heppenheim, Hemsbach, Weinheim bis Heidelberg hält, 1 ½ Stunden (mit insgesamt 18 Haltestellen). Der Streckenverlauf von Goethes Reise entspricht ziemlich genau der heutigen Bundesstraße 3.

Über den Verlauf der Reise von Weimar (Abreise 30. Juli) nach Frankfurt (Ankunft 3. August) schrieb Goethe in seinem Reisebericht in Frankfurt am 8. August 1797:

Zum erstenmal habe ich die Reise aus Thüringen nach dem Mainstrome durchaus bei Tage mit Ruhe und Bewusstsein gemacht, und das deutliche Bild der verschiedenen Gegenden, ihre Charaktere und Übergänge war mir sehr lebhaft und angenehm. In der Nähe von Erfurt war mir der Kessel merkwürdig, worin diese Stadt liegt. Er scheint sich in der Urzeit gebildet zu haben, da noch Ebbe und Flut hinreichte, und die Unstrut durch die Gera heraufwirkte.

Der Moment, wegen der heranreifenden Feldfrüchte, war sehr bedeutend. In Thüringen stand alles zum schönsten, im Fuldaischen fanden wir die Mandeln [Getreide-Garben] auf dem Felde und zwischen Hanau und Frankfurt nur noch Stoppeln; vom Wein verspricht man sich nicht viel, das Obst ist gut geraten.

Wir waren von *Weimar bis hier vier Tage unterwegs* und haben von der heißen Jahreszeit wenig oder gar nicht gelitten. Die Gewitter kühlten nachts und morgens die Atmosphäre aus, wir fuhren sehr früh, die heißesten Stunden des Tages fütterten wir, und wenn denn auch einige Stunden des Wegs bei warmer Tageszeit zurückgelegt wurden, so ist doch meist auf den Höhen und in den Tälern, wo Bäche fließen, ein Luftzug.

Aus dem Text lässt sich offensichtlich ableiten, dass Goethe bis Frankfurt mit seiner eigenen Kutsche reiste. Aus seinem Tagebuch lassen sich auch Einzelheiten über die Kosten entnehmen: Goethe reiste zusammen mit Christiane und Sohn August, die bereits am 7. August nach Weimar zurückkehren. In Erfurt übernachten sie im »Römischen Kaiser« (für 4 Taler und 8 Groschen). In Mechterstedt essen sie zu Mittag für 2 Taler und 8 Groschen, in Buttlar Übernachtung im »Schwarzen Adler« für 4 Taler 46 Groschen, in Fulda Übernachtung im »Storchen« für 8 Taler 58 Groschen, in Schlüchtern Mittagessen für 3 Personen und 2 Pferde für 5 Taler und 52 Groschen. Goethe begann seine Reisen meist am frühen Morgen, so auch im Juli 1797. Von Weimar reist er am Nachmittag um 3 Uhr zunächst nach Erfurt. Am anderen Morgen dort um $\frac{1}{4}$ 5 Uhr früh bis Marksuhl, von dort um 4 Uhr früh nach Fulda, weiter um 5 $\frac{1}{2}$ Uhr bis Gelnhausen, wo er Christiane und seinen Sohn zurück ließ. Noch in der Nacht um 1 $\frac{1}{4}$ Uhr nahm er die Extrapost und kam um 8 Uhr am Morgen in Frankfurt am Main an.

Über die Schwierigkeiten der Reise infolge der territorialen Zersplitterung Deutschlands erfahren wir von Goethe keine Einzelheiten. Er war an die zahlreichen Passkontrollen gewöhnt und infolge seiner besonderen gesellschaftlichen Stellung auch privilegiert. Ganz anders liest sich der Bericht des Predigers und Schriftstellers Christian *Wölfling* in seiner *Reise durch Thüringen* (1796):

»Kaum hat man das letzte Ysenburgische Dorf [Isenburg: Reichsgrafen seit 1442, ab 1684 Isenburg-Birstein und das hessische Ysenburg-Büdingen] verlassen: so ist man in Gelnhausen. Hier wünschte ich eine Meilensäule mit der Aufschrift: ›Confusio Sacri Romani imperii divinitus conservata‹, d. h. ›des Heil. Röm. Reichs Confusion, erhalten durch Gottes Allmacht‹. Denn hier ist es, wo man in einem Striche von wenig Meilen noch jenes Chaos antrifft, aus welchem sich unser gegenwärtiges Reichssystem durch eine Gährung von mehreren Jahrhunderten herausgewickelt hat. Hier sieht man eine um ihre Freyheit ringende Reichsstadt, deren Bürger mit den benachbarten Grafen blutige Fehden haben; (...) Barone, die mit Fürsten Kriege um die Souveränität auf ihrem Dorfe oder auf ihrer Burg führen; Staaten von allen Rangordnungen, deren Gebiet man jede Viertelstunde endigen, und mit einem anderen vertauschen kann; ...«

Noch 1855 wird in einer Verordnung festgestellt: »Die Provinz Hanau wird als derjenige Fleck auf der Erde bezeichnet werden können, welcher in kleinstem Umfange die meisten verschiedenen Reichsterritorien befasst.«

In Thüringen existierten acht Einzelstaaten – mit oft zerstreut liegenden Gebieten (Exklaven wie z. B. Ilmenau): Sachsen-Weimar-Eisenach, Sachsen-Coburg-Gotha, Sachsen-Meiningen, Sachsen-Altenburg, Schwarzburg-Rudolstadt, Schwarzburg-Sondershausen, Reuß ältere und Reuß jüngere Linie. Am Ende des deutschen Kaiserreiches (1918) zählte das thüringische Territorium fast hundert Gebietsteile.

Am 23. Oktober 1828 äußerte sich Goethe gegenüber seinem Sekretär Eckermann über die *Einheit Deutschlands* insbesondere auch im Hinblick auf das Reisen (Straßen, Währung, Kontrollen, Pässe) wie folgt (zu lesen mit Blick auf die Entwicklungen im 20./ 21. Jahrhundert):

»Mir ist nicht bange«, sagte Goethe, »daß Deutschland nicht eins werde; unsere guten Chausseen und künftigen Eisenbahnen werden schon das Ihrige tun. Vor allem aber sei es eins in Liebe untereinander! Und immer sei es eins gegen auswärtigen Feind. Es sei eins, daß der deutsche Taler und Groschen im ganzen Reich gleichen Wert habe; eins, daß mein Reisekoffer durch alle sechsunddreißig Staaten ungeöffnet passieren könne. Es sei eins, daß der städtische Reisepaß eines weimarischen Bürgers von dem Grenzbeamten eines großen Nachbarstaates nicht für unzulänglich gehalten werde, als der Paß eines Ausländers. Es sei von Inland und Ausland unter deutschen Staaten überall keine Rede mehr. Deutschland sei ferner eins in Maß und Gewicht, in Handel und Wandel und hundert ähnlichen Dingen, die ich nicht alle nennen kann und mag.«

Goethe übernachtete meist in Posthäusern. Oft konnte er infolge seines umfangreichen Netzwerkes auch bei Bekannten eine Unterkunft erhalten. Gasthäuser, die ihm nicht bekannt waren, ließ er zunächst von seinem Diener prüfen. Erschienen sie ihm fragwürdig (unsauber, zu laut o.ä.), dann blieb er sogar in seinem Reisewagen oder manchmal wie am Rhein auch in einem Boot. Über eine Episode in einem Gasthof in Ilfeld im Harz in der Nacht vom 30. November auf den 1. Dezember 1777 (auf einer Reiseetappe zu Fuß) berichtete Goethe in der *Campagne in Frankreich 1792* – rückblickend auf seine *Harzreise im Winter 1777*:

Die Nacht verblieb ich in Sondershausen und gelangte des andern Tags so bald nach Nordhausen, daß ich gleich nach Tische weiter zu gehen beschloß, aber mit Boten und Laterne nach mancherlei Gefährlichkeiten erst sehr spät in Ilfeld ankam.

Ein ansehnlicher Gasthof war glänzend erleuchtet, es schien ein besonders Fest darin gefeiert zu werden. Erst wollte der Wirth mich gar nicht aufnehmen: die Commissarien der höchsten Höfe, hieß es, seien schon lange hier beschäftigt, wichtige Einrichtungen zu treffen, und verschiedene Interessen zu vereinbaren, und da dieß nun glücklich vollendet sei, gäben sie heute Abend einen allgemeinen Schmaus. Auf dringende Vorstellung jedoch und einige Winke des Boten, daß man mit mir nicht übel fahre, erbot sich der Mann mir den Bretterverschlag in der Wirthsstube, seinen eigentlichen Wohnsitz und zugleich sein weißzüberziehendes Ehebett einzuräumen. Er führte mich durch das weite hellerleuchtete Wirthszimmer, da ich mir denn im Vorbeigehen die sämmtlichen munteren Gäste beschaute.

Es folgt nun die Beschreibung der Gesellschaft im Wirtszimmer: Doch sie sämmtlich zu meiner Unterhaltung näher zu betrachten, gab mir in den Bretern des Verschlags eine Astlücke die beste Gelegenheit, die seine Gäste zu belauschen, dem Wirthe selbst oft dienen mochte. Ich sah die lange und wohlerleuchtete Tafel von unten hinauf, ich überschaute sie wie man of die Hochzeit von Kana gemahlt sieht; nun musterte ich bequem von oben bis herab also: Vorsitzende, Räthe, andere Theilnehmende, und dann immer weiter, Secretarien, Schreiber und Gehülfen. Ein glücklich geendigtes beschwerliches Geschäft schien eine Gleichheit aller thätig Theilnehmenden zu bewirken, man schwatzte mit Freiheit, trank Gesundheiten, wechselte Scherz um Scherz, wobei einige Gäste bezeichnet schienen, Witz und Spaß an ihnen zu üben; genug, es war ein fröhliches bedeutendes Mahl, das ich bei dem hellsten Kerzenscheine in seinen Eigenthümlichkeiten ruhig beobachten konnte, eben als wenn der hinkende Teufel mir zur Seite stehe und einen ganz fremden Zustand unmittelbar zu beschauen und zu erkennen mich begünstigte. Und wie dieß mir nach der düstersten Nachtreise in den Harz hinein ergötzlich gewesen, werden die Freunde solcher Abenteuer beurtheilen. Manchmal schien es mir ganz gespensterhaft, als säh' ich einer Berhöhle wohlgemuthe Geister sich erlustigen.

Nach einer wohl durchschlafenen Nacht eilte ich frühe, von einem Boten abermals geleitet, der Baumannshöhle zu ...

In seinem Tagebuch liest sich diese Geschichte (mit einem für die Jahreszeit und den Harz auch heute noch typischem Wetter) über die Reise zu Pferd von Greusen nach Ilfeld wie folgt:

Sonnt(ag) früh nach sechsen von Greusen mit einem Boten ab. War scharf gefroren und die Sonne ging mit herrlichsten Farben auf ... Die Spizze des Brockens einen Augenblick, hinter Sondershausen weg auf Sundhausen. Schöne Aussicht die goldene Aue vom Kyffhäuser bis Nordhausen herauf. Mit einigen Invaliden die ihre Pension in Ilfeld hohlten. Füttere in Sundhausen. Dann bey Nordhausen weg. Es hatte schon gegen Mittag zu regnen angefangen. Die Nacht kam leise und traurig. Auf Sachswerfen [Niedersachswerfen], wo ich einen Boten mit einer Laterne nehmen mußte, um durch die tiefe Finsternis hierher (Ilefeld) zu kommen. Fand keine Stube leer. Sitze im Kammergen neben der Wirhsstube ...

Den Bericht über eine Bootsreise im November auf dem Rhein und die Übernachtung im Boot finden wir ebenfalls in Goethes Bericht *Campagne in Frankreich 1792*. Goethe hatte auf der Rückreise von seinem Herzog Urlaub für einen Abstecher von Koblenz nach Düsseldorf erhalten und berichtet über diese Reise wie folgt:

Als ich nun mit meinen Habseligkeiten mich eingeschifft und sogleich auf dem Strome dahin schwimmend sah, begleitet vom getreuen Paul [dem Diener Johann Georg Paul Götze] und einem blinden Passagier, welcher gelegentlich zu rudern sich verstand, hielt mich für glücklich, und von allem Übel befreit.

Indessen standen noch einige Abenteuer bevor. Wir hatten nicht lange flussabwärts gerudert, als zu bemerken war, daß der Kahn ein starkes Leck haben müsse, indem der Fährmann von Zeit zu Zeit das Wasser fleißig ausschöpfte. Und nun entdeckte sich erst, daß wir, bei übereilt unternommener Fahrt, nicht bedacht hatten, wie auf die weite Strecke hinab, von Coblenz bis Düsseldorf, der Schiffer nur ein altes Boot zu nehmen pflegt, um es unten als Brennholz zu verkaufen, und, sein Fährgeld in der Tasche, ganz leicht nach Hause zu wandern. Indessen fuhren wir getrost dahin. Eine sternhelle, doch sehr kalte Nacht begünstigte unsere Fahrt, als auf einmal der fremde Ruderer verlangte an's Land gesetzt zu werden, und sich mit dem Schiffer zu streiten anfing, an welcher Stelle es denn eigentlich für den Wanderer am vorteilhaftesten sei, worüber sie sich nicht vereinigen konnten.

Unter diesen Händel, die mit Heftigkeit geführt wurden, stürzte unser Fuhrmann in's Wasser, und wurde nur mit Mühe herausgezogen, Nun konnte er bei heller Nacht nicht mehr aushalten, und bat dringend um die Erlaubnis, bei Bonn [am 5. November 1792] anfahren zu dürfen, um sich zu trocknen und zu erwärmen. Mein Diener ging mit ihm in einer Schifferkneipe, ich aber beharrte unter freiem Himmel zu bleiben, und ließ mir ein Lager auf Mantelsack und Portefeuille bereiten. So groß ist die Macht der Gewohnheit, daß mir, der ich die letzten sechs Wochen fast immer unter freiem Himmel zugebracht hatte, vor Dach und Zimmer graute. Diesmal aber entstand daraus für mich ein neues Unheil, welches man freilich hätte vorhersehen können: den Kahn hatte man zwar so weit wie möglich auf den Strand gezogen, aber nicht so weit, daß er nicht durch das Leck noch hätte Wasser einnehmen können.

Nach einem tiefen Schlafe fand ich mich mehr als erfrischt, denn das Wasser war bis zu meinem Lager gedrungen, und hatte mich und meine Habseligkeiten durchnäßt. Ich war daher genötigt aufzustehen, das Wirtshaus aufzusuchen, und mich in Tabak schmauchender, Glühwein schlürfender Gesellschaft so gut als möglich zu trocknen; worüber denn der Morgen ziemlich herankam und eine verspätete Reise durch frisches Rudern eifrig beschleunigt wurde.

Über die Unbilden auf Reisen hatte Goethe bereits kurz nach der Abreise zum Feldzug nach Frankreich an Christiane am 9. August 1792 berichtet:

... Wir sind in Gotha angelangt, und ich denke bald wieder zu gehen, ich habe nirgends Ruhe. Meyer wird Dir erzählen, wie ich gleich in Erfurt bin von Wanzen gequält worden und wie ich mich auch hier vor der Nacht fürchte ...

Wenn Goethe zu Pferd auf Reisen war, dann schaffte er manchmal in einer Stunde bis zu 12 km, durchschnittlich etwa 9 km. Bei bis zu neun Stunden im Sattel kam er auf eine Tagesstrecke von 80 bis 100 km. Die regulären Postwagen konnten bei nicht mehr als drei Poststationen (zum Wechseln der Pferde und der Aufnahme neuer Reisender) 70 bis 75 km zurücklegen. Die Extrapost mit kürzeren Aufenthaltszeiten in den Poststationen kam auf maximal 100 km am Tag. Die Schnellpost von Frankfurt am Main nach Leipzig benötigte um 1830 für die 260 km 33 bis 34 Stunden; Abfahrt war um 6 Uhr am Morgen, Ankunft in Leipzig am übernächsten Tag zwischen 3 und 4 Uhr am Nachmittag.

Die Dienstreisen Goethes mussten sorgfältig geplant und organisiert werden. Zunächst wurde ein Kostenvoranschlag erstellt – und nach der Reise wurde anhand der Unterlagen (Quittungen) abgerechnet. Das Postgeld setzte sich aus mehreren Positionen zusammen: Fahrpreis für die Teilstrecken (zwischen den Poststationen), Chaussee- oder Straßengeld (der heutigen Maut entsprechend), Schmiergeld (als Trinkgeld für das Schmieren des Wagens!) und auch Trinkgeld für den Postillon. Bei Steigungen musste ein Vorspann eingesetzt und auch gesondert bezahlt werden; bei starken Steigungen stiegen in der Regel Postillon und Fahrgäste aus – auch Goethe verhielt sich so, wie zahlreiche eigene Tagebuch-Aufzeichnungen und Berichte von Mitreisenden belegen.

1797 begab sich Goethe wie eingangs berichtet auf seine dritte Reise in die Schweiz. Sie dauerte vom 30. Juli bis zum 20. November. Über das umfangreiche Gepäck sind wir wie folgt unterrichtet: Von Frankfurt aus mitzunehmen: An Wäsche: 8 Tagehemden, 4 Nachthemden, 12 Paar Unterstrümpfe, 10 Taschentücher, 8 Halsbinden, 6 Handtücher, 3 Servietten, 3 Mützen, 2 Leinwandwestchen, 1 Pudermantel, 1 Puderschürze, 2 Paar schwarze Strümpfe, 3 Paar graue, 2 Paar wollene.

An Kleidern: Frack, Sommersurtout, 4 weiße Westchen, 1 Paar schwarzseidene Beinkleider, 1 wollenes Nachtwestchen, große Reithosen, Strumpfbänder, Manchesterhosen; Grau Zeughosen.

Schuhe: 1 Paar Bänderschuhe, 1 Paar Schnallenschuhe, Schnallen, 2 Paar Stiefel. Warme Pantoffeln. Putzzeug.

Schreibmaterialien, Rasierzeug, Frisierzeug, Schokolade, Gefäß, wollene Decke.

Von diesen kommt in den Mantelsack: 2 Tagehemden, 1 Nachthemd, 4 Paar Strümpfe, 1 Taschentuch, 1 Serviette im Wagen, 1 Mütze, 1 Nachtwestchen, ein weißes Westchen, Pantoffeln, Rasierzeug, Frisierzeug, Schokoladenkanne.

Goethes Reisen haben häufig auch ihren Niederschlag in literarischen Darstellungen gefunden. Die »großen« Reisen in seiner Zeit beginnen bereits 1774 mit einer »Lahn-Rhein-Reise« (mit dem Schweizer Lavater – s. Kap. 1 – und dem Zeichner Schmoll) von Wetzlar bis Düsseldorf, auf der er auch zahlreiche Kontakte knüpft. Bereits ein Jahr später begibt er sich auf seine erste Reise in die Schweiz (vom 14. Mai bis 22. Juli 1775). Von Weimar aus reist er zu Fuß und zu Pferd im Winter 1777 in den Harz (s. o.), im Mai 1778 mit Herzog Carl August in politischer Mission nach Berlin. Vom 12. September bis 25. Dezember 1779 findet seine zweite Reise in die Schweiz als Begleiter des Herzogs statt. Vom 6. September bis 6. Oktober 1783 reist Goethe zusammen mit Fritz von Stein, dem ältesten Sohn der Charlotte von Stein, wieder in den Harz und 1784 vom 16. August bis 1. September zusammen Herzog Carl August und dem Zeichner G. M. Kraus zum dritten Mal in und über den Harz. Als Goethes größte Reise ist die erste italienische Reise vom 3. September 1786 bis zum 18. Juni 1788 zu nennen, die sein weiteres Leben – als Dichter – bestimmt und ihren literarischen Niederschlag gefunden hat. Vom 13. März bis 18. Juni 1790 reiste er als

Begleiter der Herzogin Anna Amalia nochmals nach Italien. Vom 26. Juli bis Anfang Oktober 1790 nimmt Goethe mit seinem Herzog an den preußischen Manövern in Schlesien (Schlesisches Feldlager) teil. In kriegerischer Mission kommt Goethe mit Herzog Carl August in die Kampagne in Frankreich (vom 8. August 1792 bis 12. Dezember, mit der Rückreise über Düsseldorf – s. o. und Münster). Am 24. Dezember des Jahres 1792 lehnt er in einem Brief an die Mutter die angebotene Frankfurter Ratsstelle ab und entscheidet sich somit endgültig für Weimar. Im Zusammenhang mit der Belagerung von Mainz (am 27. Mai 1793 im Hauptquartier Marienborn bei Mainz, Übergabe von Mainz am 23. Juli) reiste Goethe bis Heidelberg und Mannheim und hält sich im Juni im Rheingau auf. Goethes dritte Reise in die Schweiz findet vom 30. Juli (Abreise aus Weimar) bis 20. November 1797 statt. Im Zusammenhang mit Studien zur Farbenlehre und einer Kur reist Goethe vom 5. Juni bis 30. August zusammen mit seinem Sohn August nach Göttingen (Universitätsbibliothek) und Pyrmont (Kur). Häufige Kuraufenthalte führen ihn vor allem in die böhmischen Bäder (Karlsbad, Marienbad, Franzensbad – ab 1806 bis 1823). 1814 reist Goethe am 25. Juli bis 27. Oktober in die Rhein- und Maingegenden, eine Reise, über die er wiederum literarisch unter dem Titel Sankt-Rochus-Fest zu Bingen berichtet.

Führt man sich diese Reisen auf einer historischen Karte um 1800 vor Augen, so wird deutlich, wie viele kleine Staaten Goethe durchqueren musste. Für diese Durchreisen durch mehrere »Länder« war Geld in verschiedenen Währungen (Sorten) erforderlich. Münzen bewahrte Goethe wie üblich in einer Geldkatze auf, die in einem besonderen Gürtel umgeschnallt wurde (vergleichbar mit einem Brustbeutel heute). Für größere Ausgaben konnte Goethe auch Wechsel verwenden, die er unterwegs einlöste. Ludwig Steinfeld berichtet über die Geldsorten auf deutschem Gebiete: Laubtaler (aus Frankreich), Reichstaler, Sächsische Taler, Gulden, Marie-Theresien-Taler und als Goldmünzen Louis d'or, pfälzischer Karolin und Dukaten. In der Regel führte Goethe auf größeren Reisen sechs bis sieben verschiedene Geldsorten mit. Auch die Probleme mit den Umrechnungskursen waren zu berücksichtigen. Die Wechsel erhielt er vor allem durch seine guten Kontakte in Frankfurt vom dortigen Bankhaus Gebr. Bethmann.

Die Bankiersfamilie Bethmann war seit 1725 in Frankfurt am Main ansässig und über mehrere Generationen mit der Familie Goethe freundschaftlich verbunden. Vor allem im Zusammenhang mit seiner Italienreise spielte von den Gründern, den Brüdern Johann Philipp (1715–1793) und Simon Moritz Bethmann (1721–1782), der Ältere eine wichtige Rolle. Johann Philipp Bethmann war der älteste Sohn des Nassauischen Amtmannes Simon Moritz Bethmann. Nach des Vaters Tod kehrte die Mutter Elisabeth, geb. Thielen (1680–1757) in ihre Heimatstadt Frankfurt am Main als Haushälterin ihres Schwagers, das Kaufmanns Johann Adami (1670–1745) zurück. Die Neffen erbten nach dessen Tod die Hälfte des Vermögens, erwarben das Frankfurter Bürgerrecht, übernahmen das Handelsgeschäft und gründeten 1748 das Bankhaus. Die Tochter von Johann Philipp Bethmann, Susanna Elisabeth (1763–1831), mit der Goethe und seine Schwester Cornelia befreundet waren, heiratete 1780 den Bankier Johann Jakob Bethmann-Hollweg. Die Bankiersfamilie Bethmann wurde 1808 geadelt. Bis 1983 bestand das Bankhaus Bethmann-Hollweg als Privatbank. Seitdem gehört sie zu 100 % zur Bayerischen Vereinsbank.

Auf seinen ausgedehnten und lang andauernden Reisen hatte Goethe stets Schreibzeug und auch seinen Zeichenblock in der Kutsche dabei. Berühmt geworden ist sein Gedicht nach dem Liebeserlebnis mit der jungen Ulrike von Levetzow (1804–1899), geschrieben im Herbst 1823 auf der Rückreise (5.–13.9.) von seiner letzten Kur in Marienbad nach Weimar – die Marienbader Elegie. Er schrieb den Entwurf mit Bleistift auf die freien Seiten von einem kleinen »Grosherz. Weimarischen Schreib-Calender für das Jahr 1822«. Die Reinschrift erfolgte dann in Weimar. Auf Reisen schrieb Goethe trotz der schwierigen Bedingungen in den Kutschen zahlreiche Briefe an Freunde, Bekannte – und Geliebte (wie Ludwig Steinfeld bemerkt). Den Verlauf seiner Reisen hat Goethe in seinen Tagebuchaufzeichnungen jeweils notiert. Anhand dieser Notizen rekonstruierte er später auch die Reisen, die er literarisch gestaltete. L. Steinfeld berichtet über ein Reiseschema, das sich Goethe als fast Fünfzigjähriger angelegt hätte:

Zum Allgemeinen: Fluß, Lauf desselben. Region. Obere, mittlere, untere Region. Rechte Seite. Linke Seite.. Subordinierte Wasser. Lauf,

Regionen. Gebirge. Ursprung ... Zum Besonderen: Stadt, Algemeine nach Obrigen ...

Weitere Details befassten sich danach mit den Speisen und der Polizei. Auf vielen Reisen standen Naturbeobachtungen im Vordergrund seines Interesses – so bereits auf der Reise nach Italien und auch auf den Reisen in die Schweiz.

Aus Gedichten wissen wir auch Einzelheiten über Goethes Verhalten in der Kutsche – so steckte er offensichtlich gern den Kopf aus dem Fenster:

Seh ich zum Wagen hinaus
Mich nach Jemand um,
So mach er gleich was draus;
Er denkt, ich grüß ihn stumm –
Und er hat recht.

Auf seinen Reisen in deutschen Landen und bis Italien, in die Schweiz, nach Frankreich und nach Böhmen sowie Schlesien hat Goethe wahrscheinlich bis zu 40 000 km, d. h. etwa die Länge des Äquators, zurück gelegt. Goethe-Forscher haben errechnet, dass Goethe auf diesen Reisen fast 5000 Tage, das bedeutet 13,6 Jahre, von seinen Wohnorten (überwiegend Weimar) abwesend war. Als Reisetage wurden 650 (fast zwei Jahre) gezählt. Und auch diese Zeiten hat Goethe intensiv, geschickt organisierend, vorausplanenden soweit wie damals möglich, für sein Werk genutzt.

Goethes Schreibmanagement

Nachfolgendes Kapitel, das sich mit Goethes Schreibmanagement beschäftigt, gibt einen guten Einblick in Goethes äußert rationelle Arbeitsweise, die wohl maßgeblich auch zur Qualität seines Wirkens beigtragen hat.

Über den äußeren Vorgang des *Diktierens* wurde schon im Kapitel »Zu Besuch in Goethes Wohnhaus« berichtet. Weitere Details zur Organisation auch des Schreibens sind im Kapitel »Zwei Tage aus Goethes Leben« nachzulesen.

Den Schreibprozess empfand Goethe offensichtlich, vor allem bei Prosatexten und beim Abfassen von Briefen, als zu mechanisch, als inspirationsfeindlich, ablenkend und als verlangsamend (G. von

Wilpert). Deshalb diktierte Goethe stehend bzw. umhergehend. Verbesserungen bzw. Änderungen pflegte er erst nach dem Diktat am Manuskript handschriftlich vorzunehmen. Die Originale im Goethe- und Schiller-Archiv zu Weimar belegen diese Vorgehensweise sowohl an Manuskripten als auch Briefentwürfen. Stets ist die Schrift des Schreibers von derjenigen Goethes zu unterscheiden.

Disziplin und Konzentration Goethes und zugleich die akustische Kontrolle des gesprochenen Wortes waren auch im Hinblick auf die Verständlichkeit seiner Texte förderlich. Wie G. von Wilpert meint, dämpften bzw. verhinderten sie andererseits allzu intime Aussagen und verführten Goethe in seinen Briefen nicht zur Weitschweifigkeit. Im Gegenteil, aus manchen Briefen lässt sich ermitteln, dass er sogar vorgefertigte Passagen (schablonenartig) verwendete. Diese Textbausteine sind ein weiteres Indiz für Goethes äußerst rationelle Arbeitsweise.

Arbeitszimmer, Bibliothek und die bescheidene Schlafstube befinden sich etwas abseits im westlichen Hinterhaus des eigentlich aus zwei Häusern bestehenden Wohnhauses, obwohl die Fassade zum Frauenplan einen einheitlichen Eindruck vermittelt. Wer Goethes Wohnhaus heute besichtigt, wird noch selbst den Eindruck eines verwinkelten Labyrinthes mit vielen Treppen, Ecken und schmalen Durchgängen (A. Seemann) gewinnen können. Auf seinem Schreibtisch hatte Goethe stets griffbereit diejenigen Bücher stehen, die er gerade benötigte – oft auch ausgeliehen aus der Anna-Amalia-Bibliothek oder der Jenaer Universitätsbibliothek (s. Kap. 4). Seine privaten Bücher sind – mit zahlreichen eigenhändigen Anstreichungen und Randnotizen versehen – eine Fundgrube für Goetheforscher bis in unsere Zeit. Nur die engsten Freunde hatten Zutritt in dieses auch durch Christiane abgeschirmte Arbeitszimmer, Goethes »Allerheiligstes«. Nach dem Diktieren wurden entweder Besucher im Urbinozimmer empfangen oder man speiste im Gelben Saal – Gelb war für Goethe eine appetitanregende Farbe. Im Schreib- oder Dienerzimmer von großer Einfachheit direkt neben Goethes Schlafzimmer übertrugen die Schreiber die Diktate Goethes in die Reinschrift.

Auf Reisen schrieb er seine Gedichte vor allem in der Kutsche.

Im Goethe-Haus in Stützerbach bei Ilmenau ist ein zusammenklappbarer kleiner Schreibpult (als Aufsatz auf einem Tisch) mit einer schräg gestellten Schreibplatte zu bewundern, in dem Papier,

Tinte und Feder untergebracht werden konnten, und der somit auch für die Reise geeignet war.

Siegfried Scheibe und Dorothea Kuhn beschäftigen sich im *Goethe-Handbuch* (B. Witte et al.) ausführlich mit Goethes Arbeitsweise. Zunächst beschreiben sie zwei Grundtypen von Autoren – den so genannten *Kopfarbeiter*, »der die Ausführung seines Werkes bis ins Detail voraus bedenkt, ehe er mit der Niederschrift seines Werkes auf dem Papier beginnt« und den so genannten *Papierarbeiter*, »der den Text auf dem Papier selbst mit Hilfe zahlreicher Korrekturen (...) in die gewünschte Form bringt«. Als weitere wichtige Faktoren des Schreibens nennen sie die allgemeinen Lebensbedingungen, die Lebensgewohnheiten (Tag- oder Nachtarbeiter) und die Möglichkeiten, Helfer (Schreiber, Mitarbeiter) einzusetzen. Und sie stellen nach diesen allgemeinen Betrachtungen fest, dass Goethes Vater wohl schon im Elternhaus in der Phase der ersten juristischen Tätigkeit seines Sohnes die Grundlagen für dessen *rationelle Arbeitsweise* gelegt habe, ihm beispielsweise auch den Nutzen helfender Hände und die Einbeziehung anderer Personen in den Produktionsprozess deutlich gemacht hätte. Er habe ihn offensichtlich bei der rationellen Anlage eines Manuskriptes ebenso beeinflusst wie im Hinblick auf den sparsamen Umgang mit dem teuren Papier.

Darauf aufbauend stellen sie Goethes Arbeitsweise in Weimar differenziert dar: Dass er seine Arbeit am frühen Morgen (etwa um 6 Uhr) begonnen habe, seine erste Arbeitsperiode bis etwa 10 Uhr gedauert habe und dann durch ein Frühstück abgeschlossen worden sei. Danach (oder auch später nach dem Mittagessen) – also nach vier Stunden intensiver Arbeit – habe er Briefe erledigt oder auch Besucher empfangen, oder seine Arbeit an Manuskripten bis etwa 13 oder 14 Uhr fortgesetzt. Das Mittagessen fand entweder in kleinem häuslichen Kreise oder auch gemeinsam mit Mitarbeitern und geladenen Gästen statt. Mit ihnen konnte er über Probleme der jeweiligen Arbeit oder seiner sonstigen (auch amtlichen) Tätigkeiten sprechen. Goethe entsprach voll und ganz dem Grundtypus des *Kopfarbeiters*. Aufgrund der Vorbereitungen konnte Goethe »in der Regel sofort und ohne große Mühe eine zu der betreffenden Zeit gültige Textfassung zu Papier bringen« (Scheibe/Kuhn).

Aus den zahllosen Aufzeichnungen Goethes wissen wir auch zahlreiche Details über den Entstehungsprozess seiner Werke. Poetische

Motive, Erlebnisse und Lesefrüchte pflegte er aufzuschreiben. Nach intensiven Überlegungen (an allen denkbaren Orten) und auch Literaturstudien, wofür ihn die Bestände der Anna-Amalia-Bibliothek zur Verfügung standen, erstellte er stets ein *Schema*. Einige Beispiele dafür sind überliefert. Nach einem solchen Schema führte Goethe dann zunächst das gedanklich vorbereitete Werk aus, d.h. in der Regel diktierte er es. Daran schloss sich eine Überarbeitung an. Zu Goethes Zeit war Papier sehr knapp und auch teuer. Dazu berichten die Autoren Scheibe und Kuhn, dass Goethe mit Papier sehr ökonomisch umgegangen sei. Erledigte Blätter (etwa Schemata, Entwurfshandschriften oder einzelne Blätter aus Textfassungen), die teilweise noch unbeschrieben waren, seien über den gesamten Text hinweg mit Bleistift durchstrichen worden. Diese Streichung sei aber nicht als Tilgung des Textes gedacht gewesen und nicht damit zu verwechseln. Diese Blätter wären dann wieder für weitere Arbeiten verwendet, oder zu kleinen Zetteln zerschnitten und für Notizen benutzt worden. Solche Blätter sind zahlreich im Goethe- und Schiller-Archiv vorhanden, und sie zeigen beispielsweise auf ihrer Rückseite Texte andere Werke, Texte von Schemata oder auch Notizen aus dem Alltagsleben bzw. Rechnungen.

Goethes Arbeitstag war ja nicht nur vom Schaffen an seinem dichterischen Werk bestimmt. Er war an vielen Tagen auf Reisen oder mit organisatorischen und wissenschaftlichen Arbeiten beschäftigt. In diesen Phasen sammelte er auch Materialien zur Vorbereitung von Aufsätzen. Dafür entwickelte er systematische Techniken. Materialien für geplante Veröffentlichungen bewahrte er in Mappen geheftet oder lose eingelegt auf oder steckte sie in größere, den heutigen Briefumschlägen ähnliche Beutel, die er als *Papiersäcke* bezeichnete – so berichten die Autoren Scheibe und Kuhn in ihrem Beitrag »Arbeitsweise« im Goethe-Handbuch. Diese Aufzeichnungen und Sammlungen benutzte Goethe für die Bearbeitung seiner Werke letzter Hand. Die Mappen wurden dafür geordnet, mit Aufschriften und Signaturen versehen und in einem Verzeichnis erfasst. Dieses ist uns als *Repertorium über die Goethesche Repositur* überliefert.

Nicht nur aus diesen beschriebenen Materialien sondern auch aus einem Aufsatz Goethes selbst wird seine ökonomische Arbeitsweise ersichtlich. Unter dem Titel *Der Versuch als Vermittler von Objekt und*

Subjekt führt er aus, dass Stoffsammlungen, Aufzeichnungen (hier über Experimente) oder Tabellen und Skizzen zu einem ersten eigenhändigen (oder auch diktierten) Entwurf führen. Daraus ergeben sich die *Schemata*, gefolgt von den Arbeiten an noch nicht ausgereiften Teilen, die er als *Vorarbeiten* bezeichnete. Der *endgültige Text* entwickelte sich dann stufenweise – aufgezeichnet auf grauem, längs gefaltetem Konzeptpapier, halbseitig von Schreibern geschrieben, mit Korrekturen von Goethes Handschrift. Am Ende eines solchen *Schreibprozesses* wurde dann dieser endgültige Text nochmals abgeschrieben und zum Druck gegeben. Diese Vorgehensweise gilt vor allem für sein naturwissenschaftliches Werk, an dessen Ende er feststellte: Nicht also durch eine außerordentliche Gabe des Geistes, nicht durch eine momentane Inspiration, noch unvermuthet und auf einmal, sondern durch ein folgerechtes Bemühen bin ich endlich zu einem so erfreulichen Resultate gelangt.

Studien in der Göttinger Universitätsbibliothek

Die Arbeiten in der Göttinger Bibliothek und die Organisation seines Aufenthaltes in Göttingen im Jahre 1801 wurden durch Goethe selbst ausführlich in seinen *Tag- und Jahresheften* dargestellt. Sie sollen deshalb auch näher beschrieben werden. Besonders reizvoll wird es für den Leser von heute sein, dass er sowohl die historischen Orte (Häuser, Wall, Botanischer Garten und anderes mehr) in der kaum im Zweiten Weltkrieg zerstörten Universitätsstadt besichtigen, als auch die rekonstruierten historischen Bibliotheksräume in dem ehemaligen Kirchengebäude (Paulinerkirche) an der Paulinerstraße unweit des Bahnhofs besuchen kann.

In seinen Erinnerungen mit dem Titel *Aus meinem Leben. Dichtung und Wahrheit. Zweiter Theil*, den Goethe bei Cotta in Tübingen (s. Kap. 6) 1812 unter dem Motto *Was man in der Jugend wünscht, hat man im Alter die Fülle* veröffentlichte, schrieb er auch über die Wahl seines Studienortes 1765 nach einem ausführlichen Bericht über den Entwicklungsgang seiner Bildung (s. Kap. 1), die ihm überwiegend sein Vater vermittelt hatte: Bei diesen Gesinnungen hatte ich immer Göttingen im Auge. Doch seinem Vater war die Universität in Göttingen, 1737 offiziell eröffnet, offensichtlich zu freigeistig.

Im Winter 1801 erkrankte Goethe an einem heftigen Katarrh: Zu Anfang des Jahres überfiel mich eine grimmige Krankheit (...) Ärzte sowohl als Freunde verlangten, ich solle mich in ein Bad begeben, und ich ließ mich, nach dem damaligen Stärkungssystem, um so mehr für Pyrmont bestimmen, als ich mich nach einem Aufenthalt in Göttingen schon längst gesehnt hatte ...

Am 5. Juni machte sich Goethe mit seinem Sohn August und dem Sekretär Johann Jacob Geist (s. Kap. 5) auf die Reise – zunächst nach Göttingen. Sie führte über Erfurt, Gräfentonna, Langensalza nach Mühlhausen, wo die drei Reisenden am Abend gegen 7 Uhr ankamen und im »Gasthof zum Faulen Loch« übernachteten. Am 6. Juni verließen sie um 5.30 Uhr Mühlhausen und aßen in Heiligenstadt im Gasthof zum Mohren zu Mittag. Über Siemerode, Bischhagen, Bremke und Reinhausen gelangten sie nach Göttingen und nahmen Logis im »Gasthof zur Krone«. Bei seinem ersten Rundgang durch die so beliebte Universitätsstadt Göttingen (...), um den Character derselben und der Gegend zu beobachten, vermerkte Goethe: Überall Richtung zur Ordnung, zum Aufbau, Urbarmachen. In diesem Gange scheint sich die Stadt seit Anlegung der Academie erhalten zu haben. Der alte Character einer niedersächsischen Land- und Fabrikstadt ist fast ganz verschwunden. An Christiane in Weimar schrieb er noch am 6. Juni: Da wir glücklich angekommen sind wollte ich mit August, weil es noch heller Tag war um die Stadt gehen. Die Promenade hat uns viel Vergnügen gemacht.

Am Sonntag, den 7. Juni, besuchte Goethe einige Professoren – unter anderem den Oberbibliothekar und Altertumswissenschaftler Christian Gottlob Heyne (1729–1812). Am Montag begab er sich am Nachmittag in die Bibliothek – sie war nur wenige Schritte von seiner Unterkunft (heute Goetheallee Nr. 2) entfernt. Sein Ziel war, Einrichtung und Ordnung, besonders der Catalogen, die Aufstellung derselben nach Ordnung des Realcatalogs in Augenschein zu nehmen, Ausleihen der Bücher u. s. w., welches alles näher notirt werden muß ... Zuvor hatte er den Reitstall besucht: Von da zu der alleruhigsten und unsichtbarsten Thätigkeit [in der Bibliothek] überzugehen, war in oberflächlicher Beschauung gegönnt; und danach folgt ein Satz von größter Wertschätzung der Göttinger Bibliothek: man fühlt sich wie in der Gegenwart eines großen Capitals, das geräuschlos unberechenbare Zinsen spendet. Die Königliche Universitätsbibliothek zu Göttingen zählte gegen Ende des 18. Jahrhunderts mit über 130 000 Büchern zu den bedeutendsten Bibliotheken Europas, die zudem durch Kataloge bereits hervorragend erschlossen war. Bibliotheksordnungen erlaubten nicht nur die Benutzung vor Ort sondern sogar die Ausleihe nach auswärts. Goethe war auf die Benutzung der Bibliothek gut vorbereitet. Bereits bei der Ankunft übergab er dem Unterbibliothekar Professor Jeremias David Reuß (1750–1837) eine Bücherliste, damit ihm die Bücher, die er vor allem für seine Geschichte der Farbenlehre benötigte, nach seiner Rückkehr aus der Kur in Pyrmont auch zur Verfügung ständen. Diese Liste, die erhalten geblieben ist, enthält hauptsächlich Werke des 16. und 17. Jahrhunderts zur Farbenlehre und zur Wahrnehmung der Farben – zusätzlich auch Notizen Goethes zu biografischen Recherchen, die er offensichtlich in der Bibliothek durchführen wollte. Nachdem Goethe eine Reihe von Professoren und die universitären Sammlungen sowie das Akademische Museum besucht hatte, reiste er zunächst am 12. Juni zur Kur nach Pyrmont.

Vom 18. Juli bis 14. August wohnte Goethe dann wieder in Göttingen. Der Kurerfolg stellte sich nicht sofort ein, denn er schrieb an seinen Freund Johann Heinrich Meyer darüber am 31. Juli Folgendes:

Es sey nun daß die Bibliothek und das akademische Wesen, indem sie mich wieder in eine zweckmäßige Thätigkeit, nach meiner Art, versetzten, mir zur besten Kur gediehen, oder da wie die Ärzte sagen die Wirkung des Brunnens erst eine Zeitlang hinterdrein kommt ...

Auf jeden Falle gestaltete sich die Aufenthalt für Goethe anregend (durch die Kontakte zu den Professoren) und erfolgreich. Der Bibliothekar Reuß hatte ihm inzwischen die verfügbaren Werke bereit gelegt. Bis zum 3. August besuchte Goethe täglich die Bibliothek oder ließ sich Bücher in seine Unterkunft bringen. So nahm Goethes Arbeiten in der Bibliothek nach der Kur in Pyrmont ihren Fortgang.

Am Sonntag, den 19. Juli, besuchte er die beiden Bibliothekare Heyne und Reuß und vermerkte darüber hinaus in seinem Tagebuch das Stichwort *Einrichtung*, was sich in direkter Verbindung mit den beiden Namen der Bibliothekare auch auf seine Pläne in der Bibliothek beziehen kann. Am Montag, den 20. Juli, notierte Goethe in seinem Tagebuch: Auf der Bibliotheck erstes Aufsuchen der optischen Schriften. Es folgen die Eintragungen Dienstag d. 21ten ... Bibliotheck. Allgemeine Durchsicht der ausgesuchten Bücher ... Nach Tische Biblioth.. Mittwoch d. 22ten. ... auf der Bibliotheck. Lecktionskataloge von Göttingen seit dem Ursprung. Nach Tische Bibliotheck ... Donnerstag d. 23ten. Früh und Nachmittag Bibliotheck. Verschiedene, besonders ältere Schriftsteller durchblättert ... Freytag d. 24ten ... Früh und Nachmittag auf der Bibliotheck ... Montag. Bibliotheck vor und Nachmittag, besonders Newton und Zeitgenossen ... Dienstag. Bibliotheck. Mittwoch, am 29ten Juli. Früh spazieren, ließ mir Bücher von der Bibliotheck holen und beschäftigte mich hauptsächlich mit der Newtonischen Lehre und den gleichzeitigen Streitigkeiten. Montag d. 3ten. Früh an der Farbenlehre. Kamen Durchlaucht der Herzog mit Herrn von Egloffstein [aus Pyrmont] Mit ihnen auf der Bibliotheck ... Dienstag am 4ten. Fürh auf der Bibliotheck ... Montag d, 10ten Aug. Früh auf der Bibliotheck ... Donnerstag 13ten ... Auf der Bibliotheck Abschied ... An Christiane schrieb er am 24. Juli: Ich will mich hier noch einige Zeit in Ruhe halten und im Stillen fleißig seyn, wozu ich auf der Bibliotheck die beste Gelegenheit habe.

Der Göttinger Bibliothekar Helmut Rohlfing berichtete in seinem Beitrag im Katalog zur Ausstellung »Goethe, Göttingen und die Wissenschaft« 1999 (Mittler, Purpus, Schwedt): »Goethes vierseitige Wunschliste enthielt insgesamt etwa 60 Titel von Büchern bzw. Zeitschriften zur Farbenlehre, außerdem einige Personennamen und Fragen, denen Goethe mit Hilfe der Nachschlagewerke in der Bibliothek nachgehen wollte. Vor den Titeln befinden sich Kreuze, Kreise und Abstreichungen, die vermutlich von den Göttinger Bibliothekaren stammen, die die Liste bearbeiteten, wobei ein Kreis die nicht vorhandenen, Kreuze und Abstreichungen die an Goethe ausgelieferten Bände bezeichneten. Mehr als die Hälfte der zum Teil recht seltenen Bücher (insgesamt 36 Titel) konnten Goethe vorgelegt werden. Dabei lernte er die Benutzerfreundlichkeit der Göttinger Bibliothekare kennen, über die er sich auch nach Jahrzehnten immer wieder positiv äußerte.«

Für Goethe stellte die Göttinger Bibliothek eine wahre Fundgrube für seine historischen Studien zur Farbenlehre dar. Er hielt sich während der beiden Aufenthalte im Sommer 1801 daher trotz aller gesellschaftlichen Kontakte meistens in der Bibliothek auf. Er schrieb darüber in seinen *Tag- und Jahresheften*: Mein eigentlicher

Zweck bei einem längeren Aufenthalt daselbst war, die Lücken des historischen Theils der Farbenlehre, deren sich manche fühlbar machten, abschließend auszufüllen. Ich hatte ein Verzeichniß aller Bücher und Schriften mitgebracht, deren ich bisher nicht habhaft werden können; ich übergab solches dem Herrn Professor Reuß und erfuhr von ihm so wie von allen übrigen Angestellten die entschiedenste Beihülfe. Nicht allein ward mir was ich aufgezeichnet hatte vorgelegt, sondern auch gar manches, das mir unbekannt geblieben war, nachgewiesen. Einen großen Theil des Tags vergönnte man mir auf der Bibliothek zuzubringen, viele Werke wurden mir nach Hause gegeben, und so verbracht' ich meine Zeit mit dem größten Nutzen.

Sein disziplinierter Arbeitsstil wird nochmals am Schluss seines Berichtes über die Reise nach Göttingen und Pyrmont im Zusammenhang mit der Benutzung der Bibliothek und seinen zahlreichen Gesprächen mit den Gelehrten der Universität deutlich:

So verbracht' ich denn die Zeit so angenehm als nützlich, und mußte noch zuletzt gewahr werden, wie gefährlich es sei sich einer so großen Masse an Gelehrsamkeit zu nähern: denn indem ich, um einzelner in mein Geschäft einschlagender Dissertationen willen, ganze Bände dergleichen akademischer Schriften vor mich legte, so fand ich nebenher allseitig so viel Anlockendes, daß ich bei meiner ohnehin leicht zu erregenden Bestimmbarkeit und Verkenntniß in vielen Fächern, hier und da hingezogen ward und meine Collectaneen [Sammlung von Auszügen aus literarischen oder wissenschaftlichen Werken] eine bunte Gestalt anzunehmen drohten, ich faßte mich jedoch wieder in's Enge und wusste zur rechten Zeit einen Abschluß zu finden.

Goethe hat auch von Weimar aus die Göttinger Bibliothek mit ihren Schätzen immer wieder in Anspruch genommen. Und im Jahre 1804 vermerkte er im Zusammenhang mit der Entstehung seiner Arbeiten zur Geschichte der Farbenlehre dazu weiterhin:

Hier darf ich aber nicht verschweigen, daß diese Werke von der Göttinger Bibliothek, durch die Gunst des edlen Heyne mir zugekommen, dessen nachsichtige Geneigtheit durch viele Jahre mir ununterbrochen zu Theil ward, wenn er gleich öfters wegen verspäteter Rücksendung mancher bedeutender Werke einen kleinen Unwillen nicht ganz verbarg. Freilich war meine desultorische Lebens- und Studienweise meistens Schuld, daß ich an tüchtige Werke nur einen Anlauf nahm und sie wegen äußerer Zudringlichkeiten bei Seite legen mußte, in Hoffnung eines günstigeren Augenblicks, der sich denn wohl auf eine lange Zeitstrecke verzögerte.

Der mehrmals genannte Oberbibliothekar Christian Gottlob Heyne (1729–1812) wurde als Sohn eines Webers in Chemnitz geboren und studierte in Leipzig Theologie und Jura. Sein Vater wollte offensichtlich, dass sein Sohn auch wieder den Beruf des Webers erlernen sollte, und verweigerte ihm daher jegliche finanzielle Unterstützung zum Studium, die dann doch von einigen Paten kam. Ein lateinisches Gedicht Heynes erweckte die Aufmerksamkeit des Grafen Heinrich von Brühl (1700–1763, kursächsischer Staatsmann im Dienst August II, dem Starken) in Dresden, der ihm dort 1753 eine Stelle als Bibliothekar vermittelte. Als Gutsverwalter war Heyne kurze Zeit während des Siebenjährigen Krieges (1756–1763) tätig. 1763 berief ihn der Kurator der Universität, Gerlach Adolf von Münchhausen, als Professor für klassische Philologie und als Bibliothekar nach Göttingen. Hier lehrte er fast ein halbes Jahrhundert lang und wurde zum Begründer der universellen Altertumswissenschaften. Schwerpunkte seiner Studien waren die griechischen und römischen Schriftsteller. Von ihm stammen hervorragend bewertete Ausgaben von Vergil, Pindar und Homer. Durch ihn gewann die Universität Göttingen in der zweiten Hälfte des 18. Jahrhunderts ein hohes Ansehen. Der Bestand der Bibliothek hatte unter der Leitung Heynes bis zur Ankunft Goethes im Jahre 1801 einen Umfang von 150 000 Bänden erreicht. Nur die Pariser Nationalbibliothek, die Kaiserliche Bibliothek in Wien und die Königliche Bibliothek in Kopenhagen übertrafen sie damals noch in der Zahl der geschätzten Bände.

4
Der verbeamtete Entrepreneur: Veranstalter, Unternehmer, Agent und Förderer

Nach seiner Rückkehr aus Italien am 18. Juni 1788 behielt Goethe nur noch die Leitung der beiden Ilmenauer Kommissionen (Bergbau und Steuer). An den Sitzungen des Geheimen Konsiliums nahm er nicht mehr teil, ausgenommen eine Sitzung am 20. September 1793. Jedoch stand er dem Herzog weiterhin als Berater zur Verfügung – und er erhielt noch am 23. März 1789 einen Sonderauftrag, nämlich die Leitung der *Schlossbaukommission* (s. Kapitel 2).

Zum Status von Goethe nach seinem Italienaufenthalt schreibt J. A. von Bradish in seinem Buch über »Goethes Beamtenlaufbahn«: »Obwohl mit 11 Dienstjahren, erst 39jährig, faktisch ›außer Dienst‹ und nur mehr ›zu besonderer Dienstverwendung‹ beansprucht, liefen doch Titel, Würde und Gehalt weiter. Nunmehr war K(C)arl August wirklich Mäzen.«

Die Freitagsgesellschaft

Nachfolgendes Kapitel zeigt Goethe als Gründer und Präsident einer interdisziplinären Expertenkommission, die regelmäßig zusammenkam. Folgerichtig und für die Teilnehmer einprägsam benannte er diese als »Freitagsgesellschaft«. In unserer heutigen Managementkultur würden diese Treffen wohl möglicherweise eher als »Weekly Meeting« des »Think Tank« bezeichnet.

Von 1791 bis 1796/97 traf sich im Wittumspalais oder in Goethes Wohnhaus am Frauenplan eine kleine Gesellschaft von Gelehrten mit Mitgliedern des herzoglichen Hofes sowie geistig Interessierten aus Weimar und den wichtigsten Nachbarstädten, um über literarische, historische und auch naturwissenschaftliche Themen Neues zu erfahren. Gesellschaftliche, popularisierende und interdiszipli-

Goethe – der Manager. Georg Schwedt
Copyright © 2009 WILEY-VCH Verlag GmbH & Co. KGaA, Weinheim
ISBN: 978-3-527-50369-8

näre Aspekte sind wesentliche Merkmale dieser von Goethe initiierten Versammlungen gewesen. Diese Veranstaltungen dienten sowohl geselligen Bedürfnissen als auch dem Ziele, durch Informationen, d. h. die behandelten Themen, praktischen Nutzen zu ziehen.

Ein chemisches Experiment war für Goethe der Anstoß, eine alte Idee wieder aufzugreifen, in Weimar eine gelehrte Gesellschaft zu errichten. In seinem Brief vom 1. Juli 1791 an Herzog Carl August berichtete er in einer bunten Depesche aus Bittschriften und Anschlagezetteln über seine Zustände und besonders [über] ein[en] Versuch zu Göttling mit der dephlogistirten Salzsäure. So wurde damals das Chlorgas bezeichnet. Fasziniert hat Goethe damals die Bleichwirkung von Chlorwasser auf gedrucktes Papier. Er schrieb über Göttlings (Johann Friedrich August Göttling, 1753–1809, seit 1788 Professor für Chemie in Jena) Versuch an seinen Herzog:

Er hat ein gedrucktes Papier, von dem ein Blatt beiliegt, wieder zu Brei gemacht, mit seinem Wasser alle Schwärze herausgezogen und wieder Papier daraus machen lassen, wie es beiliegt, das fast weißer als das erste ist. Welch ein Trost für die lebende Welt der Autoren und welch ein drohendes Gericht für die abgegangenen. Es ist eine sehr schöne Entdeckung und kann viel Einfluß haben.

Diesem Bericht fügte Goethe folgende Sätze über seine Pläne hinzu:

Bey dieser Gelegenheit hat sich eine alte Idee: hier eine gelehrte Gesellschaft zu errichten und zwar den Anfang ganz prätentionslos zu machen, in mir wieder erneuert. Wir könnten wircklich mit unsern eignen Kräften, verbunden mit Jena viel thun wenn nur manchmal ein Reunionspunckt wäre.

Zum Reunionspunckt wurde die bereits am 5. Juli 1791 gegründete so genannte Freitagsgesellschaft. Das Gründungsdokument und die Statuten unterzeichneten:

Christian Gottlob Voigt (1791 Geheimer Assistenzrat mit Sitz und Stimme im Geheimen Consilium), Christoph Martin Wieland (der Prinzenerzieher und bedeutendste deutsche Schriftsteller der Aufklärung), Friedrich Justin Bertuch (der Unternehmer s. Kap. 5),
Johann Gottfried Herder (der Generalsuperintendent, Oberhofprediger und Oberkonsistorialrat des Herzogtums Sachsen-Weimar-Eisenach), Johann Joachim Christoph Bode (1730–1793, Selfmade-

mann, Musiker und Komponist, Übersetzer, Journalist, führender Freimaurer, Sekretär der Gräfin von Bernstorff), Karl Ludwig von Knebel (der Urfreund Goethes) und Wilhelm Heinrich Sebastian Bucholz (1734–1798, der Hofapotheker und frühere Dienstherr des genannten Professors Göttling).

Ziel war es, einmal monatlich zusammenzukommen, und Drey Stunden einer gemeinsamen Unterhaltung durch Vorlesungen und andere Mitteilung (...) [zu] widmen. Eines jeden Theils ist überlassen, was er selbst beytragen will ...

Über die eigenen Beiträge nach freier Wahl der Mitglieder hieß es:

Es mögen Aufsätze seyn aus dem Feld der Wissenschaften, Künste, Geschichte oder Auszüge aus literarischen Privat Correspondenzen und interessanten neuen Schriften, oder kleinere Gedichte und Erzählungen, oder Demonstrationen physikalischer und chemischer Experimente, u. s. w.

Am 9. September 1791 fand die erste Zusammenkunft im Wittumspalais im Beisein des herzoglichen Paares und der Herzogin Anna Amalia statt. Zum Präsidenten wurde der Initiator Goethe ernannt. Das Protokoll der ersten Sitzung, von Goethe geführt, vermittelt einen Eindruck von der Themenvielfalt:

Herr Bergrath Bucholz zeigte die merkwürdige Würkung gepülverter Kohle auf faulendes Wasser in einigen Versuchen.[Adsorption von schwefelhaltiger Verbindungen an so genannte Aktivkohle] – Herr Geheimer Rath Bode theilte einen Aufsatz über Tendenz der menschlichen Kräfte mit. – Herr Geheimer Regierungs-Rath Voigt las einen Aufsatz über die neuesten Entdeckungen an der westlichen Küste von Nord-Amerika. – Endesunterzeichneter [Goethe] las eine Einleitung in die Lehre des Lichts und der Farben. – Zum Schluß behandelte Major von Knebel die Frage: Warum sich Minerva wohl eine Eule zugestellt habe?

In Goethes amtlichen Schriften ist das Dokument über die Gründung der Freitagsgesellschaft abgedruckt, und zwar das Protokoll und die Eröffnungsansprache zur Sitzung von Goethe. Aus Goethes Ansprache gehen die Zielsetzungen dieser gelehrten Gesellschaft hervor – sie zeigen wiederum auch hier Goethes Einstellung zum allgemeinen Management, d. h. sie vermitteln ein Bild von Goethes Denk- und Arbeitsweise:

Es ist keinem Zweifel ausgesetzt dass derjenige, der in Geschäften arbeitet und um der Menschen will manches unternimmt, auch mit Menschen umgehen, Gleichgesinnte aufsuchen und sich indem er ihnen nützt auch ihrer zu seinen Zwecken bedienen müsse. Bey Künsten und Wissenschaften hingegen fällt es nicht so sehr in die Augen, dass auch diese der Geselligkeit nicht entbehren können ... Die Freunde der Wissenschaft stehen auch oft sehr einzeln und allein, obgleich der ausgebreitete Bücherdruck und die schnelle Circulation aller Kenntnisse ihnen den Mangel von Geselligkeit unmerklich macht ... Wir verdanken daher dem Bücherdruck und der Freyheit desselben undenkbares Gute und einen unübersehbaren Nutzen; aber noch einen Nutzen der zugleich mit der größten Zufriedenheit verknüpft ist danken wird dem lebendigen Umgang mit unterrichteten Menschen und der Freymüthigkeit dieses Umganges ... Man giebt nicht mit Unrecht großen Städten deshalb den Vorzug, weil sie so vieles Nothwendige versammlen und einem Jeden die Auswahl für sein Bedürfniß oder seine Liebhaberey überlassen. Aber auch ein kleiner Ort kann in gewissem Sinne dergestalt begünstigt sein, dass er wenig zu wünschen übrig lässt ...Der Gewinnst der Gesellschaft, die sich heute zum erstenmal versammelt, wird die Mittheilung desjenigen seyn, was man von Zeit zu Zeit hier erfährt, denkt und hervorbringt ...

Diese Kernsätze aus Goethes Ansprache zeigen, dass es ihm um den Austausch wissenschaftlicher Neuigkeiten in geselliger Runde mit Abstand zum Alltag in einer kleinen Residenzstadt ging, auch im Sinne einer Verständigung zwischen Künstlern, Wissenschaftlern und Mitgliedern des Hofstaats mit dem Blick auf die tägliche Praxis und auch Liebhaberei.

Am 13. Oktober 1791 erfolgte ein Zusatz zum Statut der Freitagsgesellschaft über neue Mitglieder, Gäste, Dauer der Vorlesungen (unter einer halben Stunde!) und Anmeldung der Beiträge (drei Tage vor der Sitzung beim Vorsitzenden). Bedeutende Gäste der Freitagsgesellschaft waren:

August Johann Georg Carl Batsch (1761–1802), Naturwissenschaftler (Botaniker),

Johann Jakob Griesbach (1745–1812), Theologe,

Johann Georg Lenz (1748–1832), Mineraloge,

Wilhelm von Humboldt (1767–1835), Sprachforscher, Bildungsreformer, Staatsmann,

Johann Carl Wilhelm Voigt (1752–1827), Bruder des Ministers,
   Mineraloge, Bergrat in Ilmenau,
   Prinz August von Sachsen-Gotha-Altenburg (1747–1806) sowie
   August Friedrich Carl Freiherr von Ziegesar (1746–1813), Geheim-
   rat und Kanzler von Sachsen-Gotha-Altenburg (ab 1809 Gene-
   rallandschaftsdirektor von Sachsen-Weimar-Eisenach).
   Am 4. November 1791 nahm erstmals Karl August Böttiger
(1760–1835), Philologe und Altertumswissenschaftler, an der Sitzung
der Freitagsgesellschaft teil. Er wird als ein weniger angenehmer
Zeitgenosse Goethes beschrieben, als Verbreiter von unseriösen
Klatschgeschichten und als aggressiver Kritiker, der durch Herders
Vermittlung Gymnasialdirektor in Weimar geworden war. Böttiger
beschreibt zunächst den Versammlungsraum bei der Herzoginmutter Anna Amalia im Wittumspalais wie folgt:
»Jeder sitzt, wie er zu sitzen kommt, während das vorlesende Mitglied seinen Platz an einem besondern Tische einnimmt. In der
Mitte des Saals steht eine große, runde Tafel, auf welche die mathe-
matischen Instrumente, Zeichnungen, naturhistorischen Merkwür-
digkeiten u. s. w. auf welche die Vorlesenden sich beziehn, hingelegt
werden. Ist nun eine Vorlesung vorbei, so steht alles auf, tritt um die
Tafel herum. spricht, macht Einwürfe, hört und beantwortet Fragen
des Herzogs, und der Herzoginnen, die nun mitten im Zirkel stehn,
und nun geht's zu einer neuen Vorlesung, und jeder nimmt wieder
seinen Stuhl ein. Da eine Session immer 3 Stunden, von Abends
5 Uhr bis 8 Uhr, dauert, so würde ohne diese kleinen Pausen die
Zunge vom Schweigen, und der Körper vom Sitzen ermüden.«
   Über die Themen dieses Abends erfahren wir von Böttiger folgende Einzelheiten: Goethe »wiederholte erst ganz kurz die Resultate dessen, was er im ersten Hefte seiner Beiträge zur Optik weit-
läufiger erwiesen und durch 24 illuminirte Kupfertäfelchen, die
dazu ausgegeben werden, veranschaulicht hat. Die Hauptsätze
demonstrierte er an einer schwarzen Tafel, wo er die Figur schon
vorher angezeichnet hatte, so lichtvoll vor, daß es ein Kind hätte
begreifen können. Göthe ist eben so groß als scharfsinniger Demons-
trator an der Tafel, als er's als Dichter, Schauspieler und Operndirec-
tor, Naturforscher und Schriftsteller ist ...«
   Ein weiterer naturwissenschaftlicher Beitrag stammte vom Jenaer
Professor Batsch. Er stellte »eine sehr sachreiche Abhandlung vom

Schiffsbote oder dem Nautilus und einer kleinen Schnecke, die im Meeressand gefunden, und erst durchs Mikroskop deutlich wird, mit Hinsicht auf größere u. kleinere Petrefakten und gewisse Resultate vor, die daraus von der jetzigen Bildung der Erde und ihrer frühern Gestalt, ehe sie vom Ocean verlassen wurde, nothwendig folgen. Während der Vorlesung giengen sehr schöne Exemplare auf silbern Präsentirtellern im Zirkel herum.«

Der in Jena privatisierende Hofrat Büttner berichtete danach über »seine Ideen von der Urwelt und dem Zurücktreten des Ozeans, so weit es seine Ideenfülle und die daraus entspringende Weitschweifigkeit erlaubte.« Der ehemalige Göttinger Professor für Natur- und Sprachwissenschaften, ein Polyhistor seiner Zeit, hatte seine umfangreiche Bibliothek an den Herzog Carl August gegen eine Leibrente und Unterkunft im Jenaer Schloss verkauft.

Und daran anschließend »zeigte der M[agister] Lenz [Johann Georg L. (1748–1832), 1780 Aufseher des Naturalienkabinetts, 1794 Professor für Mineralogie und Direktor der Mineralogischen Sammlung, an deren Erweiterung und Katalogisierung Goethe mitwirkte], der jetzige Inspector der Kunstkammer und des Naturalienkabinetts in Jena, eine Reihe Intestinalwürmer in Spritus, die er selbst aus den Eingeweiden vieler Thiere hervorgesucht und präparirt hatte.«

Böttiger schreibt dann, dass der vom Legationsrat Bertuch vorgesehene Vortrag »über die Farbentinten der Japaner und Chineser« wegen der fortgeschrittenen Zeit – »da es stark auf 9 Uhr gieng« – »auf eine künftige Sitzung verschoben« wurde. Diese fand offensichtlich erst am 17. Februar 1792 statt. Im Verlauf dieser Sitzung las Bertuch »aus den neuesten französischen Missionsberichten aus China eine Nachricht von den so gerühmten hellen Chinesischen Farben und Pigmenten (...), die unsere Maler sich so oft vergeblich wünschten. Der Pater Bourgeois hat von einem Freund in Frankreich, der ihm darüber geschrieben hat, diese Farben ihrer Zurichtung und Chinesischen Benennung nach sehr genau beschrieben. Diese Beschreibung und Namen erhielten wir nun im lehrreichen Auszug. Die Chineser lassen sie auch auser Land gehen, und nun kann sie ein jeder Künstler durch Schwedische, Holländische oder Englische Chinafahrer unter dem rechten Namen unmittelbar aus China kommen lassen. Die schönste rothe Farbe Tchin-keng-tou wird aus gefärbten und imbibirten Cattunläppchen wieder ausgekocht, und die Brühe muß auf einem porcellanenen Teller evaporiren.«

Das Hauptthema der Versammlung vom 2. März 1792 waren, wie bereits zwei Monate zuvor, die Lehren des Hofmedicus Hufeland, die später als Makrobiotik bezeichnet wurden. Böttiger gibt diesen Vortrag in konzentrierter Form wieder, weist am Schluss auf eine Veröffentlichung im Deutschen Merkur hin und führt als Kernsatz an: »Als Nahrungs- und Beförderungsmittel der Lebenskraft wurden Licht, Wärme und Luft aufgeführt, und ihr Einfluß durch treffende Beispiele erläutert.« In kurzen Stichworten nennt er für die Wirkung des »ätherischen Lichtstoffs«, ohne den eigentlich kein Leben denkbar sei, »Ingenhouß* neueste Versuche mit Pflanzen. Kartoffelkeime, die sich zu entwickeln (an)fangen, leuchten im finstern Keller. Faules Holz, in dem es zu neuem Leben gebildet wird, schimmert im Dunkeln.« Am Ende seines komprimierten Berichtes heißt es auch: »Der Schlaf unterbricht das intensive Leben, damit das extensive Leben länger daure. Betrachtungen über den Winterschlaf der Thiere und Pflanzen.« Hufelands Vortrag hatte seine Berufung an die Universität Jena (1793) zur Folge. 1801 ging er als Direktor der Charité nach Berlin. Am 23. März 1792 enden Böttigers Aufzeichnungen über »den Weimarer Gelehrtenverein«. Darin wird noch ausführlich über den Vortrag von Bertuch über das »Alter und den Ursprung der Englischen Gärten« berichtet. Er führt Christian Cay Laurenz Hirschfeld (1742–1792, in Kiel Professor der Philosophie und schönen Wissenschaften) und dessen weit verbreitetes Werk Theorie der Gartenkunst an, nennt William Kent (1684–1748, Maler, Dekorateur, Baumeister und Gartenarchitekt) als den großen Schöpfer der englischen Gartenkunst.

Am 27. November 1795 trug Goethe ein Schema der hießigen Thätigkeit, in Künsten, Wissenschaften und anderen Anstalten vor. Aus Stichworten (auch in Goethes Tagebüchern) wie Zeicheninstitut, Sammlungen, Baukunst, Musik, Theater, Mathematik, Mechanik, Erdbeschreibung, Wasserbau, Landesökonomie, Viehzucht, Fabriken und Handwerk wird deutlich, wie breit die Themen (und Interessen Goethes) angelegt waren. Goethes häufige Abwesenheit von Weimar (z. B. zur Kuren in Karlsbad) führten Anfang 1796 zu

---

* Der niederländische Arzt und Naturforscher Jan Ingenhousz (1730-1799) gilt als der Entdecker der Photosynthese und Atmung der Pflanzen.

einem Ende der offensichtlich sehr kommunikativen Freitagsgesellschaft.

In seinen »Tag- und Jahresheften« 1795 fasste Goethe die Schwerpunkte dieser Gesellschaft hochgebildeter Männer, welchen sich jeden Freitag bei mir versammelten, noch einmal zusammen: Ein jedes Mitglied gab von seinen Geschäften, Arbeiten, Liebhabereien beliebige Kenntniß, mit freimühtigem Antheil aufgenommen.

Die Themen der Weimarer Freitagsgesellschaft vermitteln infolge ihrer damaligen Aktualität ein Stück Wissenschaftsgeschichte. Die Veranstaltungen haben weit über die gesellschaftlichen Aspekte hinaus wesentlich zu Goethes Wirken vor allem in den Naturwissenschaften, sowohl im Bezug auf die eigenen Werke, als auch für deren Entwicklung in der Universität Jena, beigetragen.

Die vorstehenden Ausführungen haben uns einiges über Goethes »Meetingkultur« verraten. Diese zeigt einige Aspekte, die heute ebenfalls als »Best Practice« angesehen werden können. So legte Goethe nicht nur Wert auf eine ausgesprochen konstruktive Atmosphäre. Auch war eine Tagesordnung obligatorisch und Redezeiten wurden im Vorfeld begrenzt. Interessant ist sicherlich auch, dass die Präsentationsfähigkeiten von Goethe besonders gelobt werden.

Förderer der Freien Zeichenschule

Goethe erhielt bereits als Kind in Frankfurt am Main Zeichenunterricht. Er hat sein Leben lang gezeichnet, und obwohl er viele Zeichnungen vernichtete, sind bis heute noch etwa 2700 Blätter von ihm erhalten geblieben. Die Radiertechnik erlernte er 1768 bei Johann Michael Stock (1739–1773) in Leipzig, der in der Mansarde des Breitkopfschen Hauses »Zum silbernen Bären« mit seiner Familie lebte. Goethe folgte dem Grundsatz seines Vaters, »zeichnen müsse jeder lernen«. Aus dem Haushaltsbuch seines Vaters geht hervor, dass Goethe von 1758 bis 1761 Privatunterricht bei Johann Michael Eben (1716–1761, Kupferstecher und Kunsthändler) hatte – von Goethe in *Dichtung und Wahrheit* als Halbkünstler und in seinem Stil ohne Folge und Methode bezeichnet. Goethe zeichnete zusammen mit seiner Schwester Cornelia vor allem Kopfstudien, Landschaften und Stadtprospekte. Der dänische Legationsrat Johann

Friedrich Moritz (1716–1771, juristischer Geschäftsfreund von Goethes Vater) vermittelte ihm auch geometrische Grundkenntnisse. Goethes Handzeichnungen beinhalten vor allem Landschaftsskizzen sowie anatomisch-naturwissenschaftliche Studien. Seine eigene Sammlung umfasste etwa 2000 Handzeichnungen von Künstlern aller Zeiten und Schulen. Bereits in Italien gelangte er jedoch zu der Einsicht, sein zeichnerisches Talent reiche für eine künstlerische Tätigkeit auf diesem Gebiet nicht aus. Das Zeichnen bezeichnete Goethe später als practische Liebhaberey in den Künsten.

Der eigentliche Anstifter der so genannten »freien Zeichenschule« war F. J. Bertuch (s. Kap. 5). Dieser veranlasste Herzog Carl August im August 1776 in Weimar die *Fürstliche freye Zeichenschule* zu gründen. Deren Leiter wurde G. M. Kraus (s. Kap. 1). Zunächst war sie im Fürstenhaus, dann im Roten Schloss (1781–1807) und anschließend wieder im Fürstenhaus untergebracht. Sie bot kostenlose Kurse zur Förderung künstlerischer Begabungen in Zeichnen, Kupferstich, Malen (und allgemein des »guten Geschmacks«) an, woran vor allem Handwerker und Bürger teilnahmen. Ihren Namen verdankte die *Freie Zeichenschule* dem »offenen Zugang für alle interessierten Menschen aus den gehobenen Schichten« (Siegfried Seifert: *Weimar. Stadt der Klassik*, 2. Aufl. 1988).

Über den Zweck der »Stiftung dieses nützlichen Institutes« äußert sich Bertuch selbst wie folgt:

»1. Verbesserung der hiesigen Handwerker durch Zeichnen und Anleitung zu besserm Geschmacke in ihren Arbeiten.
2. Vervollkommnung des Unterrichts der Jugend beider Geschlechter [!] durch ganz freie Instruktion im Zeichnen, für alle Klassen und Stände.
3. Um dadurch vielleicht manchem jungen versteckten und noch schlafenden Künstler-Genie Gelegenheit zu geben, sich zu entdecken und zu entwickeln.«

Georg Melchior Kraus (1737–1806) stammte aus dem Gasthof »Zur weissen Schlange« in der Sandgasse von Frankfurt am Main. Im Atelier des Hofmalers Johann Heinrich Tischbein der Ältere in

Kassel beim Landgrafen Friedrich II. erhielt Kraus von 1759 bis 1762 seine Ausbildung zum Maler. In Paris bildete er sich zum Kupferstecher weiter. Ab 1766 wirkte er in seiner Heimatstadt als Zeichenlehrer und Genremaler. Er erteilte dort unter anderem Sophie La Roche, Fritz Jacobi (s. Kap. 1) sowie auch Goethe Zeichenunterricht. In einer Bittschrift an den Rat der Reichsstadt vom 2. April 1767 ersuchte er vergeblich um die Einrichtung einer Malerakademie. 1773 bekam Kraus Kontakt zu Wieland und Bertuch, die den Künstler dann auch am Weimarer Hof einführten. 1775 unterrichtete Kraus Goethe in Frankfurt über die Verhältnisse in Weimar, noch bevor dieser eine Einladung nach Weimar erhalten hatte. Am 1. Oktober 1775 wurde Kraus von Herzog Carl August zum Zeichenmeister ernannt, 1776 zum Direktor der Zeichenschule und 1780 schließlich zum weimarischen Rat.

Im Winter 1781/82 hielt Goethe in der *Freien Zeichenschule* Vorträge über Anatomie für Künstler. 1784 begleitete Kraus Goethe auf dessen dritter Harzreise (8. August bis 14. September) und fertigte eine Reihe von Zeichnungen zur Geologie des Harzes an. Goethe nahm Kraus auf weitere Reisen durch Thüringen und auch nach Mainz mit, wo Kraus die Belagerung der Stadt skizzierte. Ein Bild von Kraus befindet sich im Landesmuseum Mainz.

Bei der Plünderung Weimars am 14. Oktober 1806 wurde Kraus durch französische Soldaten so schwer verletzt, dass er am 5. November starb.

Julius Heinrich Lips (1758–1817) wirkte von 1789 bis 1794 an der Freien Zeichenschule. Goethe hatte den Züricher Maler und Kupferstecher im Juli 1775 im Hause Lavaters auf seiner Schweizreise kennen gelernt. Auch auf seiner Italienreise hatte Goethe ab 1786 Kontakt zu Lips, der sich bis 1789 dort im Kreise deutscher Künstler aufhielt. Lips übernahm Goethes Wohnung am Corso nach dessen Abreise. Auf Einladung Goethes kam Lips im Herbst 1789 als Lehrer an die Freie Zeichenschule. 1794 kehrte Lips nach Zürich zurück.

1795 kam Johann Heinrich Meyer (1760–1832) zunächst als Lehrer, ab 1806 als Direktor an die Zeichenschule. Goethe nannte ihn Kuntsch-Meyer. Er hatte den Schweizer Maler und Kunstschriftsteller am 2. November 1786 als belehrenden Künstler im Quirinal in Rom kennen und schätzen gelernt. Mit ihm verband Goethe eine jahrzehntelange Freundschaft. Auch Goethes Kunstauffassungen wurden wesentlich von Meyer beeinflusst. In Venedig traf Goethe mit der Reisegesellschaft der Herzogin Anna Amalia am 6. Mai 1790 wieder mit Meyer zusammen. 1791 veranlasste Goethe ihn, nach Weimar in sein Haus zu ziehen. 1792 leitete Meyer den klassizistischen Umbau und die Gestaltung der Innenausstattung in Goethes Haus am Frauenplan. Meyer wohnte in einer Mansarde bis zu seiner Verheiratung im Jahre 1802. 1795 wurde er auf Goethes Betreiben als Lehrer an die Zeichenschule berufen. Meyer hatte auch großen Einfluss auf die Gestaltung des Weimarer Schlosses – durch dekorative Malereien, Kopien antiker und italienischer Meister, Friese, Gemälde und Skulpturen. Er entwarf Denkmäler, Masken, Theaterkostüme, Titelblätter und Vignetten. Ab 1794 veröffentlichte er vor allem Kunstschriften. Er wird auch als »quasi Ghostwriter Goethes« bezeichnet (G. von Wilpert); so stammen von ihm Kapitel zu Goethes *Winckelmann und sein Jahrhundert* (1805) und auch zur *Geschichte der Farbenlehre* sowie ein Bericht über die Schweizer Heimindustrie der Spinner und Weber in *Wilhelm Meisters Wanderjahre*.

Nach seiner Italienreise war Goethe bewusst geworden, dass seine Bestimmung nicht in der eines Malers oder Zeichners sondern eines Dichters liegen würde. Deshalb stellt auch Jochen Klaus in seinem Katalog »Der Zeichner Goethe 1788–1832« (1990) fest: »Nach dem Italienerlebnis stand das Zeichnen für Goethe nicht mehr unter dem Druck selbstauferlegten künstlerischen Anspruchs. Es wurde nun zu einer Begleiterscheinung der vielfältigen Betätigungen des Dichters, Kunst- und Naturwissenschaftlers, des Politikers, Theaterpraktikers und Kunstsammlers.« – Dieser Aussage entspricht auch Goethes stetes Engagement für die *Freie Zeichenschule* ab 1788.

Zu den Lehrkräften der Zeichenschule gehörten der Konservator und Kabinettmaler Johann Heinsius, der Hofmaler Johann Ehrenfried Schumann, der Gymnasialprofessor Johann Friedrich Kaestner, der Kupferstecher Conrad Horny und der Hofbildhauer Martin Gottlieb Klauer. Die Obersicht führten Goethe und der Geheime Rat Christian Friedrich Schnauß (s. Kap. 2) gemeinsam von 1788 bis 1797. Goethe und Meyer entwickelten die Idee eines ersten öffentlichen Weimarer Kunstmuseums, das von 1809 bis 1811 im Fürstenhaus und ab 1824 bis 1837 im Jägerhaus bestand. Es gilt als Vorgängerin der heutigen Kunstsammlungen in Weimar.

Die Bilanz der Freien Zeichenschule ist beeindruckend: Insgesamt wurden 37 Berufe vom Bildhauer bis zum Zimmermann angesprochen. Zwischen 1781 und 1800 zählte die Schule stets 170 bis 200 Schülerinnen und Schüler pro Jahr (bei 6500 Einwohnern in Weimar). 1784 wurde auf Bertuchs Initiative auch in Eisenach ein »Zeichen-Institut« gegründet und der Freien Zeichenschule in Weimar zugeordnet. Die Zeichenschule bestand bis 1930; 1990 wurde sie neu gegründet, in zwei renovierten Häusern in der Seifengasse Nr. 14 und 16 (W. Steiner, U. Kühn-Stillmark).

Theaterdirektor und Intendant

1791 wurde Goethe vom Herzog Carl August der Auftrag zur Leitung des neu errichteten Weimarer Hoftheaters erteilt. Der Vertrag mit dem bisherigen Theaterunternehmer Joseph Bellomo (1754–1833) und seiner Truppe »Deutsche Schauspieler-Gesellschaft« (1784–1791) war abgelaufen bzw. wegen des »Bellomoischen Schlendrians« aufgelöst worden.

Goethe hatte zuvor schon kurze Zeit nach seiner Ankunft in Weimar mit der Sängerin Corona Schröter (1751–1802), die er aus Leipzig kannte, ein *Fürstliches Liebhabertheater* begründet. Im Auftrage des Herzogs Carl August war er Ende März 1776 nach Leipzig gereist, um sie für Weimar als Kammersängerin der Herzogin Anna Amalia und als Mitwirkende des Liebhabertheaters zu gewinnen. An Frau von Stein schrieb Goethe am 25. März 1776: Die Schröter ist ein Engel – wenn mir doch Gott so ein Weib bescheren wollte.

Für die Zusicherung von 400 Talern auf Lebenszeit kam sie nach Weimar. 1783 zog sie sich von der Bühne zurück und wirkte als Schauspiel- und Gesangslehrerin.

In einem Brief vom 17. Januar 1791 des Herzogs Carl August an den Weimarer Hofbeamten Franz Kirms (1750–1826), seit 1789 Hofkammerrat (1814 Geheimer Hofrat), der die Ressorts Theater und Hofkapelle verwaltete, ist zu lesen: »Diesem Unwesen [der Bellomoschen Theatergruppe] zu steuern, habe ich mit Goethen die Abrede getroffen, daß ich schon öffentlich bekenne, ich habe ihm die Direktion dieser Sache übertragen ...« Und Goethe schrieb in seinen »Tag- und Jahresheften« 1791: Damit ich aber doch von dichterischer und ästhetischer Seite nicht allzukurz käme, übernahm ich mit Vergnügen die Leitung des Hoftheaters. Eine solche Einrichtung ward veranlaßt durch den Abzug der Gesellschaft Bellomo's, welche seit 1784 in Weimar gespielt ...

Mit Ifflands Schauspiel *Die Jäger* fand am 7. Mai 1791 die Eröffnung des Hoftheaters statt. Goethe hatte als Leiter einen Prolog vorangestellt, der mit dem Satz begann: Der Anfang ist an allen Sachen schwer.

Das als Komödienhaus bezeichnete Theater befand sich gegenüber dem Wittumspalais an der Stelle des heutigen Nationaltheaters. Es wurde 1779 von Anton Georg Hauptmann (1735–1803) erbaut. Hauptmann wird als unternehmerischer Weimarer Hofjäger bezeichnet, der später Postmeister, Fuhrunternehmer, Gastwirt und schließlich Bauunternehmer – und Häuserspekulant war. Er prägte mit seinen Bauten das frühklassizistische Stadtbild von Weimar. Von ihm wurden unter anderem 1771–74 das Fürstenhaus (heute Musikhochschule Franz Liszt), das Haus der Familie von Stein (1773), das Redoutenhaus für das höfische Liebhabertheater 1775 und 1800–05 das Hotel Russischer Hof erbaut.

Paul Raabe stellt in seinem Buch *Spaziergänge durch Goethes Weimar* fest, Goethe habe die große Weimarer Theatertradition begründet, er habe seine Schauspieler selbst heran gebildet, die Proben geleitet und auf diese Weise seine Vorstellungen von der Theaterarbeit vermittelt. Und Raabe stellt auch fest, als Goethe seine Theaterleitung 1817 niedergelegt habe, sei eine ganze Epoche deutscher Theaterkultur zu Ende gegangen.

1825 hat Goethe mit folgenden Worten Bilanz gezogen: Für das, was hier geleistet worden, stand das bescheidene Haus als ein kleines Wunder da. Die Aufmerksamkeit von ganz Deutschland war darauf gerichtet. Der Reisende betrat es mit einer Anwandlung von Ehrfurcht.

Über Goethes Stil bei *Theaterproben* berichtete beispielsweise der Schauspieler Anton Genast (1765–1831). Genast kam als Wanderschauspieler 1791 an das Weimarer Hoftheater. Ihm wird bescheinigt, dass er mit Goethes Stilabsichten sehr genau vertraut gewesen und als verlässlicher und verständnisvoller Mitarbeiter Goethes rechte Hand geworden sei. Ab 1809 übernahm er die Schauspielregie und in Goethes Abwesenheit auch die künstlerische Leitung des Theaters. Die Affäre »Jagemann« (s. u.) führte zu Genasts Zwangspensionierung im Jahr 1816. Über die Glanzzeit des Theaters veröffentlichte sein Sohn Franz Eduard (1797–1866, Weimarer Hofschauspieler) anekdotenreiche Erinnerungen (*Aus dem Tagebuche eines alten Schauspielers*). Darin ist auch ein Kapitel seines Vaters über »Theaterproben mit Goethe« (um 1800) enthalten, aus dem zur Charakterisierung von Goethes Stil einige Absätze zitiert werden sollen:

»Obgleich Goethe vom Jahre 1793 bis zu Anfang des neuen Jahrhunderts mehrere junge Talente, die ihm der Ausbildung wert erschienen, engagiert hatte und sich selbst mit ihnen beschäftigte, so war doch im Ensemble ein störender Zwiespalt fühlbar. Goethe wandte seine größte Aufmerksamkeit der Plastik und einem edleren Pathos zu, doch die älteren Schauspieler konnten das gespreizte Wesen und den bombastischen Ton, welcher damals noch auf allen deutschen Bühnen sein Wesen trieb, nicht genügend abstreifen. Die jüngeren waren wieder zu verzagt, die neue Bahn kühn einzuschlagen, welche Goethe ihnen vorzeichnete. Dazu gehörte allerdings, was sein praktisches Vorbild anlangte, einiger Mut; absichtlich trug er, seinen Schülern gegenüber, sehr grell auf, weil er aus Erfahrung wusste, dass selbst die begabtesten unter ihnen zu schüchtern waren, sein Maß zu erreichen; aber eben dieses Auftragen, verbunden mit seinem äußerst kräftigen Organ, welches seine Sprache noch besonders markig werden ließ, machte namentlich in gebundener Rede, seinen Vortrag beinahe übertrieben. (...)

Es ist Goethe von vielen Seiten der Vorwurf gemacht worden, dass er die Bühne wie ein Schachbrett betrachtet habe, dessen lebendige Figuren nur nach seinem Willen sich stellen und ihre Plätze wechseln dürfen. Wann wäre ein hohes geistiges Streben nicht von der Gewöhnlichkeit angegriffen worden? Allerdings bekümmerte sich Goethe auch um Gehen und Stehen der Schauspieler, und stets mit richtigem und feinem Sinn. Höchst störend war es ihm, wenn zwei Personen oder gar drei und vier, ohne dass es die Handlung nötig machte, dicht beieinander auf einer oder der anderen Seite, oder in der Mitte vor dem Souffleurkasten standen und dadurch leere Räume im Bild entstehen ließen; da bestimmte er genau die Stellung und gab durch Schritte die Entfernung von der einen zur anderen Person an. Er wollte in dem Rahmen ein plastisches Bild haben und behauptete, dass selbst zwei Personen ein solches, das den Augen wohl tun müsste, durch richtige Stellung schaffen könnten. Ebenso musste der Schauspieler, an den die Rede eines andern gerichtet war, einen Schritt vortreten, damit der Redende sich auf natürliche Weise mehr zum Publikum wenden konnte, eine Regel, die freilich jeder vernünftige Schauspieler von selbst einhalten sollte, der nicht sein liebes Ich, sondern das Ganze im Auge hat ...«

Das Komödienhaus brannte 1825 ab, wurde aber an derselben Stelle als Hoftheater wieder erbaut. Das heutige Nationaltheater wurde im Stil des Neoklassizismus als Hoftheater am 11. Januar 1908 eröffnet und erhielt 1919 den Namen Deutsches National-theater.

Goethe leitete das Weimarer Theater die ersten Jahre allein, ab 1797 gemeinsam mit Franz Kirms. Aus den Akten geht hervor, dass die mit der »Oberdirection des Theaters verbundenen Geschäfte zeit-her commissarisch von ihm unter der Assistenz des Herrn Hof-Cammerrath Kirms behandelt worden seien«, da er für einige Monate verreisen werde (datiert auf den 28. Juli 1797, zwei Tage vor Beginn von Goethes dritter Reise in die Schweiz). Goethe regte an, eine eigene Theaterkommission zu bilden, die am füglichsten dem Fürstlichen Hofmarschallamt zu übertragen sey, in die neben Kirms auch der Kammerherr von Luck zu berufen sei. Johann Georg Leberecht von Luck (1751–1814) kam 1763 als Vollwaise an den Wei-marer Hof, machte Kariere im Militär bis zum Major (1802) und am Hof bis zum Hofmarschall (1794–1802). Luck wirkte bereits von 1778 bis 1783 im Liebhabertheater mit und gehörte bis 1812 zur Theaterkommission. Am 26. März 1816 wurde die Kommission, der auch die Fürstliche Kapelle zugeordnet war, in »Hoftheater-Inten-danz« umbenannt und die Nachricht darüber im Weimarischen Wochenblatt veröffentlicht.

J. von Bradish stellt fest, Goethe habe zunächst zwei schwierige Aufgaben zu lösen gehabt, nämlich das künstlerische Niveau zu heben und das finanzielle Defizit auszugleichen. Der Zuschuss der Hofkasse war, obwohl der Herzog das Theater vor allem als seine Hofbühne ansah, zu gering ebenso wie die Einnahmen durch das Publikum – Mitglieder des Hofes zahlten keinen Eintritt.

Goethe versuchte die Einnahmen durch Gastspiele im Luxusbad *Lauchstädt* zu erhöhen. Das Weimarer Hoftheater hatte 1791 das

1776 erbaute Theater, das auch Professoren und Studenten aus Halle anzog, zusammen mit der Ausstattung und Spielkonzession von 1200 Taler erworben. Vom Sommer 1791 bis 1810 wurde es mit Inszenierungen aus Weimar regelmäßig bespielt. Der alte, einfache Bau, mehr eine Scheune mit nur 13 Sitzbankreihen, genügte bald nicht mehr den Anforderungen, so dass Goethe am 25. Juli 1797 den Antrag zum Bau eines größeren Theaters in günstigerer (heutiger) Lage stellte. Aber erst 1802 wurde er genehmigt und der damalige Wegbauinspektor P. Götze (s. Kap. 5) aus Jena wurde mit der Bauleitung beauftragt. Goethe setzte sich intensiv für eine schnelle Realisierung ein und so konnte bereits nach dreimonatiger Bauzeit das zwar schlicht ausgestattete hölzerne Langhaus mit einem halbkreisförmigen Zuschauerraum für 500 Zuschauer am 26. Juni 1802 mit einem von Goethe extra dafür geschriebenem Vorspiel *Was wir bringen* und Mozarts Oper Titus eröffnet werden. Prominente Teilnehmer der Eröffnung waren neben Goethes Familie unter anderem Schlegel, Schelling und Hegel sowie der Verleger Frommann aus Jena.

Als Höhepunkte im Theaterleben Weimars zu Goethes Zeit gelten die Anstellung von Caroline Jagemann 1797 als Leiter (1777–1848, Tochter von Anna Amalias Bibliothekar), die Gastspiele Ifflands 1796 und 1798, Aufführungen der Stücke Kotzebues, die Eröffnung des umgebauten Theaters mit Schillers »Wallensteins Lager« am 12. Oktober 1798 und danach die erfolgreiche Mitarbeit Schillers. 1802 wurde auch eine Schauspielerschule gegründet, und es erfolgten zahlreiche Gastspiele in Erfurt, Rudolstadt, Naumburg, Halle und Leipzig, vor allem mit Aufführungen und Uraufführungen von Werken Mozarts, Goethes und Schillers. Am 29. Januar 1817 wurde August von Goethe zur Unterstützung seines Vaters der »Intendanz mit Sitz und Stimme« beigegeben – »sowohl bey dem Artistischen als Ökonomischen des Hoftheaterwesens«.

Caroline Jagemann war zugleich Goethes größtes Problem. Sie war unter Iffland am Mannheimer Nationaltheater 1791 bis 1796 zur Opernsängerin und Schauspielerin ausgebildet worden. Durch Schönheit, Stimme und Darstellungskunst begeisterte sie nicht nur das Publikum, so dass sie 1802 nach langem Werben zur Mätresse des Herzogs Carl August wurde (mit schweigender Zustimmung der Herzogin Luise). Der Herzog ließ sie 1809 nobilieren – als Frau von

Heygendorf, schenkte ihr das gleichnamige Rittergut bei Allstedt und schon 1808 das Deutschritterhaus am damaligen Weimarer Töpfermarkt. Ihre Intrigen beim Herzog führten 1801 zur Entlassung des Hofkapellmeisters, zur Abtrennung der Oper aus Goethes Oberleitung, 1817 setzte sie gegen Goethes Willen (und in seiner Abwesenheit) das Auftreten eines dressierten Hundes durch. Daraufhin erbat Goethe am darauf folgenden Tag (15. April 1817) seine Entbindung von der Leitung des Theaters, die er auch erhielt. Der Herzog hatte nicht nur fördernd sondern oft auch störend Goethe in seine Aufgaben als Direktor, Dramaturg und Regisseur eingegriffen. Das Theater führte den Namen »Weimarisches Redouten- und Comödienhaus«, worin an Komödientagen dramatische Aufführungen und an Redoutentagen Tanzunterhaltungen stattfanden. Dazu schrieb Goethe eigenhändig die bis ins Kleinste gehenden Vorschriften. So stand Goethe als Theaterdirektor stets im Konflikt zwischen seiner Rolle als Organisator und seinem Dasein als Dichter und Künstler.

Aus den Gesprächen Goethes mit Eckermann erfahren wir, wie Goethe selbst seine Tätigkeit für das Theater gesehen hat. Auch in diesem Resümee zeigt sich Goethe als Manager – als Theatermanager mit Bildungsauftrag. Nach Goethes schwerer Erkrankung an einer Herzbeutelentzündung und seiner anschließenden Genesung im Februar/März 1823 wurde ihm am 22. März im Weimarer Hoftheater zunächst folgende Ehrung zuteil:

»Man hat heute im Theater Goethes Tasso zur Feier seiner Genesung gegeben, mit einem Prolog von Riemer, den Frau von Heigendorf gesprochen. Seine Büste ward unter lautem Beifall der gerührten Zuschauer mit einem Lorbeerkranze geschmückt. Nach beendigter Vorstellung ging Frau v. Heigendorf zu Goethe. Sie war noch im Kostüm der Leonore und überreichte ihm den Kranz des Tasso, den Goethe nahm, um damit die Büste der Großfürstin Alexandra [A. Feodorowna, geb. Prinzessin Charlotte von Preußen] zu schmücken.«

Rückblickend stellt Goethe nach dem Brand des Theaters im Gespräch mit Eckermann am 22. März 1825 selbst fest:

»›... Das weimarische Theater ist, wie Sie fühlen, noch keineswegs zu verachten; es ist immer noch ein alter Stamm aus unserer besten Zeit da, dem sich neuere frische Talente zugebildet haben, und wir können immer noch etwa produzieren das reizt und gefällt und wenigstens den Schein eines Ganzen bietet.‹

Ich hätte es vor zwanzig, dreißig Jahren sehen mögen! versetzte ich.

›Das war freilich eine Zeit‹, erwiderte Goethe, ›die uns mit großen Avantagen [Vorteilen] zu Hülfe kam. Denken Sie sich, daß die langweilige Periode des französischen Geschmacks damals noch nicht gar lange vorbei und das Publikum noch keineswegs überreizt war, daß Shakespeare noch in seiner ersten Frische wirkte, daß die Opern von Mozart jung, und endlich daß die Schillerschen Stücke erst von Jahr zu Jahr hier entstanden und auf dem weimarischen Theater, durch ihn selber einstudiert, in ihrer ersten Glorie gegeben wurden, und Sie können sich vorstellen, daß mit solchen Gerichten Alte und Junge zu traktieren waren und daß wir immer ein dankbares Publikum hatten.‹

Ältere Personen, bemerkte ich, die jene Zeit erlebt haben, können mir nicht genug rühmen auf welcher Höhe das weimarische Theater damals gestanden.

›Ich will nicht leugnen‹, erwiderte Goethe, ›es war etwas. – Die Hauptsache aber war dieses, daß der Großherzog mir die Hände durchaus frei ließ und ich schalten und machen konnte wie ich wollte. Ich sah nicht auf prächtige Dekorationen und eine glänzende Garderobe, aber ich sah auf gute Stücke. Von der Tragödie bis zur Posse, mir war jedes Genre recht; aber ein Stück mußte etwas sein um Gnade zu finden. Es mußte groß und tüchtig, heiter und graziös, auf alle Fälle aber gesund sein und einen gewissen Kern haben. Alles Krankhafte, Schwache, Weinerliche und Sentimentale, sowie alles Schreckliche, Greuelhafte und die gute Sitte Verletzende war ein für allemal ausgeschlossen; ich hätte gefürchtet Schauspieler und Publikum damit zu verderben.

Durch die großen Stücke aber hob ich die Schauspieler. Denn das Studium des Vortrefflichen und die fortwährende Ausübung des Vortrefflichen mußte notwendig aus einem Menschen, den die Natur nicht im Stich gelassen, etwas machen. Auch war ich mit den Schauspielern in beständiger persönlicher Berührung. Ich leitete die Leseproben und machte jedem seine Rolle deutlich; ich war bei den Hauptproben gegenwärtig und besprach mit ihnen wie etwa besser zu tun; ich fehlte nicht bei den Vorstellungen und bemerkte am andern Tage was mir nicht recht erschienen.

Dadurch brachte ich sie in ihrer Kunst weiter. – Aber ich suchte auch den ganzen Stand in der äußern Achtung zu heben, indem ich die Besten und Hoffnungsvollsten in meine Kreise zog und dadurch der Welt zeigte, daß ich sie eines geselligen Verkehrs mit mir wert achtete. Hiedurch geschah aber, daß auch die übrige höhere weimarische Gesellschaft hinter mir nicht zurückblieb und daß Schauspieler und Schauspielerinnen in die besten Zirkel bald einen ehrenvollen Zutritt gewannen. Durch alles mußte für sie eine große innere wie äußere Kultur hervorgehen.‹ (...)«

Diese Episode aus Goethes Wirken hebt unter anderem seinen ausgeprägten Perfektionismus hervor. Mit Hilfe dieser Tugend und seinem Enthusiasmus gelang es ihm, das Weimarer Theater an die Spitze zu führen. Hierzu war zunächst auch eine finanzielle Sanierung notwendig, die Goethe durchführte und mit der er Erfolg hatte.

Auch der Konflikt mit Caroline Jagemann im operativen Geschäft dürfte dem einen oder anderen heutigen Manager bekannt vorkommen. Dieser für das Theater schädliche Konflikt führte schließlich dazu, dass Goethe sein Amt niederlegte.

Oberster Bibliothekar in Weimar

1691, als 500 inventarisierte Bücher aus einem Erbteilungsvertrag in die bereits vorhandenen Bestände im Stadtschloss Weimar aufgenommen wurden, gilt als Beginn des Ausbaus der Herzoglichen Bibliothek. 1761 fasste die Herzogin Anna Amalia (1739–1807), die Witwe Herzog Ernst August II. Constantins (1737–1758) den Entschluss, die bereits reichhaltigen Bestände nach dem Umbau des so genannten Grünen Schlosses dort aufzustellen – was 1766 erfolgte. Auf diese Weise wurden sie unbeabsichtigt vor dem verheerenden Brand des Schlosses 1774 bewahrt. P. Raabe schreibt in seinem Buch *Spaziergänge durch Goethes Weimar*, dass die Weimarer Bibliothek, »eine der reichen Schatzkammern mittelalterlicher Handschriften und kostbarer alter Drucke in Deutschland«, ihren ungewöhnlichen Rang durch Goethe erhalten habe, der 1797 gemeinsam mit seinem Ministerkollegen Christian Gottlob Voigt die

Oberleitung übernahm. Goethe habe den störrischen Bibliothekar J. C. F. Spilcker nach einigen Jahren fortgeschickt und in seinem Schwager Christian August Vulpius einen zuverlässigen und fleißigen Beamten gefunden.

Christian August Vulpius (1762–1827) war zunächst als Autor phantasievoll-sentimentaler Erzählungen, Liebes-, Abenteuer- und Schauerromane nach dem Geschmack seiner Zeit hervorgetreten. Seine Bittschrift an Goethe, die seine Schwester Christiane am 12. Juli 1788 überreichte, führte bekanntlich zur Verbindung Goethes mit Christiane. Goethe empfahl Vulpius zunächst an den Verleger Göschen in Leipzig. Von dort kam er 1790 nach Weimar zurück, wirkte erst bei Bellomo, dann bei Goethe als eine Art Dramaturg des Theaters und ab 1797 zunächst als Registrator, dann 1800 als Sekretär und ab 1805 als Bibliothekar. Um die Reorganisation der Bibliothek ab 1817 machte er sich große Verdienste. Bereits 1799 hatte er (anonym) einen Bestseller seiner Zeit unter dem Titel *Rinaldo Rinaldini, der Räuberhauptmann* veröffentlicht (jedoch ohne großen finanziellen Erfolg für Vulpius).

Am 2. September 2004 brannte es in der seit 1991 als *Herzogin Anna Amalia Bibliothek* bekannt gewordenen fürstlichen Bibliothek erneut. Erst am 24. Oktober 2007 konnte sie wieder eröffnet werden. Es gingen 35 Kunstwerke und 50 000 Bücher vor allem des 17. und 18. Jahrhunderts einschließlich vieler Musikalien verloren, weitere 62 000 Bände wurden beschädigt. Das Feuer war auf eine defekte Kabelverbindung zurückzuführen, die einen Schwelbrand auslöste – wenige Wochen vor dem geplanten Umzug der gesamten Buchbestände in einen fast fertiggestellten Erweiterungsbau (im gegenüberliegenden Gebäudekomplex mit Rotem und Gelbem Schloss). Heute besitzt die Bibliothek noch 900 000 Druckschriften, 10 000 historische Landkarten und 2000 Handschriften.

Von 1772 bis 1797 war die Bibliothek Goethes Amtskollegen im Geheimen Consilium (s. Kap. 2) Christian Friedrich Schmauß unterstellt. Nach dessen Tod am 4. Dezember 1797 wurden Goethe und Voigt mit der Oberleitung beauftragt. Die Herzogliche Bibliothek bestand zu Goethes Amtszeit aus zwei Teilbibliotheken – der Hauptbibliothek (mit 160 000 Bänden im Jahr 1832, ohne Manuskripte und Kupferstiche – nach J. von Bradish; von 30 000 im Jahr 1766 auf 80 000 im Jahr 1832 – nach M. Knoche) und der Militärbibliothek (über 4000 Bände, 6000 bis 7000 Landkarten und Pläne – nach J. von Bradish).

Goethe charakterisierte ganz allgemein eine Bibliothek als ein großes Capital, das geräuschlos unberechenbare Zinsen spendet (Tag- und Jahreshefte 1801 – s. Kap. 3). Er kümmerte sich um alle Einzelheiten, von der Beschäftigung der Beamten bis zur Anschaffung und Aufstellung der Bücher. Der jetzige Bibliotheksdirektor Michael Knoche schreibt, dass die Weimarer Bibliothek in der Goethezeit in die Gruppe der zwölf bedeutendsten Bibliotheken in Deutschland aufgerückt sei. Besonders fortschrittlich war die am 26. Februar 1798 erlassene »Vorschrifft, nach welcher man sich bey hießiger Fürstl. Bibliothek, wenn Bücher ausgeliehen werden, zu richten hat.« Die Öffnungszeiten der Leihstelle wurden mit zwei Vormittagen in der Woche, die Leihfrist auf zwölf Wochen festgelegt. Junge Leute durften die Bibliothek benutzen, wenn ihre Eltern oder Lehrer die Leihscheine unterzeichneten. Zwischen 1798 und 1801 wurden 475 eingetragene Leser, darunter 30 bis 40 Gymnasiasten gezählt – bei etwa 6500 Einwohnern in Weimar.

Von Goethes eigener Hand stammt ein Faszikel (Aktenbündel) mit der Aufschrift *Acta. Die Geschäfte eines Bibliothekars betr. 1814.* Darin behandelt er Fragen, die sich mit dem *Local* einer Bibliothek, mit den Anschaffungsgebieten, der richtigen Methode der Aufstellung der Bücher, mit den Katalogen und deren Einrichtung, mit der Behandlung von Doubletten, den Verzeichnissen der Inkunabeln (Frühdrucke) und Handschriften, mit den Manualen, die zur Erhaltung der Ordnung und zur Vermeidung jedes Verstoßes geführt werden, mit der Geschäftsordnung, dem Reglement für die Benutzer beschäftigen – alles das, was heute eine moderne Bibliotheksordnung beinhaltet. Goethe erreichte eine Erhöhung des Anschaffungsbudgets von 600 Talern (1781) auf 12 000 Taler (1830).

Auch mit dem Gebäude der Bibliothek selbst und den baulichen Veränderungen beschäftigte sich Goethe intensiv. Zunächst war das Grüne Schloss unter der Herzogin Anna Amalia 1761 bis 1766 durch den Renaissancebaumeister Nicol Gromann zum Bibliotheksgebäude mit einem vom ersten Stock bis ins Mansardengeschoss reichenden dreigeschossigen Rokokosaal umgebaut worden. Von 1803 bis 1805 entstand auf Anregung Goethes nach Plänen von Heinrich Gentz (1766–1811, Oberhofbauinspektor und Professor in Berlin, einer der führenden Architekten des preußischen Klassizismus – s. auch Abschnitt 2) ein Verbindungsbau zwischen dem Bibliotheksgebäude und dem alten Stadtturm im Süden aus dem Jahre 1453. Besonders bemerkenswert ist die alte Wendeltreppe im Inneren des Turmes. Sie stammt aus der Weidaer Osterburg, mit einer Spindel aus einem einzigen Eichenstamm gearbeitet. Von 1821 bis 1825 wurde der Turm vollständig in ein Büchermagazin umgebaut. Die letzten Bauarbeiten am historischen Bibliotheksgebäude erfolgten 1849.

Die Bibliothek wurde zu dieser Zeit als Großherzogliche Bibliothek, ab 1920 als Thüringische Landesbibliothek mit Aufgaben zur Versorgung von Stadt und Land mit Literatur aller Fachgebiete geführt. 1969 wurde sie zur Zentralbibliothek der deutschen Klassik mit dem Kernsammelgebiet Deutsche Literatur von 1750 bis 1850 (unter Aufgabe der Funktionen einer Regionalbibliothek). Ab 1991 als *Herzogin Anna Amalia Bibliothek* versteht sich diese traditionsreiche Bibliothek als Forschungsbibliothek mit dem Schwerpunkt deutsche Literatur von der Aufklärung bis zur Spätromantik. – Goethe selbst war ein eifriger Benutzer der Bibliothek – mit 2276 nachgewiesenen Entleihungen.

1799 berichtete auch Joseph Rückert (1771–1813, Philosoph und Historiker, Autor unter anderem von *Der Realismus oder Grundsätze zu einer durchaus praktischen Philosophie*, Göschen, Leipzig 1801) in seinen *Bemerkungen über Weimar* über die »herzogliche Bibliothek«: »Dieses schöne Institut verdankt den größten Teil seiner jetzigen Zierde und Vollkommenheit der Muse, Liebe der Herzogin Amalie. Sie erhebt sich in schöner Ordnung mit drei Galerien, man findet hier, bei dem Reichtum vortrefflicher neuerer, manche Schätze alter seltener Werke. Vielleicht enthalten die daselbst befindlichen großen und kostbaren Kupferstichsammlungen dasjenige, was den Kenner am meisten entzückt. Übrigens dient sie den Einwohnern zum freien Genuss. Die Unordnungen, die zugleich mit jener Freiheit gingen, machten vor einigen Jahren eine Verordnung nötig, nach welcher jeder Liebhaber nur nach einer Einschreibung bei der hiezu besonders niedergesetzten Kommission, und gegen einen Zettel von daher, Bücher empfangen kann.«

Die obigen Ausführungen zeigen, wie sehr Goethes Denken auch durch ökonomische Aspekte geprägt war. So sah er eine Bibliothek als eingesetzte Ressource, die nicht monetär messbare Renditen abwarf. Auch im operativen Geschäft wandte sich Goethe wieder den Finanzen zu und erhöhte mit seinem durchgeführten »Fundraising« kontinuierlich das Beschaffungsbudget.

Verwalter der Weimarischen Anstalten für Kunst und Wissenschaft

Das nachfolgende Kapitel über seine Tätigkeit als Verwalter der weimarischen Anstalten für Kunst und Wissenschaft liefert zunächst einen Einblick in seine Fähigkeiten ein Team zu bilden und zu führen (»Leadership-Skills«). Es zeigt Goethe aber auch in der Rolle des durchsetzungsstarken Machers, der Entscheidungen trifft, unorthodoxe Wege geht und im wahrsten Sinne des Wortes Mauern einreisst.

Mit der »Oberaufsicht« über alle unmittelbar dem Herzog unterstellten künstlerischen und wissenschaftlichen Institute wurde Goethe ab 1809, ab 1815 offiziell als »Oberaufsicht über die unmittelbaren Anstalten für Wissenschaften und Kunst in Weimar und Jena« betraut. Bereits am 24. Oktober 1789 erhielt Goethe den Auftrag, eine *Botanische Anstalt* in Jena einzurichten. Es folgte am 9. Dezember 1797 die zuvor beschriebene Oberaufsicht über die Bibliothek und das Münzkabinett in Weimar. Das Münz- und Medaillenkabinett war der Bibliothek angegliedert und für die sächsisch-thüringische Geschichte von besonderer Bedeutung. Als Spezialität beherbergte es auch Münzen von Regierungsgebieten, die ihr Münzrecht bereits nicht mehr besaßen. Nach Voigts Tod kam auch dessen Sammlung griechischer und römischer Münzen aus dem Nachlass hinzu. Goethe selbst war auch Sammler; seine Sammlung umfasste etwa 2000 Münzen (darunter etwa 750 antike Stücke) aus fast allen europäischen Ländern und aus Amerika (s. Kap. 6). Schließlich stand auch die *Kunstkammer* (mit zum Teil Kuriositäten) in Verbindung mit der Bibliothek. Mit der Verwaltung des Kabinetts wurde Christian August Vulpius beauftragt.

J. von Bradish stellt in seinen Darstellungen über »Goethes Beamtenlaufbahn« fest, das Kapitel »Oberaufsicht über die unmittelbaren Anstalten für Wissenschaft und Kunst« in Weimar und Jena erscheine höchst verwickelt, eine erschöpfende Abhandlung über Goethe und die unmittelbaren Anstalten für Wissenschaft und Kunst sei noch nicht geschrieben worden (1937) und werde wohl auch kaum zu schreiben sein. Unter »Oberaufsicht« ist ein Mittelding zwischen Hofstaat und Staatsverwaltung zu verstehen, denn die in den Anstalten beschäftigten Beamten gehörten teilweise zum Hofstaat, andere waren Beamte der allgemeinen Landesverwaltung. Als straffe Organisation kann man diese Art von Oberaufsicht nicht bezeichnen, denn Goethe leitete Einrichtungen sehr unterschiedlicher Art, die in den meisten Fällen in keinem Zusammenhang untereinander standen. Es waren nach heutigem Verständnis Universitätsinstitute (aber dazu gehörte nicht die Universität Jena selbst), deren Professoren zuvor für die Anschaffung von Mitteln für Vorlesungen und Forschung zuständig waren, nun aber aus den Mitteln von Herzog Carl August unterstützt wurden. J. von Bradish stellt fest: »In Errichtung und Erhaltung dieser kulturellen Zentren seines Herzogtums zeigte sich K(C)arl August als großzügiger Mäzen.«

In einem Brief an S. Boisserée (1783–1854, vermögender Kölner Kaufmann und Kunstmäzen, Sammler und Gelehrter) vom 21. Dezember 1815 charakterisiert Goethe selbst die innere Struktur dieser Oberaufsicht wie folgt:

Mir ist die Oberaufsicht über alle dem Großherzog unmittelbar ausfließende Anstalten für Wissenschaft und Kunst geworden, oder eigentlich nur geblieben. Es ist vielleicht das wundersamste Department in der Welt, ich habe mit neun Männern zu thun, die in einzelnen Fächern alle selbständig sind, unter sich nicht zusammenhängen und bloß in mir vereinigt, eine ideelle Akademie bilden.

In Weimar gehörten zu diesen »Anstalten« die bereits vorgestellte *Freie Zeichenschule* als nun *Herzogliches Freyes Zeichensinstitut* und die *Weimarer Bibliothek* mit Münzkabinett.

Bereits am 24. Oktober 1789 erhielt Goethe den Auftrag, im Jenaer Fürstengarten einen »schicklichen Platz« für eine »*Botanische Anstalt*« auszuwählen. Aber erst fünf Jahre später kam das Projekt zustande, als Goethe mit der Verwendung von 200 Reichstalern für einen botanischen Garten betraut wurde. Die Geschichte des heutigen Botanischen Gartens beginnt bereits 1586 mit der Einrichtung eines »Hortus Medicus« für die medizinische Fakultät der 1558 (mit

Privileg) gegründeten Universität. 1630 wurde er erstmals erneuert und erweitert – zu einem Collegiengarten. 1640 überließ Herzog Wilhelm IV. zu Sachsen der Universität ein etwa 1,3 ha großes Gelände nördlich der Stadtmauern, das als Wein-, Obst- und Ziergarten genutzt worden war. Daraus entstand der so genannte Fürstengarten, der nach 1663 an den Fürstenhof zurückfiel und bis 1794 zum Lustgarten wurde. Unter Goethes Leitung entstand danach durch den Botaniker August Johann Carl Georg Batsch (1761–1802), der 1787 auf Anregung von Goethe zum Professor in Jena ernannt worden war, der *Botanische Garten*. Batsch setzte einen Neuentwurf der Gartenanlage nach dem natürlichen System der Verwandtschaftsbeziehungen der Pflanzen um. Es entstanden ökologische Pflanzengemeinschaften, die von Batsch und Goethe als Verknüpfung der Formen im Pflanzenreich bezeichnet wurden. Aus diesem Verständnis der Vielfalt des Lebens mit den ihr zugrunde liegenden Ursachen und Vorgängen entstand schließlich auch Goethes *Versuch einer Metamorphose der Pflanzen* (als Abstammungsgeschichte). 1793 gründete Batsch die »Naturforschende Gesellschaft zur Belebung des akademischen Unterrichts und zur Förderung der Studenten«, deren Mitglieder Sämereien und Herbarbelege nach Jena schickten. Batsch führte Wirtschaftsbücher, aus denen sich der Umfang von Tausch, An- und Verkauf von Pflanzen und Sämereien entnehmen lässt. Exotische Pflanzen wurden unter anderem vom Schloss Belvedere in Weimar nach Jena gebracht. Es erfolgte der Bau mehrerer Gewächshäuser und des Inspektorhauses, in dem sich Goethe später häufig zu botanischen Studien aufhielt. 1794 veranlasste Goethe auch die Verlegung einer Wasserleitung, durch die Wasser aus dem Stadtgraben auf die Anhöhe des Gartens gelangen sollte. Sie erwies sich jedoch als zu wenig effektiv und sollte kurz nach der Fertigstellung durch eine Hebeanlage ersetzt werden. Diese blieb jedoch ungenutzt in Weimar stehen, deshalb konnte erst 1812 das Problem der Bewässerung erfolgreich gelöst werden. Zuvor musste immer wieder in niederschlagsarmen Zeiten Wasser aus Leutra und Saale angefahren werden. Nach dem Tod von Batsch 1803 wurde Friedrich Josef Schelver (1778–1832) bis Oktober 1806 Leiter der botanischen Anstalt in Jena. Am 14. Oktober verließ Schelver, den Goethe sehr schätzte, nach der Plünderung seines Besitzes durch französische

Truppen fluchtartig Jena. Ab 1807 war er Professor für Medizin in Heidelberg.

Während der Schlacht bei Jena und Auerstedt wurde der Botanische Garten im Oktober 1806 verwüstet. In dieser Krise wurde wiederum auf Empfehlung Goethes Friedrich Siegmund Voigt (1781–1850, Neffe des Ministers Voigt) zum Professor für Botanik und Direktor des Botanischen Gartens ernannt. Ihm gelang ein Neuanfang ab 1808. 1817 hielt sich Goethe lange Zeit in Jena auf (vom 21. März bis 7. August mit nur kurzen Unterbrechungen) und war regelmäßig auch im Botanischen Garten. 1819 gab es nur 40 Topfpflanzen in einem einzigen Gewächshaus und etwa 200 Freilandpflanzen, die von zwei Tagelöhnern versorgt wurden. Bis 1836 wurde der Garten von Voigt umgestaltet, erweitert und in einem neuen Gartenbereich entstand unter anderem das Alpinum. 1820 wurde nach einem Besuch des Großherzogs Carl August ein weiteres Gewächshaus errichtet, in dem in zwei getrennten Bereichen Palmen bzw. Neuhollandpflanzen (historischer Name für den von Niederländern entdeckten Teil Australiens) wuchsen. Insgesamt gab es nun drei unterschiedliche Gebäude im Botanischen Garten von Jena – die Orangerie, das Palmen- und Neuholländerhaus und ein niedriges Kalthaus (Conservatorium genannt), das im Sommer als Treibhaus für unter anderem Bananen- und Ingwergewächse diente. 1821 wurde ein Samenverzeichnis angelegt. Die enge Verbindung zwischen dem herzoglichen Garten Belvedere in Weimar und dem botanischen Garten Jena bestand auch noch zu dieser Zeit. 1822/23 erfolgte die Auflösung der Nutzungsrechte der Professoren am Collegiengarten. Goethe veranlasste den Bau des Inspektorhäuschens, in dem sich seit 1921 ein Goethe-Museum befindet. An die Zeit, als Goethe sich viele Stunden im Botanischen Garten zu wissenschaftlichen Studien und zur Entspannung von administratorischen Aufgaben aufhielt, erinnert auch ein mächtiger, alter Gingkobaum (»Goethe-Gingko«).

Im Oktober 1817 wurden Goethe und der Minister Voigt beauftragt, die beiden *Jenaer Bibliotheken* – Schloss- und Universitätsbibliothek – zusammenzuführen. Christian Gottlob von Voigt war als Anwärter für den Staatsverwaltungsdienst von 1766 bis 1770 in der Weimarer Bibliothek tätig gewesen. Am 9. Dezember 1797 schrieb Goethe über seine Beauftragung wie folgt:

... Vielleicht habe ich bey Bibliothekssachen künftig einigen Einfluß. Sagen Sie, ob Sie die Idee vor thunlich halten mit der ich mich schon lange trage: die hiesige, die Büttnerische und die Akademische Bibliothek, virtualiter, in Ein Corpus zu vereinigen und über die verschiedenen Fächer, so wie über einen bestimmtern und zweckmäßigern Ankauf Abrede zu nehmen und Verordnungen zu geben. Bey der jetzigen Einrichtung gewinnt niemand nichts, manches Geld wird unnütz ausgegeben, manches Gute stockt, und ich sehe die Hindernisse genug voraus die sich finden werden, nur damit das rechte nicht auf andere Art geschehe als das unzweckmäßige bisher bestanden hat.

Die Bestände der Universitätsbibliothek reichten bis in das 16. Jahrhundert zurück, als »Bibliotheca Electoralis« vom sächsischen Kurfürsten Friedrich III. (der Weise, 1463–1525) in Wittenberg 1512 gegründet, seit 1536 in Jena beheimatet. Außerdem war im Schloss der im Privatbesitz des Herzogs befindliche Bestand an Büchern untergebracht. Die »Akademische Bibliothek« enthielt die naturhistorische Bibliothek des Professors Johann Ernst Immanuel Walch (1725–1778), Bücher aus dem Nachlass des Herzogs Friedrich August von Braunschweig-Oels (gest. 1805 in Weimar), die so genannte »Cabinettsbibliothek und mancherlei andere Acquisitionen« sowie die Büttnersche Bibliothek.

In der »Cabinettsbibliothek« wurden Doubletten (der Weimarer Bibliothek) für fürstliche Besucher in Jena bereit gehalten. Die »Büttnersche Bibliothek« stammt von dem Göttinger Professor Christian Wilhelm Büttner (1716–1801). Er hatte 1783 seine etwa 40 000 Bände umfassende Bibliothek dem Herzog bis zum Lebensende gegen Leibrente (von 300 Talern), eine freie Wohnung im Schloss und unter der Bedingung eines ungehinderten Zugangs zu den Büchern übereignet. Goethe besuchte Büttner häufig. Nach Büttners Tod musste er die Sichtung und Einordnung der Bestände vornehmen, und er beklagte sich sowohl in einem Brief (vom 22. Januar 1802) als auch in seinen Tag- und Jahresheften über die chaotischen Zustände, die er als literarische Schweinigelei bezeichnete. Mit Hilfe von Christian August Vulpius führte er dann die Zusammenführung der Bestände erfolgreich durch.

Aber erst am 2. Juni 1808 konnte die »vorläufige Eröffnung der Herzoglichen Schlossbibliothek« stattfinden. Nach der von Goethe konzipierten Benutzungsordnung konnten die Bücher gegen Leihscheine an alle Personen, welche in herzoglichen Diensten standen oder in Jena ansässig waren, unentgeltlich entliehen werden. (K. Bulling) Er hatte bereits 1801 nach seinen Studien in der Göttinger Universitätsbibliothek (s. Kap. 3) in seinen Reiseakten auch ein Exemplar der »Bibliotheks-Gesetze« vom 26. September 1797 aufbewahrt (Goethe- und Schiller-Archiv in Weimar). Unterzeichnet sind sie von dem Grafen von Kielmannsegge, der sie als »Geheimrat der Königlich-großbritannischen zur Churfürstlich Braunschweig-Lüneburgischen Regierung« an die Universität zu Göttingen gesandt hatte – mit einem »Auszug der von der Königlichen Geheimten Raths-Stube de dato Hannover den 28ten Oct. 1761 gemachten Bibliotheks-Gesetze«. Die Bibliothek der Universität Jena bestand aus neun Teilbibliotheken mit jeweils eigenem, vor allem im Vergleich zur Universitätsbibliothek Göttingen unzulänglichem Katalog (und unterschiedlichen Signaturen). Dazu kamen in sich geschlossene Bibliotheken von einer Reihe von Spendern. K. Bulling schreibt dazu: »Als nun im Jahre 1817 die ›Oberaufsicht‹ in den Dornröschenschlaf der Akademischen Bibliothek störend und zugleich erlösend eingriff, da galt es diese einzelnen Teilbibliotheken nach einem brauchbaren System zu einem organischen Ganzen zu verschmelzen, vollständige, übersichtliche Kataloge anzulegen und die reichen Bücherschätze der Benutzung leichter und bequemer zugänglich zu machen.« Die »herculische Arbeit« wurde überwiegend von Goethe bewältigt. Voigts Anteil beschränkte sich auf die verwaltungstechnische Leitung und die finanzielle Regelung des Unternehmens. In einem Brief an den Legationsrat Carl Friedrich Anton v. Conta (1778–1850, später Landesdirektionspräsident in Weimar) schrieb Goethe am 27. November 1817: Der Etat war bestimmt und ausgesprochen, als mir am 7. November ein Geschäft aufgetragen wird, so weit aussehend, Kraft und Geld verlangend wie wenige, ich soll es ausführen mit Güldenapfel und Baum [den beiden Bibliotheksbeamten]. Die (ihre moralischen Kräfte nicht herabzuwürdigen) ohngeachtet der ihnen gegönnten und zugedachten Zulage immerfort in Dürftigkeit und Zeitkargheit leben ...

Goethe packte diese Aufgabe voller Elan an: »Je entschlossener und tätiger er in Jena selbst ans Werk ging, desto mehr verlor das Unternehmen das Bedrohliche und Aussichtslose.« (K. Bulling) Bereits am 28. November 1817 schrieb er an seinen Sohn: Das Bibliotheksgeschäft macht sich recht gut, es ist der sonderbarste Fall von der Welt, alles ist vorbereitet und klar und von allen erwünscht was man thun soll, und es ist gar nichts zu thun als daß man thut; wie ich in dem Niederlegen der Mauer gleich das Symbol gegeben habe …

Goethe hatte vor der Südseite der Bibliothek die Stadtmauer abreißen lassen, deren Beseitigung schließlich zum Abbruch das alten Löbder-Tores führte. Goethe sorgte dafür, »daß Licht und Luft in die dunklen, z. T. feuchten Räume kamen, daß die wertvollsten Handschriften aus dem dumpfen Keller in trockene, lichte Zimmer gebracht wurden, und noch heute ist es ergötzlich zu lesen, mit welch erfreulicher Rücksichtslosigkeit gegen die widerstrebenden akademischen Kreise er den nötigen Platz für die alten und neuen Bestände zu gewinnen wußte.« Am 11. Juni 1818 wurde mit dem Herbeischaffen der Bücher aus der Schlossbibliothek begonnen. K. Bulling berichtet, die Bücher seien schubweise nach einem wohlüberlegten Plan mit mehreren größeren zeitlichen Zwischenräumen in die Akademische Bibliothek überführt worden. Vulpius und der Bibliotheksschreiber der Schlossbibliothek M. Färber (s. Kap. 5) hätten die Bücher eingepackt, Georg Gottlieb Güldenapfel (1776–1826, seit 1810 Unterbibliothekar und Professor der Philosophie) und Ernst August Baum (1781–1856, ab 1808 Bibliotheksschreiber, gleichzeitig Kantor an der Kollegienkirche) sie in Empfang genommen. Den Oberbibliothekar Heinrich Karl Abraham Eichstädt (1772–1848) hatte Goethe »sogleich am ersten Tage ausgeschaltet«. Goethe hatte bei der Übernahme dieser zeitraubenden und diffizilen Aufgabe verlangt, dass der Senat der Universität keinen Einfluss auf das Bibliotheksgeschäft haben dürfe. Zu Beginn des Jahres 1819 begann Goethe mit dem neuen alphabetischen Katalog. Dafür hatte er mehrere Gehilfen angestellt. Nach sieben Jahren konnte Goethe die Reorganisation der Universitätsbibliothek im Oktober 1824 abschließen. Sie umfasste zu diesem Zeitpunkt 100 000 Bände (und vielleicht noch einmal so viele kleine und große ungebundene Schriften). – Seit 1991 ist die Universitätsbibliothek Jena Thüringer Universitäts- und Landesbibliothek mit einem Gesamtbestand von 3,9 Millionen Bestandseinheiten (darunter 350 000 Bände historischer Buchbestand, 3 300 Handschriften) und mit einem 2001 fertiggestellten Bibliotheksneubau am historischen Standort des 1945 zerstörten Bibliotheksgebäudes.

Abschließend soll Goethe selbst in einem Gespräch mit Eckermann zu dieser Tätigkeit mit einer Episode und aus seiner Sicht zu Wort kommen (geführt am Montag, den 15. März 1830):

»Abends eine Stündchen bei Goethe. Er sprach viel über Jena und die Einrichtungen und Verbesserungen die er in den verschiedenen Bereichen der Universität zustande gebracht. Für Chemie, Botanik und Mineralogie, die früher nur insoweit sie zur Pharmazie gehörig behandelt worden, habe er besondere Lehrstühle eingeführt. Vor allen sei für das naturwissenschaftliche Museum und die Bibliothek von ihm manches Gute bewirkt worden.

Bei dieser Gelegenheit erzählte er mir abermals mit vielem Selbstbehagen und guter Laune die Geschichte seiner gewaltigen Besitzergreifung eines an die Bibliothek grenzenden Saales, den die medizinische Fakultät innegehabt, aber nicht habe hergeben wollen.

›Die Bibliothek‹, sagte er, ›befand sich in einem sehr schlechten Zustande. Das Lokal war feucht und enge und bei weitem nicht geeignet seine Schätze gehörigerweise zu fassen, besonders seit durch den Ankauf der Büttnerschen Bibliothek von seiten des Großherzogs abermals 13 000 Bände hinzugekommen waren, die in großen Haufen am Boden umherlagen, weil es, wie gesagt, an Raum fehlte sie gehörig zu placieren. Ich war wirklich dieserhalb in einiger Not. Man hätte zu einem neuen Anbau schreiten müssen; allein dazu fehlten die Mittel; auch konnte ein neuer Anbau noch recht gut vermieden werden, indem unmittelbar an die Räume der Bibliothek ein großer Saal grenzte, der leer stand und ganz geeignet war allen unseren Bedürfnissen auf das herzlichste abzuhelfen. Allein dieser Saal war nicht im Besitz der Bibliothek, sondern im Gebrauch der Fakultät der Mediziner, die ihn mitunter zu ihren Konferenzen benutzten. Ich wendete mich also an diese Herren mit der sehr höflichen Bitte: mir diesen Saal für die Bibliothek abzutreten. Dazu aber wollten die Herren sich nicht verstehen. Allenfalls seien sie geneigt nachzugeben, wenn ich ihnen für den Zweck ihrer Konferenzen einen neuen Saal wolle bauen lassen und zwar sogleich. Ich erwiderte ihnen, daß ich sehr bereit sei ein anderes Lokal für sie herrichten zu lassen, daß ich aber einen sofortigen Neubau nicht versprechen könne. Diese meine Antwort schien aber den Herren nicht genügt zu haben. Denn als ich am andern Morgen hinschickte um mir den Schlüssel ausbitten zu lassen, hieß es: er sei nicht zu finden!

Da blieb nun weiter nichts zu tun als eroberungsweise einzuschreiten. Ich ließ also einen Maurer kommen und führte ihn in die Bibliothek vor die Wand des angrenzenden gedachten Saales: ›Diese Mauer, mein Freund‹, sagte ich, ›muß sehr dick sein, denn sie trennet zwei verschiedene Wohnungspartien. Versuchet doch einmal und prüfet wie stark sie ist.‹ Der Maurer schritt zu Werke; und kaum hat er fünf bis sechs herzhafte Schläge getan, als Kalk und Bausteine fielen und man durch die entstandene Öffnung schon einige ehrwürdige Porträts alter Perücken herdurchschimmern sah, womit man den Saal dekoriert hatte. ›Fahret nur fort, mein Freund‹, sagte ich, ›ich sehe noch nicht helle genug. Geniert Euch nicht und tut ganz als ob Ihr zu Hause wäret.‹ Diese freundliche Ermunterung wirkte auf den Maurer so belebend, daß die Öffnung bald groß genug ward um vollkommen als Tür zu gelten; worauf denn meine Bibliotheksleute in den Saal drangen, jeder mit einem Arm voller Bücher, die sie als Zeichen der Besitzergreifung auf den Boden warfen. Bänke, Stühle und Pulte verschwanden in einem Augenblick, und meine Getreuen hielten sich so rasch und tätig dazu, daß schon in wenigen Tagen sämtliche Bücher in ihren Reposituren in schönster Ordnung an den Wänden herumstanden. Die Herren Mediziner, die bald darauf durch die gewohnte Tür in corpore in den Saal traten, waren ganz verblüfft, eine so große und unerwartete Verwandlung zu sehen. Sie wußten nicht was sie sagen sollten und zogen sich stille wieder zurück; aber sie bewahrten mir alle heimlichen Groll. Doch wenn ich sie einzeln sehe, und besonders wenn ich einen oder den andern von ihnen bei mir zu Tische habe, so sind sie ganz scharmant und meine sehr lieben Freunde. Als ich dem Großherzog den Verlauf dieses Abenteuers erzählte, das freilich mit seinem Einverständnis und seiner völligen Zustimmung eingeleitet war, amüsierte es ihn königlich und wir haben später recht oft darüber gelacht.‹

Goethe war in sehr guter Laune und glücklich in diesen Erinnerungen. ›Ja, mein Freund‹, fuhr er fort, ›man hat seine Not gehabt um gute Dinge durchzusetzen. Später, als ich wegen großer Feuchtigkeit der Bibliothek einen schädlichen Teil der ganz nutzlosen Stadtmauer wollte abreißen und hinwegräumen lassen, ging es mir nicht besser. Meine Bitten, guten Gründe und vernünftigen Vorstel-

lungen fanden kein Gehör und ich mußte auch hier endlich eroberungsweise zu Werke gehen. Als nun die Herren der Stadtverwal-
tung meine Arbeiter an ihrer alten Mauer im Werke sahen, schickten sie eine Deputation an den Großherzog, der sich damals in
Dornburg aufhielt, mit der ganz untertänigen Bitte: daß es doch
Seiner Hoheit gefallen möge durch ein Machtwort mir in dem
gewaltsamen Einreißen ihrer alten ehrwürdigen Stadtmauer Einhalt
zu tun. Aber der Großherzog, der mich auch zu diesem Schritt
heimlich autorisiert hatte, antwortete sehr weise: Ich mische mich
nicht in Goethes Angelegenheiten. Er weiß schon was er zu tun hat
und muß sehen wie er zurechte kommt. Geht doch hin und sagt es
ihm selbst wenn ihr die Courage habt!

Es ließ sich aber niemand bei mir blicken‹, fügte Goethe lachend
hinzu; ›ich fuhr fort von der alten Mauer niederreißen zu lassen was
mir im Wege stand und hatte die Freude meine Bibliothek endlich
trocken zu sehen.‹«

Am II. November 1803 wurden Goethe und Voigt mit der Leitung
des *Jenaer Museums* beauftragt – wir würden heute von wissenschaftlichen Sammlungen sprechen. Darunter verstand man folgende akademische Einrichtungen: Das *zoologische Kabinett* und das *mineralogische Kabinett*, die sich beide im Schloss befanden. Im Seitengebäude des Schlosses war das *anatomische Kabinett* untergebracht,
dem Goethe verschiedene wertvolle Objekte aus seinem Besitz
schenkte. Goethes eigene Forschungen auf diesem Gebiet führten
ihn bis zur Entdeckung des Zwischenkieferknochens beim Menschen. Das *physikalisch-chemische Kabinett* und das *chemische Laboratorium* wurden von dem Entdecker der Katalyse (Entzündlichkeit von
Wasserstoff am Platinschwamm) Johann Wolfgang Döbereiner
(1780–1849) geleitet. Zu diesen Sammlungen bzw. Instituten
gehörte außerdem noch die *Sternwarte*, die ab dem 21. April 1812 der
Oberaufsicht von Goethe und Voigt unterstellt wurde. Sie war 1812
im Garten von Schiller erbaut worden. Schließlich wurde der Oberaufsicht auch die *Tierarzneischule* unterstellt.

Eine erläuternde Übersicht über die der »Oberaufsicht« unterstellten »unmittelbaren Anstalten für Wissenschaften und Kunst« wurde
mehrmals im Staatshandbuch des Großherzogtums Sachsen-Weimar-Eisenach (1823, 1827, 1830) veröffentlicht. Daraus sind folgende
Informationen zu entnehmen:

Zunächst werden als Bibliotheken die »Hauptbibliothek zu Weimar«, die »Militär-Bibliothek wie auch Plan- und Landkarten-Sammlung zu Weimar« und die »Bibliothek (Großherzogl. zu Jena) vereiniget seit 1818 mit der Universitäts-Bibliothek« und das »Freye Kunst-Institut zu Weimar« (gestiftet 1781, neu geordnet 1816, verbunden mit der Zeichenschule) genannt. Es folgen die »Museen und wissenschaftlichen Institute zu Jena«.

»Mineralogisches und zoologisches Kabinet.

Die Entstehung des *mineralogischen Kabinets* trifft mit der Stiftung der Societät für die gesamte Mineralogie in dem Jahre 1798 zusammen. Den ersten Grund dazu legten größere und kleinere Geschenke an Mineralien von Mitgliedern der Societät. Bedeutender wurde es, als der Präsident der mineralogischen Gesellschaft, Fürst Dimitri von Galizin, im Jahre 1802 seine Mineralien-Sammlung und im Jahre 1803 der Großherzog Carl August sein Mineralien-Kabinet dahin schenkten, auch letzterer im Jahre 1804 ein in Leipzig angekauftes Kabinet damit vereinigte. Die Sammlung kann gegenwärtig an Umfang und Reichthum (besonders auch an geognostischen Suiten) den ersten ähnlichen Sammlungen Deutschlands beygezählt werden.

Zoologisches Kabinet. Es enthält eine beynahe vollständige Sammlung an inländischen Vögel, an Conchylien und Korallen; desgleichen Seltenheiten an Würmern, Schnecken und Amphibien in Branntwein, weniger an Fischen, Säugethieren und Insecten. Aufgestellt sind beyde Kabinete im Großherzoglichen Schlosse zu Jena.

Anatomisches Kabinet. Es wurde im Jahre 1804 angelegt und theilt sich in die eigentliche anatomische, die vergleichende osteologische und die pathologisch-anatomische Sammlung. Die letztere ist durch Ankauf aus dem Nachlasse des Geheimen Hofraths und Professors D. Stark (gest. zu Jena 1811) sehr vermehrt worden. Aufgestellt ist das Kabinet in eine Seitengebäude des Großherzoglichen Schlosses.

Physikalisch-chemisches Kabinet und Laboratorium. Das Laboratorium nebst einem zu chemischen Versuchen geeigneten Hörsal ließ der Großherzog Carl August 1811 bauen. Die Sammlung chemischer Präparate hat sich daran gereihet; seit 1816 ist dieser Anstalt ein eigenes am Neuthore (Nr. 302) gelegenes Haus überwiesen.

Botanischer Garten (Großherzogl.). Schon 1641 war dieser Garten
vom Herzog Wilhelm IV. für die medizinische Fakultät bestimmt
und vom D. Paul Marquard Schlegel zum botanischen Gebrauche
eingerichtet worden. Später, 1663, ging er als botanischer Garten
wieder ein und wurde als gewöhnliches Gartenland benutzt, bis
1794, wo er seine jetzige Lage und ein Gewächshaus erhielt. Die
Direktion ward zuerst dem bekannten Professor Batsch übergeben,
welcher auch die noch bestehende wissenschaftliche Einrichtung
gründete. Das vor mehren Jahren angelegte botanische Kabinet steht
mit diesem Garten in Verbindung. Sitz: Am Fürstengraben Nr. 818.

Sternwarte. Sie ist 1812 in dem vormahligen Garten des Hofraths
Johann Christoph Friedrich von Schiller (gest. zu Weimar den
10. May 1805) erbauet worden, nachdem sie schon 1811 durch die
Gnade des Großherzogs Carl August und des Herzogs August von
Sachsen-Gotha Instrumente erhalten hatte. – Mit diesem Institut
wurden die von dem Großherzoge Carl August 1821 im Großherzog-
thume begründeten meteorologischen Anstalten in Verbindung
gesetzt, deren Beobachtungen von dem Vorsteher der Sternwarte
geleitet, gesammelt, bearbeitet und seit 1822 in Jahrbüchern aus-
zugsweise mit getheilt werden. Am Engelgatter Nr. 951.

Thier-Arzneyschule. Errichtet und mit den nöthigen Gebäuden und
Gärten versehen 1816. Seit diesem Jahre ist auch an eine damit
zusammenhängende Sammlung von Präparaten gedacht worden,
welche, in Verbindung mit dem vorher erwähnten anatomischen
Kabinete, die Bedürfnisse eines gründlichen Lehrvortrages befriedi-
get und einer täglichen Vermehrung sich zu erfreuen hat. Noch
wurde im Jahre 1817 der Bau einer eigenen Schmiede und im Jahre
1823 der Bau eines neuen, zu anatomischen Zwecken eingerichte-
ten, massiven Hauses vollendet. Auf dem Fürstengraben, am so
genannten Heinrichsberge Nr. 387.«

Goethes umfangreiche naturwissenschaftliche Studien haben
auch im Aufgabenbereich dieser *Oberaufsicht* eine weites Feld gefunden. Er übte dieses Amt bis zu seinem Lebensende aus. Die Jenaer
Universität wurde als so genannte »Ernestinische Einrichtung«
gemeinsam von den Herzögen von Sachsen-Weimar, Sachsen-
Gotha, Sachsen-Gotha-Saalfeld und Sachsen-Meiningen unterhalten. Deshalb wurden die »unmittelbaren Anstalten« aus der Ver-
fügungsgewalt der Universität herausgehalten. Sie sollten zwar von

der Universität genutzt werden, aber von ihr als Gründung des Herzogtums Sachsen-Weimar unabhängig bleiben. Im Budget von 1809 erfolgte erstmals eine Bündelung der Finanzen aller Einrichtungen. Eine institutionelle Vereinigung erfolgte im Rahmen der Umgestaltung der Landesverwaltung 1815 – in diesem Jahr erhielt das Herzogtum Sachsen-Weimar-Eisenach auf dem Wiener Kongress den Rang eines Großherzogtums. Daraufhin wurde Goethe am 12. Dezember 1815 »in Betracht seiner ausgezeichneten Verdienste um die Beförderung der Künste und Wissenschaften und der denselben gewidmeten Anstalten« zum *Staatsminister* ernannt. Auf seinen Vorschlag hin wurde auch die offizielle Bezeichnung *Oberaufsicht über die unmittelbaren Anstalten für Wissenschaft und Kunst in Weimar und Jena* eingeführt. Am 31. Dezember 1815 wurde auch Goethes Sohn Wolfgang diesem Aufgabenbereich zugeordnet. Es wurde ein *Aktenplan* aufgestellt, wodurch zahlreiche Geschäfte dieser *Oberaufsicht* unterstellt werden konnten. So konnte Goethe auf spezielle Aufträge des Herzogs zu einer lithographischen Anstalt, zur Denkmalpflege sowie zur Förderung von Studienreisen von Künstlern in diese Oberaufsicht integrieren.

Großes Engagement entwickelte Goethe vor allem hinsichtlich folgender Einrichtungen: Ein *chemisches Institut* entstand durch den Ankauf des in der Neugasse gelegenen Hellfeldschen Hauses für den Chemiker Döbereiner. August von Goethe wurde 1816 vom Herzog beauftragt, nach der Berufung von Theobald *Renner* (1779–1850) zum Professor der Tierarzneiwissenschaft für ein Institut die räumlichen und baulichen Voraussetzung zu schaffen, das der *Oberaufsicht* unterstellt werden sollte. Auf dem Heinrichsberg, »wo ein labyrinthartiges altes Gebäude gegen die Stadt zu verborgen, gegen Vorstadt und Feld völlig offen, von einem hinreichenden Gras und Baumgarten umgeben« war, wurde angekauft. Goethes Bericht dazu, in dem er 700 Taler jährlich für diese *Tierarzneischule* als Etat fordert, verleiht dieser neuen Einrichtung besonderes Gewicht. Auch in diesem Institut setzte sich Goethe vor allem für den Aufbau entsprechender Sammlungen ein, getreu seiner Maxime, dass bei jeder naturwissenschaftlichen Anstalt [...] ein Museum die vorzüglichste Begründung (sei): der Lehrer kann wechseln aber der Neuantretende muß finden, was ihm die Belehrung möglich macht.

Ab 1817 begann eine Neuorganisation der Universität, die mit der Aufstellung neuer Universitätsstatuten 1821 abgeschlossen war. Die Herzöge von Sachsen-Meiningen und Sachsen-Coburg schieden als Erhalter der Universität aus. Die von der Universitätsverwaltung getrennte Stellung der genannten Institute blieb erhalten und unter der Oberaufsicht Goethes, der das Amt des Universitätskurators ablehnte. Nach dem Tode Voigts trat Christian Wilhelm Schweitzer (1781–1856, Jurist und Professor der Rechte in Jena) an dessen Stelle im Staatsministerium, der nach dem Tode Goethes auch dessen Funktion in der *Oberaufsicht* bis zu deren Integration in das Department für Justiz und Kultus im Jahre 1849/50 wahrnahm.

Im hinteren Teil des Kapitels wird die von Goethe ausgeführte »Oberaufsicht« näher beschrieben. Die Organisation und Konstruktion der ihm unterstehenden Anstalten erinnert an modernde Konzernstrukturen. Diesen »Konzern« erweiterte er durch die von ihm durchgeführten »Mergers & Acquisitions (M&A)«.

Geschäfte für das Bad Berka an der Ilm

Bad Berka in Thüringen nennt sich heute »Das Goethe-Bad im Grünen«. Der Name bedeutet soviel wie »Ort der Birken am Wasser«. Als »Bercha« wurde der Ort erstmals 1119 in einer Schenkungsurkunde an die Marienkirche in Erfurt erwähnt. Um 1240 stiftete Graf Dietrich III. von Berka ein Zisterzienser-Nonnen-Kloster. 1414 wurde Berka als Stadt bezeichnet und zu Beginn des 17. Jahrhunderts gelangte Berka in den Besitz der Herzöge von Sachsen-Weimar. Das heutige Bürgerhaus von Bad Berka, in dem sich auch das Stadtarchiv befindet, wurde 1739 als herzogliches Jagdzeughaus zur Unterbringung der Wagen und Kutschen für die großen Jagden an die Weimarer Herzöge übergeben.

Goethe kam am 5. September 1776 mit dem Dichter Michael Reinhold Lenz (1751–1792) auf einem Ritt nach Berka, wo er auch übernachtete. Die Calciumsulfat-Quelle im heutigen Goethe-Bad an der Ilm wurde 1812 entdeckt. In seinem Tagebuch vermerkte Goethe unter dem 30. Oktober 1812, dass er mit seinem Sohn in Berka gewesen sei, um die dortigen Schwefelquellen zu betrachten. In seinen Tag- und Jahresheften des Jahres 1812 berichtet Goethe:

Sogenannte Schwefelquellen in Berka an der Ilm, oberhalb Weimar gelegen, die Austrocknung des Teichs, worin sie sich manchmal zeigten, und Benutzung derselben zum Heilbade, gab Gelegenheit geognostische und chemische Betrachtungen hervorzurufen. Hierbei zeigte sich Professor Döbereiner auf das lebhafteste teilnehmend und einwirkend.

In seinem Buch *Goethe in Thüringen* berichtet der Urenkel von Christiane Vulpius' Bruder Christian August, Wolfgang Vulpius (1897–1978, Literaturwissenschaftler und Mitarbeiter der Nationalen Forschungs- und Gedenkstätten der klassischen deutschen Literatur in Weimar) über Goethe in Berka unter anderem wie folgt:

»Goethes Beziehungen zu Berka ergeben sich aus der Lage des Ortes an einer von ihm besonders häufig benutzten Straße [nach Ilmenau], aus der Nähe zu Weimar [12 km südlich von Weimar], aus der idyllischen Ruhe des dortigen Aufenthalts, aus der Einrichtung eines Schwefel- und Schlammbades und dem bescheidenen Badeleben, das sich in den Jahren 1813 und 1814 erstmalig entwickelte. Sie tragen alle den Stempel des Bequemen und Behaglichen. Goethe arbeitete in Berka aus höfischer Verpflichtung, um übernommene Aufträge durchzuführen, aber bei allem Zeitdruck, der ihn den stillen Ort aufsuchen ließ, blieb ihm doch die Muße zu heiterem Umgang mit den Seinen, zu Gelegenheitsgesprächen, aus denen er großen Nutzen zu ziehen wußte, zu ruhigstem Genuß und Studium der Musik und zur Teilnahme an Gemeinde- und Badeangelegenheiten.«

In Goethes Werken befinden sich in den Nachträgen zu seinen naturwissenschaftlichen Werken zwei Gutachten, die in dem Geheimen Staatsarchiv in Weimar als »Acta des Schwefelwassers zu Berka an der Ilm betr. Nov. 1812« geführt wurden – und als Konzepte auch im Goethe- und Schiller-Archiv vorhanden sind. Auf dem ersten Foliobogen, der von Goethes Schreiber Carl John beschrieben ist, ist nur ein *Schema zu einem Aufsatz über das Schwefelwasser bei Berka an der Ilm* enthalten. Im zweiten Dokument finden wir eine *Kurze Darstellung einer möglichen Bade=Anstalt zu Berka an der Ilm, auf gnädigsten Befehl Ihro Durchlaucht des Erbprinzen von Sachsen-Weimar versucht von J. W. v. Goethe.* (Erbprinz war der spätere Großherzog Carl Friedrich, 1783–1853, Großherzog ab 1828.)

An der Erstellung des Gutachtens hatten als fachliche Berater der Chemiker Döbereiner und der Mediziner Dietrich Georg Kieser (1779–1862), seit 1812 Professor in Jena, mitgewirkt, die Goethe ausdrücklich benannte. Zu Beginn des Gutachtens vom 22. November 1812 schrieb Goethe:

Ihro Durchl. der Herzog hatten die Gnade, mich vor einiger Zeit zu einer Tour nach Berka aufzufordern, um die daselbst in dem abgelassenen Teiche bemerkten Schwefelwasser näher zu betrachten. Ich verfügte mich auch am 30. Oktober dahin, erneuerte meine, beinahe dreißig Jahre unterbrochene, geologische Bekanntschaft mit der Gegend aufs beste, besah die Lage der hie und da in Gruben gesammelten Teichwasser, beging den Schlossberg, und kehrte sodann von dieser vorbereitenden Exkursion zurück.

Hierauf begehrten Duchl. der Erbprinz, daß ich Ihnen meine näheren Gedanken über eine auf diese Schwefelwasser zu gründende Badeanstalt eröffnen möchte, welches gnädigste Zutrauen ich mit desto mehr Vergnügen anerkannte, als ich im Begriff stand, nach Jena zu gehen, wo ich mich nun seit drei Wochen in der Nähe von den beiden unterrichteten und mit der Sache bekannten Männern, den Professoren Döbereiner und Kieser befinde, und nach wiederholter Unterhaltung mit denselben, und vielseitiger Betrachtung der Umstände, nachstehende gewissenhafte und sorgfältige Vorarbeit untertänigst einzureichen das Glück habe.

Nach dieser Einleitung folgen sehr detaillierte Darstellungen über die Zusammensetzung des *Berkaischen Mineralwassers* und vor allem auch zur Geologie. Goethe verschwieg in einem Brief an den Erbprinzen Carl Friedrich vom 13. November 1812 aus Jena aber auch nicht seine Bedenken hinsichtlich der *Anlage einer Badeanstalt*:

... Ew. Duchlaucht gaben mir, als ich mich beurlaubte, gnädigsten Auftrag, vorläufig darüber zu denken und meine Gedanken zu eröffnen, welches hier am Orte um so leichter fällt, als ich die beiden Artis peritos, Döbereiner und Kieser, zur Seite habe. Jener [Döbereiner] versichert zwar den vorzüglichen Gehalt dieser Gewässer, allein er ist weit entfernt, zu den Anlage einer Badeanstalt übereilt zu raten; dieser [Kieser], mit mehr Neigung für die Sache, da er einer ähnlichen Anstalt in Nordheim [bei Göttingen] vorgestanden, verleugnet doch nicht die ansehnlichen Kosten einer ersten Einrichtung, welche immer auf 5000 rh. anzuschlagen sind, und wofür bloß das Allernötigste des

Badehauses und Inventarium herzustellen wäre. Eben so wenig verkennt er die Unsicherheit der bis jetzt bekannten Berkaischen Wasser und die Ungewissheit, ob sie hinreichend und nachhaltig sein werden; denn um täglich in zehn Badewannen hundert und fünfzig Bäder besorgen zu können braucht man 4500 Eimer ...

In einem Nachtrag zu diesem »Vorläufigen untertänigsten Bericht wegen des Berkaer Schwefelwassers« schrieb Goethe:

Döbereiner und Kieser haben mir schon ihre Erklärungen eingehändigt. Der letztere, ein vorzüglicher junger Mann, wenn er nur mit einer deutlicheren Sprache von der Natur begünstigt wäre, schreibt gut und zeichnet recht artig. Zum Badearzt möchte er sich vorzüglich qualifizieren. Sein Büchelchen über die Badeanstalt in Nordheim ist eine ausführliche Vorarbeit über unsern Fall ...

Ein weiterer Brief Goethes, geschrieben am 6. Januar 1813 in Weimar, an Kieser verdeutlicht, wie intensiv (und das Geschäft organisierend) sich Goethe mit der möglichen Errichtung eines Heilbades in Berka beschäftigt hat:

Ew. Wohlgeb.

Habe hiedurch anzuzeigen, daß Durchl. der Herzog in kurzem nach Berka zu gehen gedenken, um daselbst die Natur nochmals in höchsten Augenschein zu nehmen und zugleich was allenfalls vorläufig zu tun nötig wäre zu bedenken. Höchstdieselben wünschen, daß Ew. Wohlgeb. bei dieser Expedition sein mögen und ich ersuche Dieselben, Montags den 1. Abends hier einzutreffen, damit Dienstag früh das Geschäft vorgenommen werden könne. Sollte es möglich sein, daß Sie zugleich das Modell zum Schlammbad mitbrächten, so wäre es sehr erwünscht. Serenissimus haben schon einige Male danach gefragt.

Da nach den letzten Erfahrungen des Herrn Prof. Döbereiner eigentlich alles darauf anzukommen scheint, daß ein recht reichhaltiges Gipswasser erzeugt werde, damit sich dasselbe am Licht in Schwefelwasser umwandle, so würde ich den Vorschlag tun, die sämtlichen, auf das Reservoir loszuführenden Kanäle, sowie das Terrain, wodurch sie geführt werden, mit gepulvertem Gips fleißig zu bestreun, da denn die Auslaugung des Gipses durch den Einfluß des Wassers und der Jahreszeit geschehn, ja zu dieser Operation selbst Regen und Schnee günstig sein könnte. Ersuchen Sie Herrn Prof. Döbereiner um seine Gedanken hierüber ...

Über die Entdeckung der Schwefelquelle in Berka berichtet der Obermedizinalrat Dr. Albert Kukowka in seinem von der Sowjetischen Militärverwaltung Deutschlands 1948 mit der Lizenz Nr. 116 versehenen Werk »Die Heilquellen und Bäder Thüringens und allgemeine Darstellungen über die Bäderheilkunde« ausführlich:

Der Lehrer und Organist Johann Heinrich Friedrich Schütz (1779–1829), in dessen Haus Goethe häufig übernachtete (heute mit Gedenktafel), der erste Badeinspektor, entdeckte im Jahre 1811 in dem Teichgebiet zwischen Adelsberg und der Ilm, wo heute der Berkaer Kurpark liegt, die nach faulen Eiern riechenden kleinen Quellen. Und 300 m weiter entdeckte er eine weitere Quelle, die sich als eisenhaltige »Stahlquelle« erwies. Er schrieb umgehend einen Bericht an seinen Herzog in Weimar und legte ein eigenes Aktenstück an: »Am 8. Dezember 1811 hatte er die Gnade, dem Herzog den Bericht nebst einer Bouteille Wasser in höchstderen Schlosse zu überreichen.«

Anhand der Aktenaufzeichnungen lässt sich der weitere Verlauf der Entwicklungen verfolgen:

»Durchl. Herzog beweisen eine besondere gnädigste Aufmerksamkeit auf die hiesigen mineralischen Quellen. Sie kamen d. 15. Juni im Gefolge des Herrn Präsident v. Müffling, Hofmarschall v. Ende, Herrn Prof. der Chemie D. Döbereiner zu Jena, Herrn Prof. Dr. med. D. Kieser, ehemals Erfinder der Schwefelquelle und Badearzt zu Nordheim, besahen die mineral. Quelle an der Ilm, verfügten sich dann nach dem Erdfall, bemerkten in der ganzen Gegend was für den Mineralogen interessant ist. Hieraus wurde, um gewiß überzeugt zu sein, ob in dem Teiche sich eine Schwefelquelle befinde, von Herrn Prof. Kieser 1 Boutl. gefüllt, und es ergab sich, daß sehr gehaltreiches Wasser alda ist.«

Goethe war somit beim ersten Termin im Juni 1812 noch nicht mit der Schwefelquelle befasst, sondern wurde erst im November desselben Jahres aktiv. Der in den Akten genannte Präsident v. Müffling (Friedrich Carl Ferdinand, Freiherr von M., 1775–1851) war zunächst als preußischer Hauptmann seit 1802 mit kartographischen Vermessungen in Thüringen beauftragt. Er gewann das Vertrauen des Herzogs Carl August, wird von diesem als Vizepräsident in das Landeskollegium in Weimar berufen und war von 1808 bis 1813 Mitglied des Geheimen Consiliums. Müffling verkehrte auch mit Goethe, wurde später preußischer General und besuchte Goethe mehrmals in Weimar, zuletzt 1829. Literaturwissenschaftler sehen Ähnlichkeiten zwischen der Figur des Hauptmanns/Majors in Goethes Roman *Die Wahlverwandtschaften* und dem preußischen Offizier v. Müffling. Friedrich Albrecht Gotthelf Freiherr von Ende (1755–1829) war ebenfalls preußischer Offizier und Waffenkamerad Carl Augusts. Von 1807 bis 1813 wirkte er als Hofmarschall der Großfürstin Maria Pawlowna (1786–1859, geb. Großfürstin von Russland, seit 1804 mit dem Erbprinzen Carl Friedrich verheiratet) in Weimar. Goethe hatte er im Juli 1806 in Karlsbad kennen gelernt, dessen mineralogisch-geologische Interessen er teilte. Goethe besuchte ihn 1815 in Köln, wo von Ende als General und Festungskommandant weilte.

Die von Goethe in seinem Brief an Kieser angesprochene ungünstige Witterung erklärt sich aus den folgenden Darstellung Kukowkas:

»Döbereiner machte im Oktober die erste Analyse des Berkaer Schwefelwassers und fand, trotzdem es durch kurz vorher erfolgte Regengüsse stark verdünnt war, 30 % Schwefelwasserstoff. Er riet daher, die Berkaer Schwefelquelle zu Heilzwecken zu verwenden. Auch Professor Kieser schloß sich diesem Urteil an und wies auf das Vorhandensein des Schwefelschlammes hin, der sich als Badeschlamm eigne. Kieser war eine Autorität in dieser Frage. Hatte er doch früher das Schwefelbad Nordheim im Hannoverschen geleitet. Der Herzog erkannte die wissenschaftliche und wirtschaftliche Bedeutung der Schwefelquellen und es war sein Wunsch, daß seine Untertanen nun im eigenen Lande Heilung suchen sollten, statt das Geld für die damals so kostspieligen Badereisen nach auswärts zu tragen. Außerdem hoffte Carl August auf einen bedeutenden Fremdenzuzug.

Die Arbeiten an der Quelle nahmen inzwischen ihren Fortgang. Bevor jedoch die endgültige Entscheidung über die Errichtung des Bades gefällt wurde, wollte man in Weimar aber noch das Urteil des Herrn Geheimrat Goethe einholen ... Am 30. Oktober 1812 kam Goethe nach Berka, untersuchte die Mineralquellen und nach dreiwöchigen Verhandlungen mit den Professoren Kieser und Döbereiner in Jena, mit denen über alles auf das eingehendste gesprochen wurde, wurde die Gründung des Bades beschlossen. Goethe entwarf in einem präzisen Gutachten von respektabler Länge und peinlicher Genauigkeit eine genaue Disposition über alles, was irgendwie für die Errichtung und den Betrieb der ›Schwefelwasser- und Schlamm- badeanstalt‹ in Betracht kommen konnte. Es ist interessant zu wis- sen und spricht für die geologischen Kenntnisse Goethes, daß er von vornherein an der Dauerhaftigkeit und Ergiebigkeit der Schwefel- quelle Zweifel hegte. Am 22. November 1812 schrieb Goethe: Ich bedauere nur, daß mich Jahre und Gesundheit verhindern, hier auch tätig mit einzugreifen, und wenn es mich jetzt zwar nicht mehr reizen dürfte, mir einen Bauplatz zu erbitten, so will ich mir doch wenigstens auf einem Seitenwege ein Plätzchen vorbehalten haben, von dem aus sich in dem Schatten alter Fichten die neue auf- blühende Anstalt bequem übersehen lässt.«

Das Badehaus wurde am 30. März 1813 eröffnet: Kukowka schrieb: »Im Laufe der nachfolgenden Jahrzehnte haben sich die von Carl August und Goethe gehegten Erwartungen nicht erfüllt. Im Gegen- teil erwies sich Goethes spezielle Sorge und die Schwefelquelle als berechtigt. Ähnlich wie in anderen Bädern machte man auch hier den Fehler, das die Quellen umgebende Gelände trocken zu legen und nutzbar zu machen. Dadurch wurde die Ausschüttung der Quellen allmählich geringer, sie verloren ihren Mineralgehalt und versiegten dann völlig.«

1816 vernichtete der größte Stadtbrand in der Geschichte Berkas in der Nacht vom 25. auf den 26. April 90 Häuser mit Nebengebäu- den, das Rathaus und die Mädchenschule. 1825 erfolgte ein neuer Aufschwung, als auf Anregung Goethes Weimars Oberlandbaumeis- ter Clemens Wenceslaus Coudray ein Badegesellschaftshaus, das heutige *Coudray-Haus* am Rande des Kurparks, plante und baute. Es wurde am 24. Juni 1825 in Anwesenheit des Weimarer Hofes feier- lich eröffnet. Goethes *Geschäfte* in Berka lassen sich in einer Reihe von Goethe-Formulierungen (aus Briefen und Gutachten) zusam- menfassen, die auch Wolfgang Vulpius verwendete. Das bereits im Brief an Kieser genannte Modell sollte veranschaulichen, wie ein Zustand, der eigentlich ein Kapitel in Dantes Hölle abgeben sollte, erträglich und für kranke Personen wünschenswert gemacht wird. In seinem Badeplan vermerkte Goethe den größten Vorteil darin, dass sich die Wasser nicht in einer Wildnis gezeigt hätten, sondern in der Nähe eines wohlgelegenen Städtchens. Damit wäre auch für die

Unterbringung der Bade- und Kurgäste leichter zu sorgen, jedoch müsste die Stadt verpflichtet werden, wenigstens auf die Badezeit den Ort rein zu halten ..., damit er nicht für eine große, unkünstliche Schlammbadeanstalt angesehen werden könne. Die Gegend von Berka charakterisierte Goethe als besonders für stundenlange Promenaden gut geeignet. Für die Kurverwaltung schlug Goethe polizeiliche Anordnungen vor und wollte nach eingehender Erörterung auch das Glücksspiel, aber nur in geschlossenen Gesellschaften, zulassen. Auch mit den Kosten des Unternehmens beschäftigte sich Goethe – und kam nach überschlägiger Berechnung zu einem eher bedenklichen Fazit. Die Summe, die der Erbprinz zur Verfügung stellen wollte, war offensichtlich zu knapp und würde nur für eine erste Einrichtung reichen. Und sein Rat lautet daher wohl auch, dass der Erbprinz sich nicht als Unternehmer auf die Badegründung einlassen solle. Es wäre klüger, einem rüstigen, wirkungslustigen Manne genugsames Terrain um und neben dem Wasser zu erteilen und ihm Vergünstigungen zu erteilen. Dieser Unternehmer könne dann wiederum andere bau- und unternehmungslustige Leute unter Vertrag nehmen, um das Risiko besser zu verteilen. Trotz dieser Bedenken Goethes wurde das Bad am Johannistag (24. Juni) 1813 eröffnet und auf der ersten Badeliste standen Goethe mit Christiane, deren Gesellschafterin Caroline Ulrich (1790–1855, heiratete am 8. November 1814 Goethes Sekretär und Mitarbeiter Riemer) und Christianes Bruder Christian August Vulpius. Goethe wohnte mit Christiane im Forsthaus an der Ilm. In einem Brief aus Berka bat er Heinrich Meyer (den »Kuntsch-Meyer« aus der Schweiz, seit 1806 Direktor der Freien Zeichenschule in Weimar), bei der Großfürstin Maria Pawlowna den Klosterbruder zu spielen, um Geld für die Badeverwaltung zu bitten (betteln) und schrieb weiterhin: Ich lasse gern so vieles stocken, aber dieser Fall bringt mich mit einer ganzen kleinen Stadtgemeinde in Enge und Klemme. Wenn man mir 200 Taler in die Hände gibt, so soll in vierzehn Tagen alles wenigstens schicklich sein, dergestalt, daß es jedem wohlschmecket, der guten Appetit hat, und daß der die Musik gut findet, der gerne tanzt. Am Ende seines Briefes stellt Goethe zwar fest, die Anlage ist ohne mein Zutun, ja wie sie steht, gegen meine Überzeugung gemacht. Da sie aber in dem kleinen Orte eine höchst förderliche Bewegung erzeuge, so wolle er doch ihr nach Möglichkeit helfen.

Diese Hilfsbereitschaft – nicht Gründerehrgeiz oder amtliche Verpflichtung, wie Vulpius feststellt – hielt bis zum Lebensende an. Zusammen mit dem Badeinspektor, Kantor und Mädchenschullehrer Heinrich Friedrich Schütz, der sich selbst gern »Brunnenkönig« oder »Sumpfkönig« nannte, besprach Goethe alle Badeangelegenheiten. Nach dem großen Brand von 1816 fühlte sich Goethe derb gedroschen – in einem Brief an Zelter. Der Wiederaufbau des Städtchens erfolgte durch den Oberbaudirektor Coudray. Beim Entwurf des klassizistischen Kurhauses soll Goethe mitgewirkt haben. Noch zwölf Tage vor seinem Tod ließ sich Goethe von Coudray Zeichnungen über die geplante Kunststraße von Weimar über Berka nach Rudolstadt vorlegen.

Goethes letzte Ausfahrt mit der Kutsche führte ihm am 28. Oktober 1831 nach Berka, worüber er im Tagebuch schrieb: Vormittags bei schönstem Wetter allein nach Berka. Im neuen Badehause gespeist.

Dieses Kapitel zeigt Goethe, wie er eine umfangreiche Prüfung durchführt, die als »Due Diligence« bezeichnet werden könnte. Als Ergebnis seiner Prüfung rät er von einer selbst durchgeführten Badgründung ab und befürwortet aus Gründen der Risikoverteilung die Beauftragung eines selbstständigen Unternehmers.

Die vorstehenden Ausführungen deuten zudem erneut darauf hin, dass Goethe großen Wert auf eine ausgeprägte »Work-Life-Balance« legte.

Goethes Wirtschaftsdenken – von der Praxis zur Theorie

In seiner philosophischen Dissertation stellt Bernd Mahl (Fakultät Neuphilologie der Universität Tübingen) 1981 »Goethes ökonomisches Wissen« dar, in Form von »Grundlagen zum Verständnis der ökonomischen Passagen im dichterischen Gesamtwerk und in den ›Amtlichen Schriften‹«. Aus der über 500 Seiten umfassenden Schrift sollen hier nur einige Details dargestellt werden, zugleich auch in Bezug auf das gesamte Kapitel 4.

Zu Beginn zitiert B. Mahl aus einer Studie von Pierre-Paul Sagave (1968: »Französische Einflüsse in Goethes Wirtschaftsdenken«) mit folgenden Sätzen:

»Der Gang von Goethes Wirtschaftsdenken ist eigentümlich. Er verläuft nämlich von der Praxis zur Theorie, von wirtschaftlicher Verwaltungstätigkeit zum Studium der Wirtschaftsdoktrinen, der Betriebsformen, und von da zur Kristallisierung der gewonnenen Einsichten in den Dichtwerken, und zwar in den beiden größten Werken, die Goethe geschrieben hat: ›Wilhelm Meister‹ und ›Faust‹.«

Und weiter heißt es bei Sagave: »Goethes Erkenntnisse umfassen (...) das agrarisch-feudalistische-patriarchalische Wirtschaftszeitalter sowohl als das industriell-kapitalistisch-liberale. Goethe kommt her von einer traditionsgebundenen und gelenkten Wirtschaftswelt und gelangt in eine dynamische, anarchische Wirtschaftswelt, worin der Kampf aller gegen alle die gesetzten Ordnungen umstößt.«

Bernd Mahl bezeichnet die Wirtschaftstheorie als eine Modewissenschaft der Goethezeit, ja als Modewissenschaft des ganzen europäischen Kontinents. Die Literatur zwischen 1758 und 1830 durchziehe den Appell an die Regierenden, »zum Wohle des arbeitenden, verarmten Volkes sich ernsthaft und intensiv mit wirtschaftstheoretischen und -praktischen Fragen auseinanderzusetzen.«

Als Beispiel für Goethes Kontakte zu den Entwicklungen seiner Zeit in der Lehre der Ökonomie sollen hier die Beziehungen zu dem Göttinger Historiker und Wirtschaftstheoretiker Georg Sartorius (1765–1828) näher beschrieben werden. Goethe lernte Sartorius am 24. September 1800 in Jena kennen. Als Goethe sich 1801 in Göttingen aufhält (zu Studien über die Geschichte der Farbenlehre in der Bibliothek), ist Sartorius sein wichtigster Begleiter und Gesprächspartner. 1796 veröffentliche Sartorius das *Handbuch der Staatswirthschaft zum Gebrauch bey akademischen Vorlesungen nach Adam Smith's Grundsätzen*. Goethe kannte dieses Werk sehr wahrscheinlich, bevor er die zweite Auflage 1806 unter dem geänderten Titel *Von den Elementen des National-Reichthums und von der Staatswirthschaft nach Adam Smith. Zum Gebrauche bye akademischen Vorlesungen und beym Privat-Studio. Ausgearbeitet von Georg Sartorius* per Post aus Göttingen erhielt. Außerdem schrieb Sartorius im Auftrage Goethes häufig wirtschaftswissenschaftliche Rezensionen für die *Jenaische Allgemeine Literatur-Zeitung*. Dazu schreibt Bernd Mahl unter anderem:

»Er [Sartorius] erhielt von Goethe die Aufgabe, vornehmlich wirt-
schaftstheoretische Neuerscheinungen und Übersetzungen zu
besprechen, und diese Rezensionen gehörten zum Bedeutendsten
und Fortschrittlichsten, was in der neuen Literaturzeitung abgedruckt wurde!

Sartorius' Rezensionen der ersten Jahre gehen dem Dichter persönlich noch vor Drucklegung zu, und Goethe macht es sich zu urei-
genen Aufgabe, selbst die Druckfahnen der ersten Besprechungen
des Göttingenschen Freundes persönlich zu korrigieren – selbstverständlich nicht nur aus Höflichkeit oder gar Wertschätzung gegenüber Sartorius, sondern erklärtermaßen auch aus regem Interesse
an den dargestellten ökonomischen Sachverhalten.«

Georg Friedrich Sartorius wurde in Kassel geboren, besuchte dort
das Gymnasium Carolinum und studierte in Göttingen zunächst
Theologie und Orientalistik, dann Geschichte. Seine Laufbahn
begann er 1794 als Kustos an der Göttinger Universitätsbibliothek,
nachdem er bereits 1792 Privatdozent für Geschichte geworden war.
1797 wurde er zum außerordentlichen Professor, 1802 zum ordent-
lichen Professor für Geschichte und Politik (Staatswissenschaft)
ernannt. Er wurde vor allem durch seine Übersetzung von Adam
Smith *Wealth of Nations* bekannt. Vorlesungen hielt er als Wirt-
schaftshistoriker und Ökonom auch zum Steuer- und Abgabenrecht.
In Goethes Tagebüchern sind zahlreiche Sendungen von und an Sartorius verzeichnet. Goethe war Taufpate von Sartorius' zweitem
Sohn Wolfgang Sartorius von Waltershausen, dem späteren Geologen und bekannten Ätnaforscher. Zum Namen von Walterhausen
gelangte Georg Sartorius durch den Erwerb des unterfränkischen
Schlosses Waltershausen im Grabfeld mit umfangreichen Ländereien aus den Mitteln eines Erbes seiner Ehefrau. Dadurch erhielt
die Familie den Freiherrenstand des erblichen bayerischen Adels.
Goethe beschäftigte sich mit Sartorius' Vorschlägen zu einer neuen
deutschen Reichsverfassung und 1814 war Sartorius auf Veranlassung Goethes als politischer Berater der sachsen-weimarischen
Gesandtschaft beim Wiener Kongress tätig.

Adam Smith (1723–1790) wurde bei Edinburgh geboren und war
von 1751 bis 1764 Professor für Logik, später auch für Moralphiloso-
phie an der Universität Glasgow. Nach Reisen als Begleiter des Herzogs von Buccleuch durch Frankreich und die Schweiz (1764–1766),

wo er die bedeutendsten Enzyklopädisten und Physiokraten seiner Zeit kennen lernte, wirkte er als Privatgelehrter und war von 1779 bis 1790 Mitglied der obersten Zollbehörde in Schottland. Als *Physiokraten* bezeichnete man eine Gruppe französischer Wirtschaftswissenschaftler in der zweiten Hälfte des 18. Jahrhunderts, welche die erste nationalökonomische Schule entwickelten. Als deren Begründer gilt Francois Quesnay (1694–1774; Leibarzt Ludwigs XV. und der Marquise de Pomadour). Quesnay ging vom Naturrecht aus und setzte sich für die Verwirklichung einer harmonischen und natürlichen Selbstregulierung der Wirtschaft ein. Smith entwarf darauf aufbauend eine Theorie des sozialen Handelns. Mit seinem Hauptwerk (deutsch als »Wohlstand der Nationen« – im Original »An Inquiry into the Nature and Causes of the Wealth of Nations«, 1776) gilt Smith als Begründer der Nationalökonomie. Darin beschreibt Smith zunächst die Eigenliebe des Menschen als das tragende Fundament des Wirtschaftslebens, als treibende Kraft der persönlichen Entfaltung, wodurch unbeabsichtigt auch die Wohlfahrt des Gemeinwesens bzw. des Staates gefördert würde. Zugleich nennt er vier kontrollierende Kräfte: das Mitgefühl als moralische Norm; die natürlichen Regeln der Ethik; ein System positiver Gesetze und die evolutorische Konkurrenz der freien Marktwirtschaft. Unter diesen Bedingungen sei ein freiwilliger Tausch von Gütern und Ideen möglich. (H. Putnoki/B. Hilgers: Große Ökonomen und ihre Theorien, Weinheim 2007)

1830 und 1831 beschäftigte sich Goethe in Gesprächen mit Eckermann (s. Kap. 5) kritisch mit den Theorien des französischen Sozialphilosophen und Begründer des modernen Sozialismus Claude Henri de Rouvroy Saint-Simon (1760–1825). Hierzu sollen zwei Ausschnitte aus dem Gespräch vom 20. Oktober 1830 zitiert werden:

»... Goethe bat mich, ihm meine Meinung über die Saint-Simonisten zu sagen.

Die Hauptrichtung ihrer Lehre erwiderte ich, scheint dahin zu gehen, daß jeder für das Glück des Ganzen arbeiten solle, als unerläßliche Bedingung seines eigenen Glückes.

›Ich dächte‹, erwiderte Goethe, ›jeder müsse bei sich selber anfangen und zunächst sein eigenes Glück machen, woraus denn zuletzt das Glück des Ganzen unfehlbar entstehen wird. Übrigens erscheint jene Lehre mir durchaus unpraktisch und unausführbar. Sie widerspricht aller Natur, aller Erfahrung und allem Gang der Dinge seit Jahrtausenden. Wenn jeder nur als Einzelner seine Pflicht tut und jeder nur in dem Kreise seines nächsten Berufes brav und tüchtig ist, so wird es um das Wohl des Ganzen gut stehen. Ich habe in meinem Beruf als Schriftsteller nie gefragt: was will die große Masse und wie nütze ich dem Ganzen? Sondern ich habe immer nur dahin getrachtet mich selbst einsichtiger und besser zu machen, den Gehalt meiner eigenen Persönlichkeit zu steigern, und dann immer nur auszusprechen, was ich als gut und wahr erkannt habe. Dieses hat freilich, wie ich nicht leugnen will, in einem großen Kreise gewirkt und genützt; aber dies war nicht Zweck, sondern ganz notwendig Folge, wie sie bei allen Wirkungen natürlicher Kräfte stattfindet‹ ...«

Eckermann erwidert daraufhin:

»Dagegen ist nichts zu sagen, erwiderte ich. Es gibt aber nicht bloß ein Glück was ich als einzelnes Individuum, sondern auch ein solches was ich als Staatsbürger und Mitglied einer großen Gesamtheit genieße. Wenn man nun die Erreichung des möglichsten Glückes für ein ganzes Volk nicht zum Prinzip macht, von welcher Basis soll da die Gesetzgebung ausgehen!

›Wenn Sie dahinaus wollen‹, erwiderte Goethe, ›so habe ich freilich gar nichts einzuwenden. In solchem Fall könnten aber nur sehr wenige Auserwählte von Ihrem Prinzip Gebrauch machen. Es wäre nur ein Rezept für Fürsten und Gesetzgeber; wiewohl es mir auch da scheinen will, als ob die Gesetze mehr trachten müßten die Masse der Übel zu vermindern, als sich anmaßen zu wollen, die Masse des Glückes herbeizuführen.‹

Beides, entgegnete ich, würde wohl ziemlich auf Eins hinauskommen. Schlechte Wege scheinen mir z. B. als ein großes Übel. Wenn nun ein Fürst in seinem Staate, bis auf die letzte Dorfgemeinde, gute Wege einführt, so ist nicht bloß ein großes Übel behoben, sondern zugleich für sein Volk ein großes Glück erreicht. Ferner ist eine langsame Justiz ein großes Unglück. Wenn aber der Fürst durch Anordnung eines öffentlichen Verfahrens seinem Volke eine rasche Justiz gewährt, so ist abermals nicht ein bloßes Übel beseitigt, sondern abermals ein großes Glück da.«

Goethe beschließt dieses Gespräch mit folgendem Satz: »»Meine Hauptlehre aber ist vorläufig diese: der Vater sorge für sein Haus, der Handwerker für seine Kunden, der Geistliche für gegenseitige Liebe, und die Polizei störe die Freude nicht.‹«

In seinen Schlussbemerkungen stellt Bernd Mahl fest, dass Goethe sich von der Geburtsstunde der Wirtschaftstheorie als Wissenschaft (Adam Smith) bis zu jener kritischen Epoche um 1830 (s. o.), von den physiokratischen Theorien bis zu den Saint-Simonisten, mit den Entwicklungen in der Ökonomie auseinandergesetzt habe. Eine Problematik habe stets im Mittelpunkt der Bemühungen der Ökonomen gestanden – dem arbeitenden Menschen, »the working poor«, Glück und Reichtum zu verschaffen und die Güter gerecht zu verteilen. In seinem letzten Brief, am 17. März 1832 an Wilhelm von Humboldt über seinen *Faust* bringt Goethe zum Ausdruck, dass in Zukunft ein jeder Mensch seinen Fähigkeiten und Neigungen entsprechend leben, arbeiten und sich verwirklichen können solle:

... Zu jedem Thun, daher zu jedem Talent, wird ein Angebornes gefordert, das von selber wirkt und die nöthigen Anlagen unbewußt mit sich führt, deswegen auch so geradehin fortwirkt, daß, ob es gleich die Regel in sich hat, es doch zuletzt ziel- und zwecklos ablaufen kann.

Je früher der Mensch gewahr wird daß es ein Handwerk, daß es eine Kunst gibt, die ihm zur geregelten Steigerung seiner natürlichen Anlagen verhelfen, desto glücklicher ist er; was er auch von außen empfange, schadet seiner eingebornen Individualität nichts. Das beste Genie ist das, welches alles in sich aufnimmt, sich alles zuzueignen weiß, ohne daß es der eigentlichen Grundbestimmung, demjenigen was man Charakter nennt, im mindestens Eintrag thue, vielmehr solches noch erst recht erhebe und durchaus mit Möglichkeit befähige.

(Fünf Tage später, am 22. März ist Goethe gestorben.)

5
Der Personal-Manager und Networker

Mitarbeiterführung und -förderung – seine Schreiber und Diener

Unabhängig von den verschiedensten in der Literatur oder in Seminaren angebotenen Wegen zu einem verbesserten Führungsverhalten (auf neudeutsch bezeichnet man »gute Führung« gerne als »Leadership«) bleibt als Ziel, dass gute Führung letztendlich zum Erfolg des Unternehmens beitragen soll. Das schafft jedoch nur, wer früh in geeignetes Personal investiert und dieses fördert. Insbesondere die aktive und persönliche Förderung durch den Manager sorgt für zufriedene, motivierte und effektiv arbeitende Mitarbeiter, die sich mit den Unternehmenszielen identifizieren, gute Leistungen bringen und so das Unternehmen zum Erfolg führen. Auch Goethes Haushalt kann als kleines Unternehmen betrachtet werden und zeigt, dass Mitarbeiterführung und -förderung schon zu Zeiten Goethes eine wichtige Rolle spielte. Als Manager seiner zahlreichen Bediensteten hat er die Prinzipien erfolgreicher Mitarbeiterführung, im Sinne vertikaler und horizontaler Aufgabenverteilung, abwechslungsreicher Tätigkeiten und der geeigneten Förderung des Einzelnen beherzigt. Ursprünglich stammte Goethes Ansatz von seinem Vater, wie sich nachfolgend zeigen wird.

Der Grundsatz von Goethes Vater lautete, ein *Bediener* im Hause müsse zu mehreren Verrichtungen nützlich sein. Diese Forderung hat sich auch sein Sohn zu eigen gemacht und seine »Diener« nicht nur für seine persönliche Betreuung (Sorge für die Verpflegung, für Botengänge, handwerkliche Arbeiten im Haus), sondern auch als *Schreiber, Rechnungsführer, Reisebegleiter* und auch als *Gesprächspartner* beschäftigt.

Goethe – der Manager. Georg Schwedt
Copyright © 2009 WILEY-VCH Verlag GmbH & Co. KGaA, Weinheim
ISBN: 978-3-527-50369-8

Christa Rudnik (»Goethe-Handbuch«) stellt fest, dass Goethes Verhältnis zu seinen Dienern objektiv durch die *Normen der ständischen Ordnung* bestimmt gewesen sei, jedoch auch subjektiv die *Fürsorge* und *Verantwortlichkeit* mit eingeschlossen habe. Sein Verhältnis zu den *niederen Klassen* wird als eine Art patriarchalischer Zuwendung – in der Bemühung um ihre Ausbildung und in der Vorsorge für eine auskömmliche Stellung in der Zukunft – charakterisiert. Die Führung der Bediensteten wird als »absichtsvolle Lenkung jedes einzelnen« beschrieben. Goethe selbst schrieb in seinen »Tag- und Jahresheften« 1795, es läge wohl auch in seiner Art, aus herkömmlicher Dankbarkeit unbequeme Menschen fortzudulden, wenn sie es mir nicht gar zu arg machten, alsdann aber meist mit Ungestüm ein solches Verhältnis abzubrechen. Ein anschauliches Beispiel für solch eine ungestüme Trennung, stellt die »Kündigung« seines Dieners Carl Johns im Jahre 1813 dar, zu der er gegenüber seiner Frau Christiane am 23. Juli unter anderem Folgendes bemerkt: Diese Menschen wie es ihnen wohlgeht wollen sich und nicht der Herrschaft leben und so ist es besser man scheidet.

Christa Rudnik hält aber auch fest: »Daß die meisten Untergebenen mit großer Treue, oft zeit ihres Lebens an G(oethe) gehangen haben, kann nicht darüber hinwegtäuschen, dass gerade die begabtesten und ihrem Herrn vertrautesten Diener die drückende Abhängigkeit in Entfremdung oder gar in ein tragisches Schicksal führen konnte.«

Zu Goethes Hauspersonal in Weimar gehörten neben den persönlichen Dienern, die meist auch als *Schreiber* oder *Sekretäre* beschäftigt wurden, eine besondere Vertrauensstellung genossen und im Folgenden näher vorgestellt werden, ein Bursche oder Kutscher, eine Köchin sowie eine Hausbesorgerin oder ein Hausmädchen. Die Diener erhielten neben freier Kost, Wohnung und Livrée auch einen jährlichen Lohn von etwa 50 Talern. Es war das Prinzip Goethes, dass sich die sorgfältig ausgewählten Personen im Dienst auch weiterbilden konnten, und er besorgte Ihnen, wenn sie sich bewährten später auch eine Anstellung im öffentlichen Dienst des Herzogtums. Manche Diener machten regelrecht Karriere und profitierten von Goethes Mitarbeiterorientierung.

Philipp Friedrich Seidel (1755–1820) kam mit Goethe aus Frankfurt nach Weimar. Der Sohn eines Handwerkers hatte sich autodidaktisch gebildet und wurde in Goethes Elternhaus Hauslehrer seiner Schwester Cornelia, Schreiber des Vaters und auch Kopist von Goethes frühen Manuskripten. Er folgte Goethe als Kammerdiener, Sekretär, Vertrauter und Reisebegleiter nach Weimar. Seine Persönlichkeit wird als »hellwach, flink, tüchtig, geschickt in Geschäften, absolut treu ergeben und verschwiegen auch in delikaten Missionen« (von Wilpert) geschildert. Seine Aufgaben im Dienste Goethes waren bis zur Abreise Goethes nach Italien im September 1786 die Führung des Haushalts, der Kasse, des Tagebuches und teilweise auch die Erledigung von Korrespondenz. Seidel begleitete Goethe auch auf seiner zweiten Schweizer Reise 1779 (s. Kap. 3). Vor seiner heimlicher Abreise nach Italien verschaffte Goethe seinem Diener und Vertrauten Seidel, zu dem er in einem einmaligen freundschaftlichen Verhältnis stand, eine Anstellung als *Kammerkalkulator* im Rechnungsdepartment. Daneben aber überließ er ihm während seiner Abwesenheit aus Weimar die Verwaltung seines Hauses und sogar die Vertretung in geschäftlichen Angelegenheiten. Zugleich war Seidel der Verbindungsmann zu Goethes Weimarer Freunden. Seidel machte Karriere im Herzogtum, wurde 1789 Rentkommissar und erwarb ein Vermögen. 1799 jedoch traten psychische Störungen auf und 1820 verstarb Seidel, der als der ergebenste und intelligenteste Diener Goethes bezeichnet wird, in einer Jenaer Nervenheilanstalt.

Bereits 1776 trat neben Seidel Christoph Erhard Sutor (1754–1838) in Goethes Dienste. Er war der Sohn eines Bäckers aus Erfurt. Er wirkte in der Funktion als 2. Kammerdiener unter anderem als Rechnungsführer, Reisebegleiter und Botengänger, weniger als Schreiber. 1782 heiratete Sutor und musste sich nach einem Nebenverdienst umsehen. Mit Goethes Einverständnis gründete Sutor eine Spielkartenfabrik und eine Leihbücherei, bekam von Goethe sogar bis 1795 noch Kostgeld, obwohl er mit seiner schnell wachsenden Familie schon länger nicht mehr in Goethes Haus wohnte. Sutor genoss in seinen späten Jahren in Weimar als wohlhabender Bürger und Ratsdeputierter hohes Ansehen und profitierte damit sehr stark von Goethes Verständnis für seine schwierige Lage. Damit wird deutlich, dass sich Goethe sehr stark für die individuelle Entwicklung seiner Bediensteten, in denen er Potenzial vermutete, interessierte und sich dafür stark machte, ohne dabei nur an sein eigenes Unternehmen zu denken.

Goethe übernahm in seiner Funktion als Personalmanager des öfteren soziale Verantwortung, beispielsweise Ende 1777, als er sich des völlig ungebildeten 18jährigen Johann Georg Paul Götze (1759–1835) annahm, Sohn eines Weimarer Militärmusikers, der seine Familie verlassen hatte. Goethe ließ ihn durch Seidel in den Dienst einweisen und ausbilden. Als Seidel 1788 wegen seiner wachsenden Familie aus Goethes Dienst ausgeschieden war, übernahm Götze dessen Aufgaben in der Rechnungs- und Wirtschaftsführung – als persönlicher Diener, Diktatschreiber, Reisebegleiter sowie Rechnungsführer. Auf einigen von Goethes Reisen führte er neben dem Rechnungsbuch auch Goethes Tagebuch, war Kutscher und Quartiermacher zugleich. 1794 sorgte Goethe dafür, dass Götze eine Anstellung in der Wegebaukommission erhielt. Damit begann für Götze eine zwar nach außen erfolgreiche Beamtenkarriere – 1794 zunächst als Baukonducteur bei der Wasserbaukommision in Jena, 1803 Wegebaukommissar und 1807 als Wegebau-Inspektor – jedoch mit geringen Einnahmen. Daher erhielt er von Goethe weiterhin Aufträge dienstlicher und privater Art. Goethe schätzte Götze sehr, seine praktische Natur, seinen weltoffenen Charakter. Als Bauleiter für den Theaterbau in Lauchstädt und auch als Geldbeschaffer für den Ilmenauer Bergbau war Götze für Goethe tätig. Goethe sorgte bis 1803 durch Zuwendungen auch nach dem Ausscheiden Götzes für dessen Lebensunterhalt. In Jena betraute er ihn mit Bauvorhaben zum Botanischen Garten und zum Umbau der Jenaer Universitätsbibliothek. Hier wie auch bereits in vielen Beispielen zuvor profitierten Goethes Angestellte von seinem reichen Netzwerk. In einem Brief an Götze vom 10. November 1831 bezeichnet er ihn als seinen werthen Alten und 1822 bat er seinen ehemaligen Reisebegleiter, ihm für die Abfassung des Berichts über die Campagne in Frankreich seine Erinnerungen mitzuteilen. 1826 ließ Goethe ihn sogar von Johann Joseph Schmeller (1796–1841, Lehrer an der Freien Zeichenschule in Weimar, »Hofmaler« Goethes) porträtieren. Gero von Wilpert charakterisiert Götze als urwüchsigen, redlichen, verständigen und bauerschlauen »kleinen Diener«. Wenn Goethe sich in Jena aufhielt – er wohnte bei dienstlichen Aufgaben meist im Schloss – sorgte Götze für Holz- und Weinvorräte, so auch 1828 in den Dornburger Schlössern. Aus Briefen ist bekannt, dass Götze aus seinem Garten des öfteren Früchte an Goethe in Weimar sandte und auch sonst stets für dessen Wohlergehen sorgte.

1795 kam Johann Jakob Ludwig Geist (1776–1854), der das Weimarer Lehrerseminar besucht hatte, in Goethes Dienste. Der gebildete Geist wirkte bis 1804 im Hause Goethes, weniger für die Wirtschaftsführung, die nun in den Händen von Goethes Frau Christiane lag, sondern als Schreiber. Geist war auch mit Schiller befreundet, besaß Kenntnisse in Latein, Botanik und im Orgelspiel und begleitete ebenso wie Götze Goethe auf dessen Reisen, so 1797 in die Schweiz. Er schrieb auch ein eigenes Tagebuch. Auf den Reisen war er für den Transport sowie die Unterkunft zuständig und zeichnete als »geschickter Schreiber« auch Goethes Beobachtungen, Gedanken und Einfälle auf. Für Goethe erledigte er die Post. Schiller nannte Geist den *Spiritus* Goethes, der die meisten Manuskripte Goethes über fast zehn Jahre auf- bzw. abschrieb; so stammt die berühmte *Xenien*-Reinschrift von ihm. Auch für diesen Mitarbeiter sorgte sich Goethe, indem er ihm 1804 eine Stellung im Hofmarschallamt verschaffte. Dort stieg er vom Stallschreiber über den Hofmarschallamtsregistrator (1805) bis zum Hofrevisor (1814) auf. In Goethes letzten Lebensjahren wurde der Kontakt infolge gemeinsamer Interessen an der Botanik noch einmal intensiver. Jedoch war die Beziehung zwischen Goethe und Geist offensichtlich nicht so vertraulich wie die Seidels und Götzes.

Nach 1804 wechselten Goethes Diener häufiger. Bereits 1803 war Johann Gensler (Lebensdaten nicht bekannt) zunächst für Christiane tätig. Dann stand er auch Goethe selbst als Schreiber und Diener zur Verfügung. 1806 jedoch kam es auf Goethes Rückreise aus der Kur in Karlsbad offensichtlich zu einem heftigen, handgreiflichen Streit mit dem als Kutscher eingesetzten Gensler, worauf ihn Goethe sofort entließ und sogar die Polizei gegen seinen Diener in Anspruch nahm.

Von 1806 bis 1812 war Johann David Eisfeld (1787–1852) Diener und vor allem Begleiter Goethes zu den Karlsbader Kuraufenthalten. Als Grund für die Trennung wird eine bereits ausgeheilte ansteckende (nicht näher beschriebene) Krankheit Eisfelds genannt, worin sich Goethes besondere Empfindlichkeiten zeigen.

Von 1812 bis 1814 war ein Freund Augusts von Goethe, Ernst Carl Christian John (1788–1856), Sohn eines Pfarrers aus Arnstadt, als gebildeter Jenaer Student aus gutem Zuhause beschrieben (G. von Wilpert), Sekretär im Hause Goethe. In einem Brief an Christiane vom 23. Juli 1813 lobte Goethe zwar seine saubere Hand(schrift), beschwerte sich aber zugleich über dessen Neigung zu Trunk und Spiel sowie Arbeitsscheu: Er ist pretentiös. Speisewählerisch, genäschig, trunckliebend, dämperich und arbeitet nie zur rechten Zeit. John (nicht zu verwechseln mit Goethes letztem Schreiber mit gleichem Namen) wurde von Goethe vielseitig eingesetzt: 1813 nahm er ihn neben dem Kutscher Dienemann mit nach Teplitz und Karlsbad. Trotz der negativen Beurteilung sorgte Goethe dafür, dass John eine Anstellung im sächsischen Staatsdienst erhielt. Den Kutscher Dienemann lobte Goethe dagegen sehr und als dieser 1816 Goethes Köchin Hoepfner heiratete, konnte das Ehepaar auf Vermittlung Goethes die Gastwirtschaft bei Schloss Belvedere übernehmen, die sie mit Erfolg betrieben. Aus dem Entlassungszeugnis erfahren wir auch über »Mitdienende« – nämlich neben der Köchin eine Jungfer, ein Hausmädchen, ein Diener und seit 1799 ein Kutscher.

1814 wurde Karl Wilhelm Stadelmann (1782–1845), den Goethe später als den treuen guten Menschen bezeichnete, eingestellt. Stadelmann war gelernter Buchdrucker und somit ein »civis academicus« unter den Handwerkern. Stadelmann hatte schon eine Familie und war zuvor auch in einer angesehenen Stellung tätig gewesen. Bereits Ende 1815 schied er aus Goethes Dienst aus (der Grund ist nicht bekannt), um im Februar 1817 wieder einzutreten. Gero von Wilpert schreibt über ihn, dass er »seinen Herrn umsorgte, pflegte, auch kopierte, ihn nach Jena und auf Reisen an den Rhein und nach Böhmen begleitete, dabei sein eigenes Tagebuch führte, ihm findig und fix alle möglichen Annehmlichkeiten zu verschaffen wusste, teils auf skurrile Weise an seinen botanischen, geologischen und meteorologischen Interessen teilnahm und daneben privat-diskret mit ›Locken Sr. Excellenz‹ handelte.« Zwischen April 1815 und Ende 1816 war Ferdinand Schreiber (1797–1849) als Kammerdiener im Hause Goethe, der wegen Krankheit jedoch wieder ausschied. Goethe nannte ihn »Carl« und bezeichnete ihn in einem Brief als sehr gutartigen Menschen, für den er durch eine Empfehlung auch für eine Anstellung sorgte. Nach dem Tod von Goethes Frau

Christiane am 6. Juni 1816 bewährte sich der nun wieder für Goethe tätige Stadelmann als verlässlicher Diener – vor allem auch als Goethe im Frühjahr 1823 schwer an einer Herzbeutelentzündung erkrankt war. Umso überraschender ist Goethes Vermerk vom 1. Juli 1824: Stadelmanns Abgang. Nöthige Einrichtung desßhalb. Stadelmann wurde wegen Trunksucht entlassen, fand zunächst noch in seiner Heimatstadt Jena eine Anstellung als Buchdrucker, kam aber nach dem Tod seiner Frau 1834 in das Jenaer Armen- und Arbeitshaus. 1844 kam er noch einmal zu großen Ehren, als ihn die Frankfurter Ratsherren als letzte »große, lebendige Reliquie des Dichter-Heros« (Kippenberg) zur Einweihung des Goethe-Denkmals am 22. Oktober 1844 einluden und ihm die Frankfurter Bürgerschaft sogar eine kleine Rente aussetzte. Am Tag der ersten Rentenzahlung hatte sich Stadelmann bereits erhängt.

Stadelmann war zwar zeitweise ein hervorragender Diener, jedoch offensichtlich weniger als Schreiber geeignet. So stellte Goethe noch 1814 Johann August Friedrich John (1794–1854), den Sohn eines Weimarer Stubenmalers, in seinen Dienst – als Haus- und Canzley-genossen, wie Goethe in seinem Tagebuch am 3. Juli 1820 vermerkte. John wird in Goethes Tagebüchern von allen Dienern und Schreibern am häufigsten erwähnt. So sind auch die meisten Manuskripte aus den späten Jahren Goethes von seiner Hand geschrieben worden. Zusätzlich verschaffte Goethe ihm bereits Ende 1815 eine zusätzliche, sichere Anstellung im Staatsdienst – zunächst als Kopist bei den Anstalten für Kunst und Wissenschaft (s. Kap. 4), ab 1819 in der Großherzoglichen Bibliothek (s. Kap. 4). John gehört zu den Mitarbeitern Goethes, zu denen er größtes Vertrauen besaß, von dem er nicht enttäuscht wurde und den er auch für sehr vielfältige Aufgaben einsetzen konnte. John heiratete 1820, mietete eine Stadtwohnung und erhielt von Goethe einen Mietzuschuss. John besaß auch besondere Fähigkeiten als Zeichner und Maler und wurde von Goethe bei der Ordnung seiner reichhaltigen Sammlungen mit Erfolg eingesetzt. Korrespondenz, Tagebuchführung und nach und nach auch die komplizierte Haushalts- und Rechnungsführung erledigte er fast völlig selbstständig. Das besondere Vertrauensverhältnis zwischen Goethe und John zeigte sich auch darin, dass er manchmal an Goethes Tisch gebeten wurde. Diese Ehre kam von den Bediensteten nur dem alten Diener Paul Götze und auch dem Jenaer Sekretär

Johann Michael Christoph Färber (1778–1844) zu. Färber war ab 1814 Bibliothekskustos und Museumsschreiber in Jena und stand Goethe auch zu persönlichen Diensten und als Schreiber in Jena zur Verfügung. Auf einem Ölgemälde des Malers und Zeichners Johann Joseph Schmeller (1796–1841) von 1831 ist Goethe in seinem Arbeitszimmer, seinem Schreiber John diktierend, dargestellt. Goethe vermachte John in seinem Testament in Anerkennung seiner treuen Dienstleistungen zweihundert Thaler Sächs.

Weitere, jedoch weniger bedeutende Diener und Schreiber Goethes, waren von Juli 1824 bis Ostern 1825 Heinrich Weise (1786–1809), vom 1. Dezember 1824 bis zu Goethes Tod Gottlieb Friedrich Krause (1805–1860), Friedrich Theodor David Kräuter (1790–1856) sowie Johann Christian Schuchardt (1799–1870). Krause war Absolvent des Weimarer Lehrerseminars. Goethe vermachte ihm als bravem Diener testamentarisch 150 Taler und ein Stück Land. Bis 1837 blieb er im Dienste von Goethes Schwiegertochter Ottilie, war dann wenig erfolgreich als Gastwirt, Buchkolporteur und schließlich als Amtsdiener in Ilmenau tätig. Schuchardt war ein kunstinteressierter Jurist und ab dem 6. Juni 1825 als Registrator im Rahmen der Goethe unterstellten »Oberaufsicht der unmittelbaren Anstalten für Wissenschaft und Kunst« (s. Kap. 4) tätig. Als Sekretär neben Kräuter und John diktierte Goethe ihm u. a. »Wilhelm Meisters Wanderjahre« wie aus einem gedruckten Buch. 1862 wurde Schuchardt Leiter der Freien Zeichenschule und der Großherzoglichen Sammlungen. Von Schuchardt stammt auch ein Bericht über Goethes Umgang mit seinen Mitarbeitern:

»Goethe war ein liebenswürdiger, stets heiterer und humaner Mensch, der selbst mit unleidlichen Personen Nachsicht hatte. Mich, der ich damals noch jung und unachtsam war, behandelte er stets mit der größten Geduld, schalt mich niemals, sondern wies mich nur mit bündigen Gründen zurecht, wenn ich gegen seinen Willen gehandelt hatte. Machte ich Tintenflecke auf dem Manuskript, was ihm unausstehlich war, so wurde ich doch nur mit einer moralischen Anekdote abgestraft; sobald ich mich in irgend einer Sache unanstellig zeigte, so half er praktisch nach und legte mir z. B. selber die Hand zurecht, wenn ich mich beim Liniieren ungeschickt benahm. – In Geldsachen war er stets großmütig, und als ich, bei noch geringem Gehalte, einen Vorschuß, der mir für eine Urlaubsreise zu Statten gekommen war, in Erinnerung brachte, erfuhr ich, daß Goethe stillschweigend die Kosten meines Aufenthaltes in Dresden auf seine eigene Rechnung genommen hatte.«

Zur Vorbereitung der »Ausgabe letzter Hand« von Goethes Werken standen ihm als Sekretäre vor allem Kräuter und Schuchardt zur Verfügung. Kräuter wird als der »junge, frische, in Bibliotheks- und Archivgeschäften wohlbewanderte Mann« charakterisiert. In einem Brief an C. G. Voigt vom 19. Dezember 1815 lobte Goethe dessen Fleiß, Genauigkeit und Zuverlässigkeit. Er kam 1805 mit 15 Jahren zu Goethe, wurde 1814 Akzessist, 1816 Bibliothekssekretär, 1837 Bibliothekar der Weimarer Bibliothek und 1841 Rat. Für Goethe arbeitete er ab 1811 als Privatsekretär. In den *Tag- und Jahresheften* 1822 berichtete Goethe darüber, dass er Kräuter die Ordnung, Vervollständigung und Katalogisierung des Archivs, seiner Tagebücher und Briefe, 1817 auch seiner Bibliothek und 1822 die Anlage eines Repertoriums aller seiner gedruckten und ungedruckten Werke übertragen habe. Goethe machte ihm im Testament zum Kustos seiner Kunst-, Naturalien- und Briefsammlungen sowie der Bibliothek.

Walter Schleif hat in den »Beiträgen zur Deutschen Klassik« (Nationale Forschungs- und Gedenkstätten der klassischen deutschen Literatur in Weimar) 1965 ausführlich alle Diener Goethes anhand zahlreicher Akten und anderer Dokumente vorgestellt. Unter der Überschrift »Goethes Stellung zu seinen Hausgenossen und Dienern« stellt er unter anderem fest:

»Das Verhältnis Goethes zu seinen persönlichen Dienern, Gehilfen und Schreibern wird durch zwei Worte charakterisiert: Güte, väterliches Wohlwollen.«

Schleif berichtet weiter von einem Besuch des Kanzlers von Müller am 7. April 1830, bei dem zunächst der Jenaer Bibliotheks- und Museumsschreiber Färber (s. o.) im Zimmer war. Nachdem dieser den Raum verlassen hatte, habe Goethe folgendes gesagt: »Niemand weiß es genug zu schätzen, was man mit Leuten ausrichten kann, die an uns heraufgekommen sind, sich eine lange Jahresreihe hindurch an uns fortgebildet haben.« Aus den Formulierungen *an uns heraufgekommen* und *an uns fortgebildet* zieht Schleif den Schluss, dass Goethe jeden Mitarbeiter in seiner Weise wachsen ließ, dass er ihn zwar in seinen Umkreis zog, aber ihn nicht einengte, nicht gängelte. D. h. Goethes Mitarbeiterführung bestand darin, deren Stärken zu nutzen und weiter auszubauen. Zum Kanzler von Müller sagte Goethe auch: Ich suche jeden Untergeben frei im gemessenen Kreise sich bewegen zu lassen, damit er auch fühle, daß er ein Mensch sei.

Zusammenfassend stellt Schleif fest, dass jeder Diener Goethes sich in verschiedene Richtungen verwirklichen oder auch nur ausprobieren konnte und dabei beispielsweise stets und zugleich auch Schreiber war, »ganz gleich, ob er gut geeignet war, wie Seidel und Geist, oder ob er nur schwerfällig und gehemmt das Amt versah wie Stadelmann«. Weiter schreibt Schleif: »Neben der häuslichen Arbeit (Sorge für die Verpflegung, gesundheitliche Betreuung, Kleider- und Schuheputzen, sogar Umbau der Kutsche vom Reise- zum Stadtwagen), neben dem Rechnungs- und Schreiberdienst hatten Goethes Diener noch andere Aufgaben: Fast alle waren seine *Gesprächspartner* und hatten jeden Auftrag aus jedem Gebiete dieses *weitgespannten Lebens* selbstverständlich auszuführen. So klagte einmal Carl Stadelmann gegenüber dem Sekretär Kräuter: ›Ich muß von Morgens 4 ½ auf den Füßen seyn und komme des Nachts öfters vor 1 Uhr nicht zu Bette.‹«

Die besondere Rolle von Riemer und Eckermann

Im September 1803 traf Friedrich Wilhelm Riemer (1774–1845) in Weimar ein, wurde Hauslehrer von Goethes Sohn sowie Goethes langjähriger Sekretär – und engster wissenschaftlich-editorischer Mitarbeiter. Riemer hatte Theologie und Philosophie in Halle studiert, war dort 1708 Privatdozent geworden und aus finanziellen Gründen dann Herausgeber eines griechischen Lexikons. 1801 wurde er Hauslehrer bei Wilhelm von Humboldt, zunächst in Tegel, dann infolge von Humboldts Tätigkeit als Gesandter auch in Italien. Diese Stellung gab er jedoch wegen seiner Liebe zu Caroline von Humboldt (1766–1829, geb. von Dachröden, Tochter des Erfurter Kammerpräsidenten) auf und kam so 1803 zusammen mit seinem Freund Carl Ludwig Fernow (1763–1808, Kunstschriftsteller, ab 1803 als außerordentlicher Professor für Kunstästhetik in Jena, ab 1804

Bibliothekar Anna Amalias) nach Weimar. Er wurde Tischgast Goethes und wohnte bis 1812 in dessen Haus am Frauenplan.

Riemer wurde in Glatz als Sohn eines preußischen, aus der Mark Brandenburg stammenden Beamten geboren. Er besuchte das Maria-Magdalenen-Gymnasium in Breslau. Ab 1794 studierte er in Halle, unter anderem bei dem berühmten klassischen Philologen Friedrich August Wolf (1759–1824). Wolf besuchte Goethe im Mai 1795 in Weimar. Riemer begleitete Goethe auch häufig auf dessen Reisen, so ab 1806 nach Karlsbad. Von 1812 bis 1821 unterrichtete Riemer als Professor am Weimarer Gymnasium, 1814 wurde er 2. Bibliothekar und später auch als Nachfolger von Christian August Vulpius (1762–1827, Bruder von Goethes Christiane, seit 1805 Bibliothekar der unter Goethes Oberaufsicht stehenden Weimarer Bibliothek) Oberbibliothekar (1827).

In einem Brief von Friedrich August Wolf in Halle schrieb Goethe im September 1803:

Herr Riemer, der mit Herrn Prof. Fernow aus Rom gekommen, hat sich entschlossen diesen Winter bei uns zu bleiben und besonders den Unterricht meines Knaben im Griechischen und Lateinischen über sich zu nehmen.

1806 wurde Riemer Goethes Trauzeuge (19. Oktober, in der Sakristei der Jakobskirche) und blieb als Teilnehmer am geselligen Leben um Goethe dem Hause stets verbunden.

Fast 8 Jahre später ist in einem Brief Goethes an seinen Duz(Ur)-freund Knebel als Urteil über Riemer zu lesen (16. März 1814):

Riemer ist sehr brav. Wir lesen jetzt, eine neue Ausgabe vorbereitend, Wilhelm Meister zusammen. Da ich dieses Werklein, so wie meine übrigen Sachen, als Nachtwandler geschrieben, so sind mir seine Bemerkungen über meinen Styl höchst lehrreich und anmutig.

Die letzte Eintragung Goethes über Riemer (Tagebuch vom 13. März 1832 – 13 Tage vor Goethes Tod) lautet:

Um 6 Uhr Hofrath Riemer. Mancherley Concepte mit ihm durchgegangen.

Bereits am 22. Januar 1831 hatte Goethe letztwillig verfügt, dass er die Herausgabe seines Nachlasses als Werke, Ausgabe letzter Hand, seinen ehemaligen Sekretären Riemer und Eckermann (s. u.) übertrage.

Riemer heiratete 1814 Caroline Wilhelmine Johanna Ulrich (1790–1855), die als arme Tochter eines Justizamtmanns, der seine Frau verließ, sich mit Goethes Christiane angefreundet hatte. Sie kam 1806 in Goethes Haus und wurde Christianes Gesellschafterin, Vorleserin und Begleiterin zu Bällen, Theaterbesuchen und auch auf Reisen. Im Kriegswinter 1813/14 war sie auch Goethes Sekretärin für dessen Korrespondenz, amtliche Papiere, für das Tagebuch und sogar für die Aufzeichnungen von *Dichtung und Wahrheit*.

Die vielen und vielseitigen Funktionen Riemers von 1803 bis 1832 lassen sich wie folgt zusammenfassen:

Gero von Wilpert stellt fest, dass Riemer ein häufig beanspruchter Berater in allen metrischen, grammatischen und rhetorischen Fragen sowie auch Materialsammler für Goethe gewesen sei. Darüber hinaus Übersetzer aus fremden Sprachen, obwohl Goethe selbst mehrere Sprachen recht gut beherrschte, Redakteur, Revisor, Korrektor und insgesamt Mitarbeiter nicht nur an den literarischen sondern auch den wissenschaftlichen – einschließlich naturwissenschaftlichen – Schriften. Dass Goethe ihm die Freiheit sprachlicher und stilistischer Änderungen erlaubte, geht bereits aus dem oben zitierten Brief hervor. In Goethes Geschichte der Farbenlehre stammt das Kapitel »Farbbenennungen der Griechen und Römer« aus Riemers Feder.

Riemers Wesen nach wird Gero von Wilpert als labil, launisch und leicht verletzlich und nach Anerkennung heischend charakterisiert und trotzdem habe Goethe ihn immer wieder, nach gelegentlichen Trübungen, für sein Werk herangezogen.

Zwanzig Jahre nach der Ankunft Riemers in Weimar kam der zweite bedeutende und langjährige akademische Mitarbeiter Goethes, Johann Peter Eckermann (1792–1854) nach Weimar. Er stammte aus Winsen an der Luhe, war der jüngste Sohn eines Kätners und Hausierers, als Kind Hütejunge und bildete sich ab 1808 als Kanzleischreiber in Winsen, Lüneburg, Uelzen und Bevensen autodidaktisch weiter. Er wurde 1815 Registrator in Hannover und bildet sich auch dort stets weiter. Ab 1819 beschäftigte er sich mit dem Werk Goethes und begann 1821 ein Studium in Göttingen. Auf der Rückreise von einer Studienreise nach Dresden begegnete er am 14. September 1821 in Weimar Riemer und dem Schreiber Kräuter (s. o.). – Goethe weilte damals zur Kur in Eger. Im Winter 1822/23 schrieb Eckermann sein Werk »Beyträge zur Poesie mit besonderer Hinweisung auf Goethe«, mit dem er sich Goethe empfahl. Bereits 1821 hatte Eckermann Goethe einen Band Gedichte übersandt. Am 10. Juni 1823 wurde Eckermann von Goethe empfangen. Goethe vermittelte Eckermann den Druck des genannten Werkes bei seinem Verleger Cotta (s. Kap. 6). Da Goethe zu dieser Zeit auf der Suche nach einer geeigneten, stilistisch gewandten und einfühlsamen, mit seiner Universalität und Weltsicht harmonisierenden Hilfskraft war, veranlasste er Eckermann, als sein ständiger Mitarbeiter in Weimar zu bleiben. Eckermann musste jedoch seinen Lebensunterhalt durch Sprachunterricht verdienen, da Goethe ihm nur geringes Entgelt zahlte. Eckermann sorgte für die Ordnung und Durchsicht der Manuskripte – und Goethe erlaubte ihm Aufzeichnungen über ihre Gespräche zu machen. Diese Gespräche mit Goethe in den letzten Jahren seines Lebens (1. und 2. Band erschienen 1836 bei Brockhaus in Leipzig. 3. Band 1848) machten Eckermann berühmt. Materiell jedoch war er bis zu seinem Lebensende schlecht gestellt. Von 1829 bis 1839 war Eckermann Lehrer des Erbgroßherzogs Carl Alexander (1818–1901) in deutscher und englischer Literatur. Dadurch war ihm eine bescheidene aber sichere Existenz geboten worden. 1831 heiratete er Johanna Bertram aus Hannover, mit der er zwölf Jahre verlobt war. Nach der Geburt seines Sohnes Karl starb seine Frau am 30. April 1834. Ab 1842 erhielt er eine kleine Pension, 1843 wurde er zum Großherzoglich-Sächsischen Hofrat ernannt. Eckermann starb in Weimar; sein Grab befindet sich unweit der Fürstengruft. Auf seinem Grabstein ist zu lesen: »Hier ruhet Eckermann, Goethes Freund«.

Eckermann beginnt seine Gespräche mit Goethe mit dem Tag der ersten Begegnung, dem 10. Juni 1823:
»Vor wenigen Tagen bin ich hier angekommen, heute war ich zuerst bei Goethe. Der Empfang seinerseits war überaus herzlich und der Eindruck seiner Person auf mich der Art, daß ich diesen Tag zu den glücklichsten meines Lebens rechne.

Er hatte mir gestern, als ich anfragen ließ, diesen Mittag zwölf Uhr als die Zeit bestimmt, wo ich ihm willkommen sein würde. Ich ging also zur gedachten Stunde hin und fand den Bedienten auch bereits meiner wartend und sich anschickend mich hinaufzuführen.

Das Innere des Hauses machte auf mich einen sehr angenehmen Eindruck; ohne glänzend zu sein war alles höchst edel und einfach; auch deuteten verschiedene an der Treppe stehenden Abgüsse antiker Statuen auf Goethes besondere Neigung zur bildenden Kunst und dem griechischen Altertum. Ich sah verschiedene Frauenzimmer, die unten im Haus geschäftig hin und wider gingen; auch einen der schönen Knaben Otiliens [Ottilie von Goethe, geb. von Pogwisch, 1796–1872; Söhne: Walther Wolfgang geb. 1818 und Wolfgang Maximilian geb. 1820], der zutraulich zur mir herankam und mich mit großen Augen anblickte.

Nachdem ich mich ein wenig umgesehen, ging ich sodann mit dem sehr gesprächigen Bedienten die Treppe hinauf zur ersten Etage. Er öffnete ein Zimmer, vor dessen Schwelle man die Zeichen SALVE als gute Vorbedeutung eines freundlichen Willkommenseins überschritt. Er führte mich durch dieses Zimmer hindurch und öffnete ein zweites, etwas geräumigeres, wo er mich zu verweilen bat, indem er ging mich seinem Herrn zu melden. Hier war die kühlste erquicklichste Luft, auf dem Boden lag ein Teppich gebreitet, auch war es durch ein rotes Kanapee und Stühle von gleicher Farbe überaus heiter möbliert; gleich zur Seite stand ein Flügel, und an den Wänden sah man Handzeichnungen und Gemälde verschiedener Art und Größe.

Durch eine offene Tür gegenüber blickte man sodann in ein ferneres Zimmer, gleichfalls mit Gemälden verziert, durch welches der Bediente gegangen war mich zu melden.

Er währte nicht lange so kam Goethe, in einem blauen Oberrock und in Schuhen; eine erhabene Gestalt! Der Eindruck war überraschend. Doch verscheuchte er sogleich jede Befangenheit durch die freundlichsten Worte. Wir setzten uns auf das Sofa. Ich war glücklich verwirrt in seinem Anblick und seiner Nähe, ich wußte ihm wenig oder nichts zu sagen.

Er fing sogleich an von meinem Manuskript zu reden: ›Ich komme eben von Ihnen her‹, sagte er, ›ich habe den ganzen Morgen in Ihrer Schrift gelesen; sie bedarf keiner Empfehlung, sie empfiehlt sich selber.‹ Er lobte darauf die Klarheit der Darstellung und den Fluß der Gedanken und daß alles auf gutem Fundament ruhe und wohldurchdacht sei. ›Ich will es schnell befördern‹, fügte er hinzu, ›heute noch schreibe ich an Cotta mit der reitenden Post, und morgen schicke ich das Paket mit der fahrenden nach.‹ Ich dankte ihm dafür mit Worten und Blicken.«

In einem der letzten Gespräche geht Goethe auf seine Werke ein und vermittelt uns auch einen Eindruck von der Entstehungsgeschichte seiner Manuskripte und von seinem Arbeitsstil in jungen Jahren, der zugleich als Ausblick für die zukünftigen Aufgaben Eckermanns nach Goethes Tod zu sehen ist:

»Sonntag, den 31. Januar 1830

Besuch bei Goethe in Begleitung des Prinzen [Carl Alexander, 1818–1831, später Großherzog von Sachsen-Weimar-Eisenach]. Er empfing uns in seinem Arbeitszimmer.

Wir sprachen über die verschiedenen Ausgaben seiner Werke, wobei es mir auffallend war von ihm zu hören, daß er den größten Teil seiner Editionen selbst nicht besitze. Auch die erste Ausgabe seiner Römischen Karnevals [von 1789], mit Kupfern nach eigenen Originalzeichnungen, besitze er nicht. Er habe, sagte er, in einer Auktion sechs Taler dafür geboten ohne sie zu erhalten.

Er zeigte uns darauf das erste Manuskript seines Götz von Berlichingen [Urgötz von 1771], ganz in der ursprünglichen Gestalt wie es vor länger als fünfzig Jahren auf Anregung seiner Schwester in wenigen Wochen geschrieben. Die schlanken Züge der Handschrift trugen schon ganz den freien klaren Charakter, wie ihn seine deutsche Schrift später immer behalten und auch jetzt noch hat. Das Manuskript war sehr reinlich, man las ganze Seiten ohne die geringste Korrektur, so daß man es eher für eine Kopie als für einen ersten raschen Entwurf hätte halten sollen.

Seine frühesten Werke hat Goethe, wie er uns sagte, alle mit eigener Hand geschrieben, auch seinen Werther; doch ist das Manuskript verlorengegangen. In späterer Zeit dagegen hat er fast alles diktiert, und nur Gedichte und flüchtig notierte Pläne finden sich von seiner eigenen Hand. Sehr oft hat er nicht daran gedacht von einem neuen Produkt eine Abschrift nehmen zu lassen; vielmehr hat er häufig die kostbarste Dichtung dem Zufall preisgegeben, indem er öfter als einmal das einzige Exemplar das er besaß nach Stuttgart [zum Verleger Cotte, s. Kap. 6] in die Druckerei schickte.

Nachdem wir das Manuskript des Berlichingen genugsam betrachtet, zeigte Goethe uns das Original seiner Italienischen Reise. In diesen täglich niedergeschriebenen Beobachtungen und

Bemerkungen finden sich in bezug auf die Handschrift dieselbigen guten Eigenschaften wie bei seinem Götz. Alles ist entschieden, fest und sicher, nichts ist korrigiert, und man sieht, daß dem Schreibenden das Detail seiner augenblicklichen Notizen immer frisch und klar vor der Seele stand. Nichts ist veränderlich und wandelbar, ausgenommen das Papier, das in jeder Stadt wo der Reisende sich aufhielt in Format und Farbe stets ein anderes wurde ...«

Der dritte Teil von Eckermanns Gesprächen mit Goethe endet mit dem Bericht über seinen Besuch im Hause Goethe am Sonntag, den 11. März 1832. – Auf den 16. März wird Goethes Erkrankung datiert; am 22. März stirbt er: mittags ein halb zwölf.

Kontakte zu Unternehmern

Reise zu den Steinkohlengruben, Eisen- und Hüttenwerken des Saarlandes

In Goethes Lebenszeit fand die so genannte *industrielle Revolution*, der Übergang von den kleinen Handwerksbetrieben über die Heimindustrie zur Fabrikindustrie, statt. Das kleine Herzogtum wurde von dieser Entwicklung wenig berührt. Jedoch bewies Goethe stets großes Interesse an der sich entwickelnden Industrie. In diesem Kapitel sollen daher Goethes erste Kontakte zu Fabriken im weitesten Sinne – auf seiner Reise durch das Elsaß als Student in Straßburg – und vor allem zu zwei beispielhaften Unternehmern seiner Zeit – Bertuch in Weimar und Fikentscher in Marktredwitz (zum Bergbau s. Kap. 2) vorgestellt werden.

Von Saarbrücken aus besuchte Goethe im Sommer 1771 zusammen mit *zwei werten Freunden und Tischgenossen, Engelbach* [Johann Konrad E., 1744–1802, vermutlich sein Repetent, später Rat des Fürsten von Nassau-Saarbrücken] *und Weyland* [Friedrich Leopold W., 1750–1785, Medizinstudent, später Arzt in Frankfurt am Main], Steinkohlengruben sowie Eisen- und Alaunwerke. In seinen Erinnerungen *Aus meinem Leben. Dichtung und Wahrheit* berichtet er ausführlich darüber. Nach einem Besuch beim Regierungs-Präsidenten Hieronymus Max Freiherr von Günderode (1730–1777) in Saarbrücken heißt es:

Hier wurde ich nun eigentlich in das Interesse der Berggegenden eingeweiht, und die Lust zu ökonomischen Betrachtungen, welche mich einen großen Teil meines Lebens beschäftigt haben, zuerst erregt. Wir hörten von den reichen Dutweiler Steinkohlengruben, von Eisen- und Alaunwerken, ja sogar von einem brennenden Berge, und rüsteten uns, diese Wunder in der Nähe zu betrachten.

Nun zogen wir durch waldige Gebirge, die demjenigen, der aus einem herrlichen fruchtbaren Lande kommt, wüst und traurig erscheinen müssen, und die durch den innern Gehalt ihres Schoßes uns anziehen können. Kurz hinter einander wurden wir mit einem einfachen und einem komplizierten Maschinenwerke bekannt, mit einer Sensenschmiede und einem Drahtzug. Wenn man sich an jener schon erfreut, daß sie sich an die Stelle gemeiner Hände setzt, so kann man diesen nicht genug bewundern, indem er in einem höheren organischen Sinne wirkt, von dem Verstand und Bewußtsein kaum zu trennen sind. In der Alaunhütte erkundigten wir uns genau nach der Gewinnung und Reinigung dieses so nötigen Materials, und als wir große Haufen eines weißen, fetten, lockeren, erdigen Wesens bemerkten und dessen Nutzen erforschten, antworteten die Arbeiter lächelnd, es sei der Schaum, der sich beim Alaunsieden obenauf werfe, und den Herr Stauf sammeln lasse, weil er denselben gleichfalls hoffe zu Gute zu machen.

Dudweiler, heute Stadtbezirk von Saarbrücken, gehörte von etwa 1100 bis 1790 zur Grafschaft Saarbrücken. Mit dem brennenden Berg ist der um 1668 durch Selbstentzündung entstandene Grubenbrand des Landgruber(Blücher)-Flözes zwischen Dudweiler und Sulzbach bezeichnet. Die spätere Alaungewinnung wurde erst durch den Flözbrand möglich: Durch die Hitze des jahrelangen Brandes am Berge wurde der Schiefer, der dort die Bergoberfläche bildet, geröstet. Dabei gebildete Alaune wurden vom Regenwasser ausgewaschen und kristallisierten an den Flözwänden. Sie waren damals wertvoller als Kohle und wurden für die Medizin, Gerberei, zum Papiermachen und als Beize für die Färberei verwendet. 1728 gab es bei Dudweiler zwei Alaunhütten. 1765 ließ Fürst Heinrich ein neues Alaun- und Farbenwerk erbauen, das Goethe 1771 besuchte. Der genannte Herr Stauf hieß eigentlich Johann Kaspar Staudt, war Chemiker, damals 60 Jahre alt und gilt als bedeutender Erfinder, dessen Ideen zur Kohlentechnik erst später verwirklicht worden seien.

(Kommentar zur Ausgabe von Goethes »Dichtung und Wahrheit« im Deutschen Klassiker Verlag) Bei dem Schaum handelte es sich um Salmiak (Ammonimchlorid).

Anschließend an den zitierten Text beschreibt Goethe ausführlich seine Beobachtungen auf dem Weg zur Hütte des Chemikers, berichtet über den brennenden Berg und zieht den Schluss:

Ein so zufälliges Ereignis, denn man weiß nicht wie diese Strecke sich entzündete, gewährt der Alaunfabrikation den großen Vorteil, daß die Schiefer, woraus die Oberfläche des Berges besteht, vollkommen geröstet daliegen und nur kurz und gut ausgelaugt werden dürfen.

Den Chemiker Staudt charakterisiert Goethe sehr kritisch wie folgt:

Er gehörte unter die Chemiker jener Zeit, die, bei einem innigen Gefühl dessen was mit Naturprodukten alles zu leisten wäre, sich in einer abstrusen Betrachtung von Kleinigkeiten und Nebensachen gefielen, und bei unzulänglichen Kenntnissen, nicht fertig genug das-jenige zu leisten verstanden, woraus eigentlich ökonomischer und merkantilischer Vorteil zu ziehn ist.

Und konkret ist dann über die Tätigkeit von Staudt in einer *Harz-hütte* zu lesen:

Hier fand sich eine zusammenhangende Ofenreihe, wo Steinkohlen abgeschwefelt und zum Gebrauch bei Eisenwerken tauglich gemacht werden sollten; allein zu gleicher Zeit wollte man Öl und Harz auch zu Gute machen, ja sogar den Ruß nicht missen, und so unterlag den vielfachen Absichten alles zusammen. Bei Lebzeiten des vorigen Fürsten [Friedrich Wilhelm Heinrich II. von Nassau-Saarbrücken] trieb man das Geschäft aus Liebhaberei, auf Hoffnung, jetzt fragte man nach dem unmittelbaren Nutzen, der nicht nachzuweisen war.

Der Weimarer Unternehmer Bertuch

Friedrich Johann Justin Bertuch (1747–1822) gilt als Großindus-trieller der Goethezeit. Der Weimarer Sohn eines Garnisonarztes, bereits 1762 Vollwaise, wuchs im Hause seines Onkel Gottfried Matthias Ludwig Schrön (Weimarer Rat der Landschaftskasse) auf, studierte Theologie und Jura, aber auch Literatur und Naturwissen-schaften in Jena, und wirkte von 1769 bis 1773 als Hauslehrer. Er trat zunächst als Schriftsteller und Übersetzer (von Cervantes *Don Qui-chote*) hervor, wurde Mitarbeiter an Wielands »Teutschem Merkur«, schrieb Stücke für das Weimarer Hoftheater und war auch Mitglied des Liebhabertheaters (s. Kap. 4). So bekam er Zugang zur Herzogin Anna Amalia. Von 1775 bis 1796 war er in amtlicher Tätigkeit des Herzogtums als Geheimsekretär und Schatullenverwalter (Schatzmeister) des Herzogs Carl August tätig – 1776 wurde er zum Fürstlichen Rat, 1786 zum Legationsrat ernannt. Parallel dazu begann er als Verleger aktiv zu werden. 1774 verfasste er Denkschriften zur Errichtung einer Freyen Zeichenschule (s. Kap. 4) – ein vorweggenommenes Bauhaus-Programm – und Gedanken über den Buchhandel. Unter Bertuchs Oberaufsicht fanden die Arbeiten am »Park an der Ilm« von 1787 bis 1796 statt. Dazu schreiben seine Biografen Steiner und Kühn-Stillmark (2001): »Um 1796 war die Gestaltung des Parks auf der oberen Terrassenfläche bis zum Schanzenwäldchen, dem heutigen Hotel Weimar Hilton, im Auenbereich bis an den Ortsrand der Stadt und bis an den Steilhang unterhalb des Horns mit Bepflanzungen und Wegebau weitgehend abgeschlossen.«

Bertuchs geschäftliche Aktivitäten begannen schon 1777, als er den großen Baumgarten in Erbpacht nahm (heute als »Schwansee-Park« bekannt) – nachdem er 1776 das Weimarer Bürgerrecht erhalten und Elisabeth Carolina Friderica Slevoigt geheiratet hatte. 1778 kaufte er eine Schleifmühle in Weimar und baute sie zur Papier- und Farbenmühle um. Von 1780 bis 1782 entstand unter Coudray der Nordflügel seines Hauses an der heutigen Karl-Liebknecht-Straße. Weitere Meilensteine als Unternehmer waren die Gründung einer Fabrik für künstliche Blumen unter Leitung seiner Frau Carolina und seiner Schwägerin Johanna Auguste Slevoigt 1782, der Beginn der Herausgabe erfolgreicher Journale im eigenen Verlag wie *Journal des Luxus und der Moden* (1787–1827) und 1791 die Gründung des Landes-Industrie-Comptoirs als Kommissionshandlung. 1800 entwickelte Bertuch seine eigene Druckerei zu einem graphischen Großbetrieb mit einem breiten Editionsprogramm von Zeitschriften bis zu Landkarten. 1804 trennte er die Kartenproduktion vom Landes-Industrie-Comptoir (bestand bis 1868) als »Geographisches Institut« (bis 1905) ab. Von 1800 bis 1802/03 entstanden Mittelteil und Südflügel des Bertuch-Hauses. 1810 wurde Bertuch bis zu seinem Tod 1822 Weimarer Stadtrat und Stadtältester. Er setzte sich vor allem in den Kommissionen Bau, Armenwesen und Gartenverwaltung ein.

Goethes Verhältnis zu Bertuch war erheblichen Schwankungen unterworfen. Während seiner amtlichen Tätigkeit hatten sie häufig Kontakt. Das anfängliche Duzverhältnis kühlte sich durch das »Genietreiben« Goethes und des jungen Herzogs bis zum höflichen Umgang nach Gero von Wilpert ab und erlitt durch Goethes Gründung der Jenaischen Allgemeinen Literaturzeitung 1803 als Konkurrenz zu der von Bertuch ab 1785 herausgegebenen Allgemeinen Literatur-Zeitung zeitweilig einen Bruch. Annette Seemann schrieb: »Goethe aber ist der findige und fleißige Bertuch, der sich den Bienenkorb nebst zwei Füllhörnern als sinnigen Hausschmuck seines Hauses gewählt hat, mehr und mehr ein Dorn im Auge. Speziell die »Ausbeutung«, die der Kapitalist bei seinen verlegerischen Aktionen betreibt, ist ihm suspekt. (...) Trotz aller Animositäten wissen aber Goethe und Schiller, daß sie auf Bertuch, seine Ideen, seine Mittel, seine Vertriebssysteme angewiesen sind.«

Es blieben somit geschäftliche Beziehungen – so besorgte Bertuch Bücher für Goethe und vermittelte 1786 auch Goethes erste rechtmäßige Gesamtausgabe beim Verleger Göschen (s. Kap. 6). Bertuch galt in seiner Zeit als der bedeutendste Unternehmer Weimars mit bis zu 500 Beschäftigten, der auch in Salinen, Kohlengruben und Hüttenwerken investierte. In der Fabrik künstlicher Blumen war mehrere Jahre lang auch Christiane Vulpius tätig.

Über seine Blumenfabrik berichtete Bertuch in einem Brief an Knebel am 17. Mai 1782 selbst wie folgt:

»Es ist die Entreprise meiner Frau, die nach und nach dem größten Theile unserer leider unbeschäftigten Mädchen der mittleren Classen sehr heilsam seyn wird. Ihre Arbeiten haben sich, seit dem Sie nichts davon gesehen, unendlich verbessert und ich hoffe, sie sollen endlich den besten Pariser Arbeyten von dieser Art zur Seite stehen. – Vorjetzt arbeiten nur, wegen Mangel des Raumes, erst zehn Mädchen vier Tage in der Woche in meinem Hause; sobald aber meine Mansarde im Sommerhause, welches ich jetzt ausbaue, fertig ist, hoffentlich zu Johannistag, so ist der Zuschnitt auf 50 gemacht. Sie werden sich freuen, mein Lieber, wenn Sie wieder einmal einen Flug zu uns thun und diesen thätigen Ameisenhaufen sehen.«

Ende Juni 1786 verhandelte Goethe mit Bertuch und Göschen wegen des Verlages der ersten rechtmäßigen Ausgabe seiner Schriften (wie bereits oben erwähnt). Bertuchs Arbeit als Verleger dokumentiert beispielhaft seine Denkschrift vom 12. November 1800:

»Hierzu [zur Tätigkeit als Verleger] gehört aber nothwendig auch eine eigene Buchdruckerey von einigen Pressen, auf deren Anlegung sowie auch auf die einer Kupfer Druckerey von wenigstens 6 Preßen ich gleich bey der Disposition bei meinem neuen Bau mit Rücksicht genommen habe. Wie unentbehrlich mir eine solche Offizin sey, erhellt sogleich aus folgenden Gründen:

Ich lasse schon seit mehreren Jahren in 6 Druckereyen an verschiedenen Orten, nemlich hier, in Jena, in Leipzig, in Halle, in Dessau und in Schnepfenthal drucken, welchen sämtlichen Druckereyen das Papier muß von hier in natura geliefert werden und dann die fertige Waare von ihnen hergeholt werden muß. Dieß verursacht nicht allein mancherley Nachtheil, Unbequemlichkeit, unnütze Kosten und Verteuerung der Fabrication, sondern es geht auch dadurch eine ziemliche Summe Geldes außer dem Lande, womit ich hier noch machen nützlichen Arbeiter ernähren könnte. Da nun die hiesige Stadt bekanntlich zu keiner anderen Art von Landesindustrie als zur artistischen und literarischen geeignet ist, und ich dieser durch mein Comptoir die möglichste Wirksamkeit und Ausbreitung geben möchte, so wage ich es, Ew. Durchlaucht um ... die Concession zur Anlegung einer Buchdruckerey ... zu bitten.« – Gegen eine jährliche Abgabe von 10 Talern wurde sie bald darauf erteilt.

Einen amüsanten Bericht über Bertuch finden wir in Schillers Briefen (1787):

»Bertuchen habe ich kürzlich besucht. Er wohnt vor dem Tore und hat ohnstreitig in ganz Weimar das schönste Haus. Es ist mit Geschmack gebaut und recht vortrefflich möbliert, hat zugleich, weil es doch eigentlich nur ein Landhaus sein soll, einen recht geschmackvollen Anstrich von Ländlichkeit. Nebenan ist ein Garten (...), der unter 75 Pächter verteilt ist, welche 1–2 Taler jährlich für ihr Plätzchen erlegen. Die Idee ist recht artig, und das ökonomische ist auch dabei nicht vergessen. Auf diese Art ist ewiges Gewimmel arbeitender Menschen zu sehen, welches einen fröhlichen Anblick gibt. Besäße es einer, so wäre der Garten oft leer. An dem Ende des Gartens ist eine Anlage zum Vergnügen, die Bertuchs Geschmack wirklich Ehre macht. Durch ein wildes buschreiches Wäldchen (...) ist ein Spazierweg ausgelegt, der 8 bis 10 Minuten dauert, weil er sich in Labyrinthen um sich herumschlingt. Man wird wirklich getäuscht, als ob man in einer weitläufigen Partie wäre und einige gut gewählte Anlagen und Abwechslungen machen diesen Schattengang äußerst angenehm. (...) Die Bertuchs müssen in der Welt doch überall Glück haben. Dieser Garten, gestand er mir selbst, verinteressiert sich ihm zu 6 pro Cent und dabei hat er das reine Vermögen umsonst! Wie hoch musst du dieses anschlagen! ...«

Hinter dem Bertuch-Haus (bis 30. September 2003 als Stadtmuseum genutzt) an der Karl-Liebknecht-Straße, direkt daneben die von Clemens Wenzeslaus Coudray 1822–1825 erbaute einstige Bürgerschule (heute Musikschule Otmar Gerster), schließt sich heute der Weimarhallenpark an.

Zu Besuch in der Chemischen Fabrik von Fikentscher in Marktredwitz

Im Sommer 1822 hielt Goethe sich in seinem 73. Lebensjahr zur alljährlichen Kur wieder in Marienbad und auch in Eger auf. Von Eger aus, wo er seinen Freund, den mineralogisch-geologischen interessierten Polizeirat Joseph Sebastian Grüner (1780–1864) besucht und auch den schwedischen Chemiker Jöns Jacob Berzelius (1779–1848) getroffen hatte, reiste er am 13. August über Waldsassen – zunächst auf der Straße nach Regensburg, sodann rechts, durch Wald und Gebirge, immer auf sehr guter Chaussée, nach Marktredwitz im Fichtelgebirge. Marktredwitz wurde um 1140 erstmals in Urkunden als Redwitz (Radewitze) erwähnt und kam im 1339 durch Kaiser Ludwig den Bayern als Reichspfand an das Kloster Waldsassen. Von 1340/41 bis 1816 war es Eigentum der Stadt Eger, die es gegen die Stadt Vils in Tirol mit Bayern tauschte (s. dazu auch Goethes Anmerkungen weiter unten). Grüner hatte ihm von der berühmten chemischen Fabrik und von der Glashütte seines Freundes Wolfgang Caspar Fikentscher (1770–1837) in Redwitz (gegründet 1788) erzählt und dabei erwähnt, dass dieser sich über einen Besuch Goethes freuen und geehrt fühlen würde. Goethe stimmte offensichtlich sofort zu, da er hoffte, chemische Präparate und Gläser für seine Versuche zur Farbenlehre und auch für das Naturalienkabinett der Universität in Jena bestellen zu können. So rollte Goethes Reisewagen bereits drei Tage nach diesem Gespräch gegen acht Uhr abends in Redwitz ein und hielt vor dem Fikentscher Haus, dem jetzigen Rathaus. Goethe selbst berichtete wie folgt über diesen Besuch: Um 8 Uhr kamen wir nach Redwitz. Wohlempfangen von Herrn Fikentscher und Familie. Abendgespräch erheitert durch Rath Grüners frühere Verhältnisse, denn Redwitz stand unter österreichischer Hoheit und war gewissermaßen zu dem Egerlande gezählt, auch von der Stadt Eger bevormundet, nunmehr, als von Bayern völlig eingeschlossen, an dieses Königreich abgetreten; nicht ganz zum Vorteil der Einwohner, denen ihre Fabrikate nach Böhmen einzuführen versagt ist ...

Bei Goethes Ankunft sollen der Fabrikant und Bürgermeister Fikentscher, der Gründer der ersten chemischen Fabrik in Deutschland, seine Frau Margarethe Barbara geb. Grüner mit ihren vier Töchtern und dem zweitältesten Sohn den hohen Gast ehrfurchtsvoll begrüßt haben. Und Goethe beschrieb seine Eindrücke: Unter dem wohleingerichteten Wohngebäude senkt sich ein Garten terrassenweis hinab, wovon ein Teil älteren und neuen Fabrikgebäuden aufgeopfert ist. Hier wird im Großen das schwefelsaure Quecksilber mit zugesetztem Kochsalz bereitet. (Muriate suroxigène de Mercure). Das zurückbleibende Natron wird zur Glasfabrik verwendet. Auch krystallinische Weinsteinsäure wird auf das Reinlichste im Großen verfertigt. Die sämtliche Arbeit geht immer fort; das Ganze ist so eingerichtet, dass, nach handelsmännischen Bestellungen, die größten Partien in kurzer Zeit gefertigt werden können. Das Quecksilber beziehen sie von Idria [Idrija, Stadt in Slowenien, bekannt durch den Abbau und die Aufbereitung von Zinnober-Erzen] und Mexiko, das Vitriolöl [konzentrierte Schwefelsäure] aus Straßburg, das schon gereinigte Weinsteinsalz von Wien. An dem neuen Anbau des Fabrikgebäudes, der so groß ist als der alte, kann man ermessen, daß das Geschäft im raschen Gange einem sichern Zweck entgegen gehe.

Die Geschichte der Chemischen Fabrik Marktredwitz beginnt am 24. Juni 1788. Der damals erst 18 Jahre alte Wolfgang Caspar Fikentscher hatte die Apothekerkunst in der Paradies-Apotheke in Nürnberg erlernt. Durch seinen Lehrmeister C. C. Merkel angeregt, gründete er unmittelbar nach dem bestandenen Gehilfenexamen in Markt Redwitz eine kleine Fabrikationsstätte für Chemikalien. Bereits sechs Jahre später wird sie zu einer größeren Fabrik ausgebaut. Fikentscher gründete zusammen mit mehreren Teilhabern auch eine Glashütte in der Nähe von Marktredwitz. In dieser Glashütte wurde erstmals Glaubersalz (Natriumsulfat) anstelle von Soda (Natriumcarbonat) zur Glasherstellung eingesetzt. 1809 wurde Fikentscher Bürgermeister und 1825 auch bayerischer Landtagsabgeordneter. Fikentscher gilt als einer der frühen Pioniere der chemischen Industrie mit der ältesten chemischen Fabrik in Deutschland. Die wichtigsten Produkte zur Goethezeit waren Quecksilberpräparate, Salpeter-, Salz- und Schwefelsäure und Glaubersalz, das im Rahmen der Quecksilbersalz-Produktion entstand. Das von Goethe beschriebene Wohnhaus der Familie Fikentscher wurde sechs Jahre nach der Gründung der Fabrik errichtet, als auch die Erweiterung der Fabrikation erfolgte. Im Todesjahr des Gründers 1837 belief sich die Produktion auf rund 810 Tausend kg Chemikalien. Die weitere Geschichte der Firma Fikentscher ist mit dem Namen der Familie Tropitzsch verbunden. 1890 verkaufte die dritte Generation der Familie Fikentscher das Unternehmen an die Brüder Oskar Bruno und Curt Bernhard Tropitzsch. 1907 stellte die Chemische Fabrik das erste quecksilberhaltige Beizmittel (Fusariol) gegen Pilze her. 1931 erfolgte die Umwandlung in eine Aktiengesellschaft. Noch in der ersten Hälfte der sechziger Jahre des 20. Jahrhunderts war die Produktion von Fusariol ein Haupterwerbszweig – mit einer Exportquote von über 50 %, aber auch die klassischen Weinstein-Präparate wie Brechweinstein wurden noch zur Herstellung von Tierarzneimitteln und anderen Präparaten zur Behandlung von Leder und für Färbereien produziert. Die Produktion von Quecksilberpräparaten hatte verständlicherweise zu erheblichen Umweltbelastungen geführt. 1985 wurde die Chemische Fabrik (Cfm) Oskar Tropitzsch e.K. ins Leben gerufen, in welcher ein Jahr später die Ursprungsfirma aufging. Heute werden Produkte für die Analytik, Biotechnologie sowie für die pharmazeutische Industrie hergestellt.

Über die Familie Fikentscher und vor allem über den Hausherrn, den auch Goethe als Pionier charakterisierte, erfahren wir von ihm folgende Einzelheiten:

Den Haus- und Hofherrn Fikentscher bezeichne ich als einen Fünfziger, der, in Nordamerika, mit eigenen Kräften und Mitteln große Landstrecken urbar gemacht und beherrscht hätte, es aber freilich hier im kultiviertesten Lande, obgleich zwölfhundert Fuß über der Meersfläche [Martredwitz im Fichtelgebirge liegt auf einer Höhe von 727 m ü. d. M.], viel besser hat. Die häusliche Einrichtung gleicht aber jener über dem Weltmeer, wo man sich seine eigene Dienerschaft erzeugt. Mutter und zwei erwachsene, sehr hübsche Töchter, einfach aber elegant gekleidet, bedienen freundlich und anständig den Tisch, dazwischen sich niedersetzend und mitspeisend, zwei jüngere wachsen heran zu jener Anstelligkeit sich bereitend; von fünf Söhnen ist nur einer zu Hause; der älteste als Arzt zu Selb angestellt, die drei jüngeren in Erlangen zur Schule und zur Apothekerkunst durch Martius [Ernst Wilhelm M., 1756–1849, aus Weißenstadt im Fichtelgebirge, Hof-Apotheker in Erlangen], den Vater des brasilianischen Reisenden [Karl Friedrich Philipp von M., 1794–1868, Professor für Botanik in München], angehalten; der nunmehr ältere, ein junger lieber Mann von 22 Jahren, hatte schon früher beim Vater, der zuerst Apotheker gewesen, sich in diesen Künsten unterrichtet, sodann aber bei Trommsdorff [Johann Bartholomäus T., 1770–1837, Apotheker in Erfurt, gründet 1795 das erste pharmazeutisch-chemische Institut] im Erfurtischen einen jährlichen Cursus duchlaufen, ist in der neuen Chemie ganz unterrichtet, indem das Haus auch das notwendige Journal hält, um einer Wissenschaft in ihrem Gange zu folgen, die bei solchen Unternehmungen im Großen von der höchsten Wichtigkeit ist, wie man an den Operationen sieht, die mir freundlich und umständlich mitgeteilt worden ...

Am 15. August 1822 begab sich Goethe mit dem Sohn Friedrich Christian Fikentscher (1799–1864), mit dem er mehrere Jahre wegen der Fertigung von Gläsern im Briefwechsel stand, zur Glashütte, von deren Arbeit er eine beeindruckende Schilderung gibt:

Um 8 Uhr mit dem Sohne weggefahren; zuerst den Bach Cossein zur Rechten, dann bei Brand über genanntes Wasser, den Berg hinauf einen schrecklichen Basaltweg, auf die Glashütte, wo siebzehn Menschen arbeiteten. Es werden große Fenstertafeln gefertigt; wir sahen die ganze Manipulation mit an, die wirklich furchtbar ist. Sie bliesen Walzen von 3 Fuß Höhe, in verhältnismäßigem Durchmesser. Diese ungeheuern Körper aufschwellen, glühend schwingen und wieder in den Ofen schieben zu sehen, je drei und drei Mann ganz nah neben einander, macht einen ängstlichen Eindruck. Dann weiß man die Walze, die erst unten rundlich geschlossen ist, mit immer fortgesetzter Erhitzung zu öffnen, daß Glocken daraus entstehen, diesen wird die Mütze genommen, die Walze selbst durch ein glühend Eisen getrennt, damit sie sich auseinander gebe, welches im Kühlofen geschieht. Das alles geschieht mit der zerbrechlichsten, glühend biegsamen Masse, so takt- und schrittmäßig, daß man sich bald wieder beruhigt.

Die Glashütte ist gemeinschaftlich, diesmal arbeitete der Teilnehmer von Wunsiedel. Auf dem Zimmer, welches der junge Fikentscher bewohnt, wann die Reihe an sein Haus kommt, fanden wir zufällig zurückgelegte, schnell gekühlte, kleine Glaskolben, deren ausgeschnittener Boden die entoptische Erscheinung [Polarisation des Lichtes im Glas] trefflich gab, wozu uns ganz reiner Himmel vollkommen begünstigte. Wir ließen sodann einen Glasstab schnell verkühlen und fanden ihn seiner Gestalt gemäß höchst schön entoptisch.

... Mittags in der Familie. Zustände früherer Zeiten, sowohl auf die Stadt als die Einzelnen bezüglich, wurden durchgesprochen. Sodann wendete man sich zu chemischen Versuchen. Das trübe Glas bei hellem Grund gelb, bei dunklem Grund blau erscheinend, geriet fürtrefflich, mit aufgestrichener Salzsäure; das entoptische Täfelchen wollte nicht völlig gelingen ...

Nach einem Aufenthalt von vier Tagen reiste Goethe am 18. August 1822 aus Marktredwitz wieder zurück nach Eger.

Korrespondenz-Netzwerke

Obwohl Goethe zahlreiche Briefe in bestimmten Epochen seines Lebens verbrannt hat, ist eine äußerst umfangreiche Sammlung sowohl an Briefen von ihm als auch an ihn erhalten geblieben und veröffentlicht worden. Die im Auftrag der Großherzogin Sophie von Sachsen herausgegebene Ausgabe von Goethes Werken umfasst in der Taschenbuchausgabe 53 Bände für Goethes Briefe – fast so viele wie für seine Dichtungen. Beispielhaft sollen aus diesen Sammlungen nur einige wenige Personen mit den Schwerpunktthemen der Korrespondenz näher vorgestellt werden, von denen einerseits über längere Zeiten die meisten Briefe erhalten geblieben sind, andererseits es sich um berühmte (und auch um weniger bekannte) Persönlichkeiten handelt, welche die unterschiedlichsten Berufe und damit auch das reich verzweigte briefliche Netzwerk Goethes dokumentieren, jedoch nur einen Einblick und kein umfassendes Bild vermitteln können.

Kaufleute und Bankiers

Mit dem jüdischen Bankier und Kaufmann Julius Elkan (1781–1839) in Weimar korrespondierte Goethe zwischen 1825 und 1831 (43 Briefe). Er wurde 1770 als Hofjude, 1790 als Hoffaktor geführt und von Goethe in einem Brief an Christiane (bereits vom 1./3. Januar 1797) als sehr geschäftig bezeichnet. Ein privater jüdischer Friedhof wurde 1774 auf Betreiben des Bankiers Jacob Elkan angelegt (ab 1870 nicht mehr benutzt) – an der Ecke Leibnizallee/ Ecke Musäusstraße gelegen und heute als Kulturdenkmal ausgewiesen. Die Familie Elkan war offensichtlich über mehrere Generationen als Hofjuden und Kaufleute in Weimar ansässig.

Zwischen 1800 und 1830 richtete Goethe mehr als 50 Briefe an das Bankhaus Frege in Leipzig, an die Inhaber mit den Vornamen Christian Gottlob (Vater 1747–1816, Sohn 1778–1855). Das Bank- und Handelshaus Frege hatte im 18. Jahrhundert eine führende Stellung unter den Handelshäusern in ganz Sachsen. Es wurde 1739 von Christian Frege (1715–1781) gegründet. Sein Sohn Christian Gottlob erweiterte das Handelshaus durch eine Verflechtung von Warenhandel, Spedition und Bankgeschäft sowie durch Manufaktur-, Bergbau- und Grundbesitz. Die Familie Frege hatte auch die kurfürstliche Münze in Leipzig gepachtet. Die Geschäftsbeziehungen des Hauses Frege reichten weit über die deutschen Länder hinaus – über Polen, Spanien und Portugal bis in die USA, wo sie in Pennsylvania Ländereien in Größe des Kurfürstentums Sachsen erwarben. Sie besaßen in Thüringen Alaun- und Vitriolhütten, im Mansfelder Land Kupferbergwerke. Außer Goethe zählten zu Beginn des 19. Jahrhunderts die preußischen Minister Freiherr vom und zum Stein (1757–1831) und Carl August von Hardenberg (1750–1822) sowie mehrere deutsche Fürstenhäuser zu den Kunden des renommierten Bankhauses. 1945 wurde das Bankhaus nach fast zweihundert jährigem Bestehen geschlossen.

Mit dem geselligen Hause Frommann in Jena war Goethe freundschaftlich verbunden. Mit dem Verleger, Buchhändler und Drucker Carl Friedrich Frommann (1765–1837) wechselte Goethe zwischen 1801 und 1827 über hundert Briefe, mit dessen Sohn Friedrich

Johannes Frommann (1797–1886) zwischen 1818 und 1831 etwa 90 Briefe. Der Sohn wurde 1815 Mitarbeiter seines Vaters und 1825 Teilhaber in der Verlagsbuchhandlung. Carl Friedrich Frommann war Sohn des Buchhändlers Nathanael Sigismund Frommann, wurde bei August Mylius (s. u.) in Berlin ausgebildet und übernahm den familiären Verlag (in Züllichau, heute Sulechów in Polen gegründet) mit den Schwerpunkten in Theologie und Philosophie, den er 1798 nach Jena verlegte. Dort erweiterte er das Verlagsprogramm um Schul- und Sprachwörterbücher. 1799 erhielt er das Privileg zur Eröffnung einer Druckerei. Eine starke Zuneigung des 60-jährigen Goethe zu Frommanns Pflegetochter Wilhelmine (genannt Minchen) Herzlieb (1789–1865) regte den Dichter offensichtlich für die Darstellung der Ottilie in Roman *Die Wahlverwandtschaften* an. Der einstige Frommannsche Verlag besteht noch heute unter dem Namen Frommann-Holzboog und publiziert vor allem geisteswissenschaftliche Werke mit Schwerpunkten in Philosophie, Theologie, Psychoanalyse – seit 1886 jedoch mit Sitz in Stuttgart.

An den aus Frankfurt am Main stammenden Kaufmann und Bankier Heinrich Mylius (1769–1854) in Mailand – nicht zu verwechseln mit dem Berliner Buchhändler und Verleger August Mylius (s. Kap. 6) – schrieb Goethe zwischen 1813 und 1831 etwa ein Dutzend Briefe. Mylius kam als junger Kaufmann und Repräsentant der Manufakturenhandlung seiner Frankfurter Familie zum Aufbau einer Filiale nach Mailand. 1829 erwarb er die Villa Mylius – heute Villa Vigoni (gelangte durch Heirat an die italienische Familie). Heinrich Mylius besuchte Goethe auch in Weimar und wickelte die Geldzahlungen für Goethes Sohn August zu dessen Italienaufenthalt ab. Mylius war als Unternehmer erfolgreich, zugleich auch ein Förderer zeitgenössischer Künstler und Mittler zwischen der deutschen und italienischen Kultur. Seine Frau Friederike Christine Schnauss, die er 1799 heiratete, stammte aus Weimar. Seine Familie pflegte freundschaftliche Verhältnisse zum Weimarer Hof und zu den Dichtern der deutschen Klassik.

An den angesehenen Leipziger Buchhändler Philipp Erasmus Reich (1717–1787) sind zwischen 1770 und 1785 fast vierzig Briefe Goethes gerichtet. Reich war Teilhaber der Weidmannschen Buchhandlung, Organisator des Buchhandelns und ein Bekämpfer des Nachdrucks. Goethe hatte ihn als Student in Leipzig kennen gelernt.

1774 vermittelte ihm Goethe den Verlag von Lavaters (s. Kap. 1) »Physiognomische Fragmente« und ließ sich von Reich auch Bücher liefern. Buchhandel und Buchmesse hatten in der zweiten Hälfte des 18. Jahrhunderts in Leipzig eine solch herausragende Bedeutung erlangt, dass Reich Leipzig zur »Hauptstadt des deutschen Buchhandels« erklärte. Reich trat 1745 als Geschäftsführer in die Weidmannsche Buchhandlung ein, die 1680 in Frankfurt am Main gegründet und 1682 nach Leipzig verlegt worden war. 1762 wurde er Teilhaber. Unter Reichs Leitung entwickelte sich der Verlag zu einem der bedeutendsten seiner Zeit. Reich wird auch als Reformer des deutschen Buchhandels beschrieben. Er setzte sich für juristische Festlegungen zum Schutz der Rechte von Autoren und Verleger ein. Er investierte in die Qualität und Ausstattung seiner Druckwerke. Unter Reich erlebte die Leipziger Buchmesse einen Aufschwung, Frankfurt am Main verlor immer mehr an Bedeutung, die Buchmesse dort wurde schließlich sogar eingestellt. Reich beendete auch den bis zur seiner Zeit üblichen Tauschhandel der Drucker und Verleger untereinander und führte den so genannten Nettohandel (Barverkehr) ein. 1765 initiierte er den Zusammenschluss von 56 Verlegern und Buchhändlern zur »Buchhandelsgesellschaft« – als Vorstufe zum späteren, ebenfalls in Leipzig gegründeten Börsenverein der deutschen Buchhändler. Reich hatte die Weidmannsche Buchhandlung in der Grimmaschen Straße, Ecke Neumarkt, gelegen, zu einem der führenden Verlage der Aufklärung gemacht.

Mit dem Bankhaus von Johann Jakob Willemer (1760–1838) in Frankfurt am Main, der zugleich Kommunalpolitiker, Kunstförderer als Mitglied der Theaterdirektion und Schriftsteller war, hatte bereits Goethes Vater Beziehungen. Bevor Goethes Briefwechsel (ab 1803 bis 1831 mit 13 Briefen) mit ihm einsetzte, verhandelte er 1788 mit ihm über ein Darlehen für seinen Freund Merck. 1808 bedankte er sich durch Christiane für Willemers Hilfe bei der Abwicklung der mütterlichen Erbschaft. Willemer stammte aus einfachen Verhältnissen, arbeitete sich bis zum Geheimen Rat (ab 1816 als von Willemer) empor und erhielt bereits 1793 sein Patent als »Königlich Preussischer Hofbanquier«. Über seine Entwicklung schrieb er am 11. Dezember 1808 an Goethe: »Ich bin ohne Erziehung aufgewachßen, und habe nichts gelernt. Arm geboren und daher nach Franckfurter Manier von jedem über die Achsel angesehen und das schlägt tiefe Furchen in einem zarthen Gemüth, weckt des Lebens Quaal, einen grentzenloßen Ehrgeitzs musst ich alles was ich besize mir selbst verdienen, darüber verstrich der schönste Theil meines Lebens, und ich konnte mich mit nichts befassen als mit Gelderwerb, nach nichts streben als nach Scheinehre.«

Ganz so stimmt diese Darstellung jedoch nicht. Sein Vater Johann Ludwig Willemer hatte bis zu seinem frühen Tod das Bankhaus Franck & Co. geleitet, das seine Mutter bis zur Übernahme durch den Sohn weiterführte. Auch wurde er durch die Mitgift seiner ersten Frau Meline (Magda Lange) aus einer reichen Berliner Kaufmannsfamilie bereits als 24-jähriger zu einem vermögenden Mann. Willemer wurde zweimal Witwer, 1792 und 1795 nach drei Jahren Ehe mit Jeanne Mariane Chinon. Im Jahr 1800 nahm der Theaterliebhaber die gerade 16 Jahre alte, aus Österreich stammende Tänzerin und Schauspielerin, uneheliche Marianne Pirngruber (auch Marianne Jung 1784–1860) als Pflegetochter in sein Haus auf, wo sie zusammen mit Willemers vier Kindern erzogen wurde. Willemer heiratete sie 1814 und Goethe lernte sie im selben Jahr in Wiesbaden kennen. Später setzte auch eine umfangreiche Korrespondenz Goethes mit Marianne von Willemer ein (1819 bis 1832, 41 Briefe) – sie inspirierte ihn zu den Liedern im »West-östlichen Divan«.

Staatsmänner und Politiker

Der preußische Gelehrte, Sprachforscher, Staatsmann und Bildungsreformer – Mitbegründer der Berliner Universität – Wilhelm Freiherr von Humboldt (1767–1835) zählt zu den engen und lebenslangen Freunde Goethes mit einem gemeinsamen Humanitäts- und Bildungsideal. Es ist daher nicht verwunderlich, dass zwischen beiden ein reger Briefwechsel herrschte (1794 bis 1832 mit 35 Briefen). Goethe lernte den jungen Humboldt in Weimar am 28. Dezember 1789 in einer größeren Gesellschaft durch die Vermittlung von Charlotte von Lengefeld (1766–1826, ab 1790 Schillers Ehefrau) kennen. Zu einem engeren Kontakt kam es, als Humboldt in Jena von 1794 bis 1797 lebte und dort an Schillers *Horen* mitarbeitete. Von Humboldts langen Reisen ab 1797 erhielt Goethe zahlreiche Briefe mit Berichten, die ihm eine fremde Welt erschlossen. Humboldt wirkte als Gesandter in Rom (1802–1808), wurde 1809 Leiter des Kultus- und Unterrichtswesens im preußischen Innenministerium und ging im Range eines Staatsministers 1810 als Gesandter nach Österreich, wo er Preußen neben Hardenberg auf dem Wiener Kongress vertrat. 1817 wirkte er als Gesandter in London. 1819 wurde er Minister für die ständigen und kommunalen Angelegenheiten. Differenzen zwischen ihm und Hardenberg sowie seine Ablehnung der Karlsbader Beschlüsse führten jedoch zu seiner Entlassung im Dezember 1819. Gero von Wilpert stellt fest, dass Humboldt mit seiner Rezension von Goethes *Zweitem römischen Aufenthalt* (1830) die »innere Einheit und Totalität von G(oethe)s Dichtung, Kunstforschung und Naturwissenschaft« betont, und dass beider »Briefwechsel 1794–1832 (...) die Kongenialität beider Partner und Humboldts intensive Analyse der Werke« bekundet habe.

An den Juristen und Freund Schillers, Christian Gottfried Körner (1756–1831) schrieb Goethe zwischen 1790 und 1821 über 20 Briefe. Körner war der Vater des Schriftstellers Karl Theodor Körner (1791–1813). Vater Körner machte Karriere ab 1790 als Oberappellationsgerichtsrat in Dresden, ab 1815 als Staatsrat (und zuletzt geheimer Oberregierungsrat) in Berlin. Körner besuchte Goethe auf dessen Reise nach Schlesien im Juli 1790 in Dresden, 1796 in Weimar und auch in den Bädern von Karlsbad und Teplitz. Der Briefwechsel wird jedoch von Gero von Wilpert als locker bezeichnet. Körner schrieb für die Werkausgabe Schillers (1812–1815) eine erste Biografie des Dichters.

An den österreichischen Staatsmann Clemens Wenzel Nepomuk Lothar Fürst Metternich (1773–1859), 1809 Außenminister und später Staatskanzler (1821–1848) und Hauptvertreter der Reaktion in Wien, schrieb Goethe zwischen 1812 und 1825 insgesamt 7 Briefe. 1813 besuchte Metternich nach der Völkerschlacht in Leipzig (Oktober) Goethe in dessen Haus in Weimar. 1818 und 1819 fanden weitere Treffen in Karlsbad statt. Bereits 1815 erhielt Goethe durch Metternich den Leopoldsorden – durch die Vermittlung von Herzog Carl August, durch Kaiser Franz I. (mit dem Anspruch auf Verleihung des erblichen Freiherrnstandes verbunden), wofür er sich im Brief vom 4. August »mit den konventionellen diplomatischen Devotionsformeln« (G. von Wilpert) bedankte. Für Goethe von Bedeutung war vor allem Metternichs Brief vom 6. September 1825, in dem er ihm den Nachdruckschutz für seine Werke in ganz Österreich bestätigte.

Der Diplomat Carl Friedrich Reinhard (1761–1837, seit 1815 Graf von) gehörte zu Goethes Freunden. Der schwäbische Pfarrerssohn, Absolvent des Tübinger Stifts und Theologe, war zunächst Hauslehrer in Bordeaux, dort Anhänger der Girondisten und der Revolution in Paris, wo er 1792 in den diplomatischen Dienst der Republik trat. Als Diplomat war er unter anderem in London, Neapel, Hamburg, Florenz und Bern tätig, 1799 auch für kurze Zeit als Außenminister. Sein bewegter Lebensweg führte ihn 1808 als Gesandten an den Hof König Jérôme Bonapartes in Kassel, 1815 an den Deutschen Bundestag in Frankfurt am Main, von 1830 bis 1832 an den sächsischen Hof in Dresden. Zum Abschluss seiner Karriere wurde er Vizepräsident der Académie Francaise. Goethe lernte den »Mann von Welt« 1807 in Karlsbad kennen und schrieb bis 1831 mehr als 80 Briefe an ihn. Der Briefwechsel wird als gewichtig bezeichnet und hatte private und häusliche, aber auch literarische, wissenschaftliche und künstlerische Themen zum Inhalt. 1807 übersetzte Reinhard auch Teile von Goethes Farbenlehre ins Französische – und er vermittelte ihm die Bekanntschaft mit den Brüdern Boisserée (s. u.). Er wurde Pate von Goethes Enkel Wolfgang. Die zahlreichen Briefe und Gespräche bei häufigen Besuchen in Weimar zwischen 1809 und 1831 erweiterten Goethes Wissen über die Weltpolitik und förderten seine Vorstellungen einer Weltliteratur.

Der Jurist und Pädagoge Johann Friedrich (Fritz) Heinrich Schlosser (1780–1851) in Frankfurt am Main 1803 Rechtsanwalt, 1806 Stadt- und Landgerichtsrat, 1812 bis 1813 Direktor des Lyzeums, 1815 Oberschulrat, war seit 1808 Goethes Rechtsvertreter in dessen Vaterstadt (nach dem Tod der Mutter). Er wurde mit Goethe während seines Jurastudiums in Jena (1801/02) bekannt und es entwickelte sich ein vieljährig tätiges freundschaftliches Verhältnis, wie Goethe in seinen *Tag- und Jahresheften* 1820 festhielt. Schlosser trat 1814 zum katholischen Glauben über und ab 1826 lebte er überwiegend auf Stift Neuburg bei Heidelberg. Goethe verdankte ihm zahlreiche Informationen und Dokumente über Frankfurter Verhältnisse bei der Abfassung seiner Autobiografie *Dichtung und Wahrheit*. In einem Brief vom 23. November 1801 an Jacobi in Düsseldorf (s. Kap. 1) bezeichnete Goethe Schlosser als eine ruhige und verständige Natur. Schlosser war der älteste Sohn von Hieronymus Peter Schlosser (1735–1797), dem Bruder von Johann Georg Schlosser (1739–1799), der 1773 gegen Goethes Willen dessen Schwester Cornelia (geb. 1750) heiratete, die eine wenig glückliche Ehe führte und bereits 1777 verstarb.

Künstler und Schriftsteller

An den Kaufmann, Kunstsammler und Kunstschriftsteller Johann Sulpiz Melchior Dominikus Boisserée (1783–1854) sind zwischen 1810 und 1832 über 160 Briefe überliefert. G. von Wilpert nennt das »Verhältnis G(oethe)s zu Boisserée (...) ein schönes Beispiel einer über alle Unterschiede in Alter, Bildung, Meinungen und Vorlieben hinausgreifenden persönlichen Freundschaft im Zeichen der Kunst.« Boisserée war vermögend und Kaufmann in Köln. Er und sein jüngerer Bruder begeisterten sich für die einheimische mittelalterliche Kunst und Architektur und setzten sich nach der Säkularisierung der Klöster für die Rettung der Kunstschätze ein. Von 1804 an trug er zusammen mit seinem Bruder Melchior (1786–1851) eine umfangreiche Gemäldesammlung zusammen. Er pflegte auch persönlichen Umgang mit Schlegel, den er 1803 in Paris kennen gelernt hatte. Goethe erhielt 1810 durch den Buchhändler Johann Georg Zimmer aus Heidelberg Zeichnungen Sulpiz Boisserées des Kölner Doms, begann daraufhin einen Briefwechsel mit ihm, den er bis zu seinem Tod fortsetzte. Er lernte ihn erstmals Anfang Mai 1811 in Weimar persönlich kennen. Der Kontakt mit Boisserée eröffnete Goethe einen neuen, verständnisvolleren Blick auf die bisher vernachlässigte altdeutsche Malerei, die heute auch im Schlossmuseum in Weimar durch Goethes Wirken zu finden ist. Am Sonntag, den 21. Februar 1830 sprachen Eckermann und Goethe auch über Boisserée: »Er [Goethe] gibt mir sodann einen Brief von *Boisserée* aus München, der ihm Freude gemacht und den ich gleichfalls mit hohem Vergnügen lese. Boisserée spiricht besonders (...) über einige Punkte des letzten Heftes von ›Kunst und Altertum‹. Er urteilt über diese Dinge so wohlwollend als gründlich, und wir finden Veranlassung, über die seltene Bildung und Tätigkeit dieses bedeutenden Mannes viel zu reden.« 1815 besichtigte Goethe den unvollendeten Kölner Dom und reiste gemeinsam mit Boisserée von Wiesbaden über Mainz nach Heidelberg. Die Kunsterlebnisse mit Boisserée regten Goethe zu seinem Aufsatz *Kunst und Altertum an Rhein und Main* (1816) an. In seinen Schriften zur Kunst (1816 bis 1832) äußert er sich auch zur Veröffentlichung »Ansichten, Risse und einzelne Theile des Doms zu Cöln«, die Sulpiz Boisserée 1821 in der Cottaischen Buchhandlung herausgab. Als die von Goethe genannten und beschriebenen Stiche 1814 auf dem Speicher des Gasthofs »Zur Traube« in Darmstadt bzw. von der Westfassade zwei Jahre später in Paris gefunden wurden, konnte auf Initiative von König Friedrich Wilhelm IV. von Preußen (1840–1861) 1842 der Bau des Doms fortgesetzt, am 15. Oktober 1880 fertig gestellt und in Gegenwart von Kaiser Wilhelm I. geweiht werden. Die Sammlungen der Brüder Boisserée befanden sich von 1810 bis 1819 im Palais Boisserée am Karlsplatz in Heidelberg (heute Germanistisches Seminar). 1827 verkauften die Brüder die Sammlung an König Ludwig I. von Bayern. Ab 1836 wurden die Gemälde in der Alten Pinakothek in München ausgestellt.

Der schottische Schriftsteller, Übersetzer, Kritiker und Historiker Thomas Carlyle (1795–1881) gilt als der bedeutendste und einflussreichste Vermittler Goethes in England. Zwischen 1824 und 1831 schrieb Goethe 19 Briefe an ihn. Die Korrespondenz begann mit Carlyles Zusendung seiner Übersetzung von Goethes Roman *Wilhelm Meisters Lehrjahre* (1824). Eckermann berichtete am 11. Oktober 1828 über ein Gespräch mit Goethe über »einen höchst würdigen Aufsatz über Goethe von *Carlyle* ... Ich ging mittags ein wenig früher zu Tisch, um vor der Ankunft der übrigen Gäste mich mit Goethe darüber zu bereden. Ich fand ihn, wie ich wünschte, noch allein, in Erwartung der Gesellschaft, Er trug seinen schwarzen Frack und Stern, worin ich ihn so gern sehe; er schien heute besonders jugendlich heiter, und wir fingen sogleich an von unserm gemeinsamen Interesse zu reden. Goethe sagte mir, daß er *Carlyles* Aufsatz über ihn gleichfalls diesen Morgen betrachtet, und so waren wir imstande, über die Bestrebungen der Ausländer manche Worte des Lobes gegenseitig auszutauschen. ›Es ist eine Freude, zu sehen‹, sagte Goethe, ›wie die frühere Pedanterie der Schotten sich in Ernst und Gründlichkeit verwandelt hat. Wenn ich bedenke, wie die Edinburgher vor noch nicht langen Jahren meine Sachen behandelt haben, und ich jetzt dagegen Carlyles Verdienste um die deutsche Literatur erwäge, so ist es auffallend, welch ein bedeutender Vorschritt zum Besseren geschehen ist.‹«

An den Berliner Bildhauer und Professor an der Akademie der Künste Christian Daniel Rauch (1777–1857) richtete Goethe zwischen 1824 und 1832 etwa 20 Briefe. Goethe begegnete ihm am 17. August 1820 in Jena und modellierte ihn dort zusammen mit Christian Friedrich Tieck (1776–1851, Bildhauer in Berlin – 9 Briefe zwischen 1801 und 1828). Rauch schuf die bekannteste und am meisten verbreitete Goethe-Büste, die so genannte Atempo-Büste. In seinen *Tag- und Jahresheften* 1820 vermerkte Goethe über diesen Besuch, dass sie in lebhafter, ja leidenschaftlicher Kunstunterhaltung beisammen gewesen seien. Die Atempo-Büste, von der er einen Abguss erhielt, bezeichnete Goethe in einem Brief an Boisserée vom 9. Dezember 1820 als wirklich grandios.

Der Erzähler, Dramatiker und Musikschriftsteller Johann Friedrich Rochlitz (1769–1842) erhielt von Goethe zwischen 1800 und 1831 fast 80 Briefe. Rochlitz hatte in Leipzig von 1789 bis 1791 Theologie und Philosophie studiert und war dann zunächst Hauslehrer geworden. 1798 begründete er die Allgemeine Musikalische Zeitung, die er bis 1818 als Redakteur betreute. Goethe lernte ihn im Mai 1800 in Leipzig kennen und ließ im Weimarer Theater die Lustspiele von Rochlitz aufführen. Am 14. September 1800 erhielt er vom Herzog Carl August den Titel eines Herzoglich Sächsischen Weimarischen Hofrats verliehen. In seinen *Tag- und Jahresheften* (1821) bezeichnete Goethe ihn als den längst bewährten Freund. Rochlitz war unter anderem mit Schiller, E. T. A. Hoffmann, Louis Spohr und Carl Maria von Weber bekannt oder sogar befreundet. Durch die Heirat mit der Witwe des Leipziger Kaufmanns Daniel Winkler, Henriette Winkler geb. Hansen (1770–1834) gelangte er in den Besitz einer kostbaren Kunstsammlung (unter anderem Gemälde von Rembrandt). Er unterstützte Goethe beim Aufbau von dessen Graphiksammlung (s. Kap. 6). Die Briefe Goethes vermitteln häufig aufschlussreiche Aussagen über die eigenen Werke.

Carl Friedrich Zelter (1758–1832) war eigentlich Maurer- und Baumeister, trat jedoch als Komponist, Dirigent und Musikpädagoge hervor und machte ab 1800 als Direktor der Singakademie, 1808 einer Liedertafel, 1823 als Direktor des Instituts für Kirchenmusik und 1829 als Musikdirektor der Universität Karriere. Er war fast 30 Jahre lang einer der engsten Freunde Goethes. Von Zelter stammen 90 Kompositionen zu Liedern Goethes. Der erste Kontakt fand im Juni 1796 durch die Zusendung von *Zwölf Liedern am Klavier zu singen* von Zelter statt, worin auch einige Lieder aus Goethes *Wilhelm*

Meisters Lehrjahren enthalten waren. Daraufhin wünschte Goethe den Komponisten kennen zu lernen. Der erste Brief Zelters an Goethe ist auf den 11. August 1799 datiert, Goethes Antwort erfolgte bereits am 26. August. Der gesamte erhaltene Briefwechsel umfasst über 850 Briefe, davon rund 500 von Zelter. Der erste Besuch Zelters in Weimar fand im Februar 1802 statt (der letzte ebenfalls in Weimar im Juli 1831). 1812 wurden sie auch Duzfreunde – eine Auszeichnung, die bei Goethe selten war.

Wissenschaftler

Den Naturforscher Johann Friedrich Blumenbach (1752–1840) besuchte Goethe als »Professor für Arzneiwissenschaften und Medizin an der Georg-August-Universität in Göttingen« im Juni 1801 bei seinem Aufenthalt zu Studien in der Göttinger Bibliothek in dessen Haus. Blumenbach stammte aus einer angesehenen Thüringer Familie in Gotha. 1769 begann er ein Studium der Medizin in Jena, das er 1772 in Göttingen fortsetzte – die Promotion zum *Doctoris medicinae* erfolgte 1775. Bereits 1776 wurde er zum außerordentlichen Professor, 1778 zum Ordinarius der Medizin in Göttingen ernannt. Er gilt als Begründer der Anthropologie als empirischer Naturwissenschaft und stand in der langen Zeit seines Wirkens in Göttingen (von 1776 bis 1840) im Mittelpunkt eines weit verzweigten Netzes wissenschaftlicher Kommunikation. Blumenbach hatte Goethe bereits im April 1783 in Weimar aufgesucht. Goethe hat viele Jahre lang mit Blumenbach in freundschaftlichem und brieflichem Kontakt gestanden: In Goethes Werken sind zwischen 1793 und 1829 insgesamt 29 Briefe belegt, in dem Goethe osteologische, mineralogische und botanische Fragen erörterte.

Von 1818 bis 1832 stand Goethe im Briefwechsel (13 Briefe) mit dem Dresdner Arzt Carl Gustav Carus (1789–1869), Professor für Gynäkologie, Naturphilosoph und auch Maler. Hauptthemen ihres Briefwechsels waren zoologische Fragestellungen, angeregt auch von Goethes *Versuch, die Metamorphose der Pflanzen zu erklären* (1798). Carus war zunächst Professor in Leipzig (1811), ab 1814 in Dresden, seit 1827 königlicher Leibarzt und 1862 bis 1869 Präsident der Deutschen Akademie der Naturforscher (Leopoldina) sowie Mitbegründer der Gesellschaft Deutscher Naturforscher und Ärzte (1822). Er begründete unter anderem die Anatomie als selbstständige Wissenschaft und gilt in seiner Naturphilosophie als ein Vertreter der Romantik mit einer ganzheitlichen Auffassung des Kosmos. Auch als romantischer Landschaftsmaler machte er sich einen Namen.

Als Professor für alte Sprachen (1795 Leipzig, ab 1797 in Jena) und ab 1804 als Professor der Beredsamkeit und Dichtkunst sowie zugleich als Oberbibliothekar in Jena wurde Heinrich Carl Abraham Eichstädt (1772–1848) auf Vorschlag Goethes Redakteur der *Jenaischen Allgemeinen Literaturzeitung* (bis 1840). In den ersten Jahren der neuen Zeitschrift pflegte Goethe einen ausgedehnten brieflichen Kontakt mit ihm (1803–1830, 230 Briefe), den er wegen seiner Kenntnisse, seines Verhandlungsgeschicks und seiner Energie rühmte. Goethe behielt sich jedoch anfangs die Gesamtleitung der Zeitschrift und die Begutachtung der Rezensionen vor.

Von 1807 bis 1830 sind 60 Briefe Goethes an den Mineralogen und Geologen Ritter Carl Cäsar von Leonhard (1779–1862), Professor in Heidelberg, überliefert. Leonhard stammte aus Hanau, war 1816 Professor der Mineralogie in München und ab 1818 in Heidelberg. Er begründete das »Taschenbuch für die gesammte Mineralogie« (ab 1807), in dem Goethe vier Arbeiten (1808 und 1809) – unter anderem über eine Mineraliensammlung sowie über Karlsbader Granite und den Kammerberg bei Eger – publizierte. Goethe besuchte ihn 1814 in Hanau, Leonhard traf ihn danach in Wiesbaden und 1821 in Jena.

67 Briefe zwischen 1807 und 1830 schrieb Goethe an den Botaniker Christian Gottfried Daniel Nees von Esenbeck (1776–1858). Nees von Esenbeck war der Sohn eines gräflichen Rentmeisters und wurde auf Schloss Reichenberg bei Reichelsheim im Odenwald geboren. Er absolvierte das Gymnasium in Darmstadt und studierte von 1795 bis 1799 an der Universität Jena Philosophie und Medizin – unter anderem bei Batsch, von Loder und Hufeland. 1800 promovierte er an der Universität Gießen und praktizierte zunächst als Arzt am Hof des Grafen Franz zu Erbach-Erbach. Nach der Heirat mit Wilhelmine Luise Katharina von Ditfurth 1802 lebte er auf dem Gut der Ehefrau in Sickerhausen, wo er sich seinen Forschungen widmete. 1817 nahm er eine Stelle als Dozent für Botanik in Erlangen an, 1818 wurde er als Professor für Naturgeschichte und Botanik an die Universität Bonn berufen. 1819 lernte Nees von Esenbeck

Goethe in Weimar auch persönlich kennen. Er war einer der wichtigsten Partner in der naturwissenschaftlichen Korrespondenz des späten Goethes. 1831 ging Nees von Esenbeck an die Universität in Breslau. Goethes intensiver Briefwechsel mit ihm vor allem in den Jahren 1816 bis 1828 hatte Goethes Ansichten zur Metamorphose der Pflanzen zum Inhalt.

Goethe lernte den Arzt, Anatomen und Physiologen Samuel Thomas von Sömmering (1755–1830) Anfang Oktober 1783 auf seiner zweiten Harzreise als Professor in Kassel kennen. Bis 1827 führten sie einen regen Briefwechsel über anatomische Fragen. Sömmering ging 1784 als Professor nach Mainz, wirkte 1797 (und nach 1820) als Arzt in Frankfurt am Main und lebte 1805 bis 1820 als Akademiemitglied in München. Der ausführliche Briefwechsel verstärkte auch Goethes Interessen an den Naturwissenschaften. Soemmering ermöglichte ihm Untersuchungen an einem Elefantenschädel aus Kassel und unterstützte so Goethes Forschungen zum Zwischenkieferknochen.

An den bedeutenden klassischen Philologen und Begründer der neueren Altertumswissenschaften Friedrich August Wolf (1759–1824) richtete Goethe zwischen 1795 und 1819 insgesamt 28 Briefe. Wolf war seit 1783 Professor an der Universität Halle und nach deren Auflösung durch die Franzosen ab 1810 an der Universität in Berlin, an deren Gründung er ab 1807 maßgeblich beteiligt war. Wolf pflegte enge Kontakte zu Goethe, Schiller und Wilhelm von Humboldt. Durch ihn bekam die klassische Philologie auch eine wichtige Rolle im deutschen Schulwesen. Goethe bewunderte Wolfs ungeheures Wissen dieses unablässig arbeitenden Mannes, wie er 1805 in seinen *Tag- und Jahresheften* vermerkte. Mit ihm zusammen unternahm Goethe (zusammen mit Sohn August) von Halle im August 1805 auch eine Reise nach Magdeburg, Helmstedt, Halberstadt bis an den Harzrand nach Aschersleben.

6
Der private Geschäftsmann

Goethes Haushaltsführung

Mit dem Einzug in sein Gartenhaus begann Goethes eigene Haushaltsführung als Junggeselle. Sein aus Frankfurt am Main stammender Diener Seidel (s. Kap. 5) hatte den Alltag als Haushälter und
Sekretär zu organisieren. Seidel hatte der Köchin sowie zwei weiblichen und zwei männlichen Bediensteten vorzustehen und die
Bücher über die Ausgaben zu führen. Aus diesen überlieferten Quellen geht hervor, dass Goethe regelmäßig seine Besoldung erhielt.
Zusätzlich sind Zinsen, Zuwendungen der Eltern und der herzoglichen Familie und Erlöse aus Verkäufen (z. B. abgelegter Kleidung!)
verzeichnet. Als Beispiel sei das Ordnungsschema für die Ausgaben
im Januar 1778 aufgeführt:
»A. Neujahrsgeschenke, Almosen, Trinkgelder, B. Wäsche, C. Porto,
D. Meubles und deren Unterhaltung, E. Kleidung und deren Unterhaltung, F. Extraodinaria, G. Gesinde, H. Keller, I. Lichte, K. Küche.«
Die Dokumente sind im Goethe- und Schiller-Archiv in Weimar
unter Goethe-Rechnungen archiviert. Die Finanzpläne und Monatsrechnungen sind von Seidel erstellt und von Goethe abgezeichnet.
Als Beispiel nennt Carola Sedlacek im Goethe-Handbuch (B. Witte
et al., Stichwort »Haushaltsführung«) für 1779 Einnahmen von
1808 Talern und Ausgaben von 1411 Talern, 1783 Einnahmen von
2727 gegenüber Ausgaben von 2595 Talern. Somit lebte Goethe
nicht über seine finanziellen Verhältnisse.
Außer diesen Haushaltsbüchern existieren auch Sonderrechnungsbücher sowie Einzelbelege – so z. B. über Reiseausgaben. 1777
legte Seidel ein *Baubüchlein* an, in dem die Namen der am Umbau
des Gartenhauses Beschäftigten verzeichnet sind, deren Gewerke,
Arbeitsstunden, der Aufwand für Material, Lohn und Verpflegung.
Aus Goethes *Steuerbuch* ist zu entnehmen, dass er Personensteuer,
Grundsteuer für Haus und Garten, Erbzins und Gotteskastenerbzins

(wohl als Kirchensteuer zu verstehen) gezahlt hat. Für nicht aus dem Herzogtum stammende Weine hatte er ebenfalls Steuern zu zahlen, die im *Tranksteuerbüchlein* verzeichnet sind. Die *Küchenbücher* enthalten die Angaben über tägliche Einkäufe, auf »Herren- und Gesindetisch Serviertes« (C. Sedlacek)

Während Goethes Abwesenheit von Weimar, zu seiner Zeit in Italien von September 1786 bis Mitte Juni 1788, versorgte Seidel den Haushalt, hielt ständigen Kontakt zu Goethe und Geschäftsverbindungen sowie Postverkehr aufrecht – und überwachte Goethes Finanzen. Nachdem Goethe am 12. Juli 1788 seine Gewissensehe mit Christiane Vulpius (1765–1816) begonnen hatte – und diese als Lebensgefährtin bei ihm im November 1789 (im Jägerhaus in der Marienstraße) eingezogen war, überwachte zunächst noch Seidel (auch nach seinem Ausscheiden aus dem Dienst – s. Kap. 5) die Haushaltsrechnungen und erledigte auch Geldgeschäfte. Das Hauswesen lag aber später dann ganz in den Händen Christianes, mit der Goethe sich erst am 19. November 1806 in der Sakristei der Jakobskirche in aller Stille trauen ließ. Sie wird allgemein als lebensfroh und mit praktischem Weltverstand beschrieben; sie hielt Goethe alle Unannehmlichkeiten des Alltags fern. Im Briefwechsel zwischen ihm und seiner Christiane werden viele Alltäglichkeiten des Haushalts erwähnt. Der Haushalt in seinem Wohnhaus am Frauenplan ab Spätsommer 1792 bis 1816 war für Christiane sehr umfangreich und arbeitsaufwändig. Im Haus wohnten zahlreiche Personen, Christianes Tante und Stiefschwester, die ihr zur Hand gingen, und die zahlreiche Dienerschaft aus Köchin, Kutscher, Haus- und Laufmädchen. Darüber hinaus wurden zeitweise Tagelöhner, Gärtner und Lohnbedienteste beschäftigt, Botenfrauen und Fuhrleute übernahmen Besorgungen und Transporte. Die täglichen Lebensmittel stammten überwiegend aus Goethes Hausgarten, den Christiane zu betreuen hatte. Darüber hinaus mussten Vorräte eingekauft werden. Jährlich wurden mehrere Schweine geschlachtet, es wurden Gänse, Hühner und Tauben gehalten. In weiteren Gärten, außer dem Hausgarten unter anderem am Gartenhaus im Ilmtal, und auf einem Krautland wurden Kartoffel, Obst und Gemüse angebaut. Von 1798 bis 1803 hatten die Pächter von Goethes Gut in Oberrossla Naturalien zu liefern – so Butter, Eier, Käse, Enten, Truthühner, Lerchen, Schöpsenfleisch (Schöps = Hammel). Die Haushaltsbücher, die darüber Auskunft geben, wurden von Goethes Dienern angelegt. Christiane erledigte die Quartals- und Jahresabrechnungen, die Goethe selbst kontrollierte. Sie erhielt von Goethe ein Quartalsgeld für die Wirtschaft – 1808 150 Reichtaler. Unter den Goethe-Rechnungen im Archiv sind von ihr Angaben wie »Für mich und Augusten« (den Sohn) vermerkt – mit Reiseausgaben, Schuster- und Schneiderzetteln sowie Angaben über Schul- und Taschengeld.

Nach Christianes Tod (am 6. Juni 1816) und der Heirat des Sohnes August (1789–1830) mit Ottilie von Pogwisch (1796–1872) am 17. Juni 1817 änderte sich Goethes Haushaltsführung entscheidend. Er selbst zog in die im Hinterhaus gelegenen Räume, in der Mansarde wohnte das junge Paar. August wurde zum Vorstand des Doppelhaushaltes. Die als lebensfroh, zugleich aber exaltiert geschilderte Schwiegertochter Ottilie war für die Geselligkeit zuständig. Der gemeinsame Haushalt wurde von Goethe finanziert, wobei Sohn August die Haushaltsbücher nach Art von Kammerrechnungen führte. Als Beispiel führt Carola Sedlacek den Wirtschaftsetat von Juli 1819 bis Juni 1820 an, in dem die Einnahmen aus Goethes Besoldung, den Zinsen von angelegtem Kapital, Mieteinnahmen vom Gartenhaus und der Vergütung für den Wegfall der ihm zustehenden Naturalien an Heu und Stroh (Goethe hielt sich kein eigenes Pferd – s. Kap. 3) 4889 Reichstaler betrugen (1829 waren es ca. 10 000). Honorare sind in diesem Betrag nicht enthalten. Die Ausgaben werden in 15 Sachgebiete aufgeteilt: »I. Herr Staatsminister, II. Haushaltung, III. Wäsche, IV. Gäste, V. Wein, VI. Holz, VII. Lohn für Bediente, VIII. Livree-Stücke, IX. Equipage, X. Hausreparaturen, XI. Erhaltung des Inventars, XII. Garten, XIII. Almosen, XIV. Abgaben, XV. Insgemein.«

Die vom Sohn August verwalteten Finanzen wurden für Schneider-, Schuster-, Friseur-, Apotheker- und Arztrechnungen, auch für Rechnungen von Buchbindern, Buchhändlern und Mineralwasserhändlern verwendet. In den Rechnungsbüchern liegen zahlreiche einzelne Rechnungen – sie verraten viele Details wie z. B.: Ausgaben für die Badefrau Bäder zu tragen, für den Barbier für chirurgische Hilfeleistungen, für das Abonnement der *Berliner Zeitung*, Porto, Fracht, Botenlohn. Darüber hinaus existierte ein *Küchenbuch*, für das einschließlich der Kontrolle der täglichen Einkäufe Ottilie zuständig war. Darin finden wir Angaben zum Marktgeld für die Köchin und

Einzelheiten zu Fleisch, Wildpret, Weißbrod und Semmeln, Schwarz-brod, Kaffee, Zucker, Lichter, Oel in die Lampen, Korn, Thee, Suppen-zeug und Gemüse. Als Sonderposten werden Zum Vorrath. Zum Ein-machen erkauft. Weihnachtsschüttchen. Ostereier für die Kinder angeführt. Im Sachgebiet »VII. Lohn für Bediente« werden Goethes Hausangestellte genannt: Kutscher, Köchin, Jungfer, Haus- und Kin-dermädchen für die Enkeltochter. Unter »XIV. Abgaben« sind die Steuern aufgeführt, neben Erbzins, Brandsteuer und -versicherung vor allem die Einkommensteuer – für 1830 ist ein Steuerkapital von 15 825 Talern mit je 8 Pfennig pro Taler zu versteuern, d. h. fast 880 Taler als Steuern (nach C. Sedlacek – Steuersatz demnach 5,6 %!).

Nach dem Tod des Sohnes (am 27. Oktober 1830 in Rom) stand Goethe wieder selbst dem Haushalt vor. Er berief seinen Neffen Rinaldo Vulpius (1802–1874) zur Neuordnung der Finanzen und Wirtschaft, wobei dieser von Goethes Schreiber John unterstützt wurde. Ottilie wurde von der Last des Haushalts befreit, Goethe beschäftige sich wieder selbst mit Haushaltungsangelegenheiten. Rechnungen, Berichtigung vergangener Wochen und Monate. Mit Vul-pius deßhalb Verabrechnungen. An John das Nähere übertragen, wie er am 2. Januar 1832 in sein Tagebuch eintrug. Im Alter von über 80 Jahren lebte Goethe nur noch der Vollendung seines Werkes, es fan-den keine aufwändigen Gesellschaften mehr statt. Weitere Eintra-gungen zur Haushaltsführung in Goethes Tagebuch lauteten z. B. Neue Einrichtung der Küche und des Mittagessens (25.12.1831), wor-aus zu vermuten ist, dass Goethe selbst bestimmte, welche Speisen mittags und abends angerichtet werden sollten.

Eine spezielle Haushaltsführung wurde von Goethe auf Reisen erforderlich – als Beispiel seien die längeren Kuraufenthalte z. B. im böhmischen *Marienbad* gewählt, wo Goethe in den Jahren 1821, 1822 und 1823 kurte. Der Wirt (privat oder im Gasthof) sorgte für Hei-zung, Beleuchtung, Bedienung und Wäsche. Die Hauptmahlzeiten jedoch ließ Goethe sich in der Regel aus einer Speisewirtschaft holen – so teilte er seinem Sohn August am 8. Juli 1823 aus Marien-bad mit: Ich lasse das Essen aus dem Traiteur-Hause [Traiteur: Liefe-rant von Fertiggerichten, Hersteller – heute noch in der Schweiz als Bezeichnung gebräuchlich] holen, wo ich sechs Schüsselchen erhalte und mir soviel auswählen kann, daß ich satt werde. Der mitgereiste Diener hatte Goethe zu den übrigen Mahlzeiten zu versorgen und im Ort z. B. Kaffee, Schokolade, Mineralwasser, Wein, Obst, Fische, Brot usw. zu kaufen.

Wie umfangreich das *Hauswesen Goethes* nach 1820 war, geht aus dem »Bestand 34, Goethe. Rechnungen« im Goethe- und Schiller-Archiv in Weimar hervor. Er benötigte ein »dichtes Netz von Bedienten, Handwerkern und Lieferanten« (C. Sedlacek) und dafür bedeutende Finanzmittel. Aus den Rechnungen unter Hausreparaturen, Erhaltung des Inventars, Garten sind die daran beteiligten Handwerker zu ersehen – Maurer, Maler, Tischler, Schlosser, Glaser, Ofensetzer, Gärtner sowie auch spezielle Berufe wie Böttcher, Wagner, Sattler, Tapezierer, Schmiede, Zinngießer. Carola Sedlacek vermerkt, dass Goethe Töpfe flicken, Körbe flechten, Messer schleifen, Flachs spinnen, Zinngeschirr umgießen, Gardinen aufstecken, Möbeln polstern und überziehen, Bilder rahmen, Bücher binden, Pianos stimmen, Lampen putzen und Spiegel belegen ließ. Weber, Schneider, Schuh-, Handschuh-, Putz- und Hutmacher hätten für die Kleidung gesorgt. Händler und Kaufleute sowie einheimische Bauern, Gärtner, Kräuterfrauen, Fleischer, Bäcker, Konditoren und Gastwirte hätten den Goetheschen Haushalt beliefert. Auch ließ sich feststellen, dass Goethe meist sofort die Dienstleistungen und Waren bezahlen ließ, manchmal jedoch auch später größere Summen beglich. Auf dem Markt kaufte man Obst und Gemüse, Frühgemüse vom Hofgärtner aus den Belvederer Gewächshäusern. Fische von der Hoffischerei und Wildpret aus den herzoglichen Wäldern. Für große Feste lieferte auch der Hofkoch große Pasteten.

Eine besondere bzw. spezielle Rolle in der Versorgung von Goethes Hauswesen spielte der aus Bremen stammende Nicolaus Meyer (1775–1855). Als Medizinstudent in Jena verkehrte er ab Ende 1799 (bis 1801) häufig in Goethes Haus, wo er Studien zur vergleichenden Anatomie trieb. Er lebte als Arzt, Schriftsteller und Kunstsammler ab 1802 in Bremen, ab 1809 in Minden und versorgte Goethes Haushalt mit Delikatessen und Portwein, speziell auch mit frischen Seefischen, Hummer und Austern, geräucherten und marinierten Fischen, Schinken, Spickgänsen, Hamburger Fleisch, Räucherzungen, Winterbutter und Ananas – sowie mit Portwein, Malaga, Madeira und französischen Weinen. Der Bedarf an Wein war groß – so betrugen die dafür ausgegebenen Summen an Weinhändler z. B. 1829 ein Fünftel des gesamten Haushaltsetats. Darüber informieren wiederum Wein- oder Kellerbücher, in denen Ein- und Abgänge festgehalten wurden. Wein kam in großen Fässern in Weimar an und wurde erst im Keller in kleinere Fässer bzw. Flaschen (Bouteillen) umgefüllt.

Als Fazit dieser detaillierten Darstellungen ist festzuhalten, dass Goethe einen wohlorganisierten Haushalt betrieb. Carola Sedlacek sieht darin sogar »die elementare Basis seiner außerordentlichen Lebensleistung«.

Darüber hinaus verdeutlichen die Ausführungen, dass Goethe auch bei seinem eigenen Haushalt die Finanzen professionell verwaltete. So werden Haupt- und Nebenbücher ebenso eingesetzt wie Budgets und Etats.

Der Gestalter seiner Gärten

Am 21. April 1776 erhielt Goethe von Herzog Carl August das für 600 Taler erworbene leicht verfallene Gartenhaus mit Garten im Weimarer Ilmpark am Stern (Wegekreuz) zum Geschenk. An seine Brieffreundin Auguste Louise Gräfin zu Stolberg-Stolberg (1753–1835) schrieb er am 17. Mai 1776: Hab ein liebes Gärtgen vorm Thore an der Ilm schönen Wiesen in einem Thale, ist ein altes Hausgen drinne, das ich mir repariren lasse. Das Gartenhaus stammte aus dem 16./17. Jahrhundert und wurde wahrscheinlich als Weinberghaus genutzt. Dort hatten Handwerker und Hofangestellte gewohnt. Für sechs Jahre sollte dort auch Goethe wohnen. Er begann sofort mit umfangreichen Bau- und Umgestaltungsarbeiten. Im Gelände wurden nach seinen Plänen Terrassen angelegt. Das Haus ließ er instand setzen – das Dach und die Fußböden wurden erneuert, neue Fenster und Türen eingesetzt und angestrichen. Vom Hoftischler Johann Martin Mieding (1725–1782, als Theatermeister des Weimarer Liebhabertheaters für Bühnenbild und Maschinerie zuständig) ließ er sich das bescheidene Mobilar schreinern. Aus einem Brief an seine Freundin Charlotte von Stein wissen wir, dass er die Arbeiten selbst beaufsichtigte, soweit es ihm seine Amtsgeschäfte in dieser Zeit erlaubten, und er auch selbst Hand anlegte. So schrieb Goethe im April 1777, dass er sie nicht habe besuchen können: Musste aber bauen und pflanzen. Dorothee Ahrendt vermerkt in ihrem Beitrag zum Stichwort »Garten« im Goethe-Handbuch (Hrsg. Witte et al.), dass auf seinem Grundstück planiert, gerodet, gegraben, gepflanzt wurde, bis der Garten das Aussehen gewonnen hätte, das er im Wesentlichen noch heute besäße. Weiter heißt es: »Vor dem Hause, vom Malvengang hangabwärts, befand sich der regelmäßig gestaltete Nutzgartenteil mit den von Blumenrabatten umgebenen Obst- und Gemüsebeeten; heute befinden sich dort Rasenflächen. Spargel, Salat, Erbsen, Bohnen, Kartoffeln, Erdbeeren und anderes wurden angebaut.« In Form eines *Englischen Gartens* hatte Goethe den hangaufwärts gelegenen Teil des Gartens gestalten lassen – mit einer relativ großen Obstwiese, geschlängelten Wegen und parkartig mit Laub- und Nadelgehölzen bepflanzten Partien. Im Sommer 1782 zog Goethe in die Stadtwohnung. Im Herbst 1782 ließ er am oberen Ruheplatz am Hang die Inschrift *Hier gedachte still ein Liebender seiner Geliebten* anbringen, die sich auf Charlotte von Stein bezieht. 1830 gab Goethe den Auftrag zur Anfertigung der klassizistischen weißen Gartentore (nach einem Entwurf des Baumeisters Coudray) und er ließ auch das Kieselpflaster an den Haus- und Garteneingang legen.

1792 wurde das Haus am Frauenplan mit Nebengebäuden und Garten Goethes Eigentum. Zu diesem Zeitpunkt zogen auch Christiane Vulpius und Sohn August mit ein. Den östlichen Teil des Gartens, der so genannte Treutersche Teil mit Pavillon, in dem Goethe seine Gesteinssammlung unterbrachte, erwarb er erst 1817. Durch die Zusammenlegung der Gärten wurde Goethe wiederum zum eigenen Gartengestalter. Grundsätzlich ließ er die traditionelle Form als Hausgarten mit sich kreuzenden, geraden Wegen bestehen, nutzte jedoch die Gartenfläche für seine botanischen Studien. So ließ er 1794 durch seinen Hausgärtner Friedrich Gottlieb Dietrich (1765–1850, aus einer Bauernbotaniker-Familie bei Jena, wurde nach einem Studium in Jena Hofgärtner in Weimar, von 1801–1845 Begründer und Direktor des botanischen Gartens in Wilhelmsthal bei Eisenach) Pflanzenfamilien nach einem natürlichen System auf Beeten zusammenstellen. Als seine Frau Christiane später den Hausgarten bewirtschaftete, wurde auf den Beeten Gemüse angebaut. Goethe hatte auch Obstbäume, Beerensträucher und Weinstöcke anpflanzen lassen, wodurch die Familie mit Früchten versorgt werden konnte.

Im Dorf *Oberrossla* in der Nähe von Apolda, in der Nähe von Wielands Gut in Ossmannstedt, erwarb Goethe am 8. März 1798 für 13 125 Reichstaler ein kleines Freigut, das ihm am 22. Juni 1798 feierlich übergeben wurde. Goethe verpachtete das Gut und ab 1801 legte er mit einem zweiten Pächter Baumpflanzungen und Spazierwege an. 1797 hatte er in seinen *Tag- und Jahresheften* geschrieben, dass er eine unwiderstehliche Lust nach dem Land- und Gartenleben verspüre, 1798 bezeichnete er diese Lust als landschaftliche Grille und 1802 nannte er sich in diesem Zusammenhang einen verwöhnten Weltbürger. Der Ertrag dieses Gutes war jedoch gering, Goethe konnte sich wegen seiner Amtsgeschäfte nur selten für längere Zeit auf dem Gut aufhalten. Auch gab es häufig Auseinandersetzungen mit den Pächtern und die von Goethe aufgebrachten Mittel standen wohl in keinem Verhältnis zum Gewinn, sie verleideten ihm die Lust an der ganzen Angelegenheit, und so verkaufte er am 16. Juli das Gut für 15 500 Reichstaler an seinen Pächter.

Goethe hat zahlreiche historische Gärten kennen gelernt – so in Wörlitz, Hohenheim (bei Stuttgart) und Florenz. Er wirkte auch bei der Neugestaltung des Parks an der Ilm, der Parkanlagen, des botanisch-exotischen Gartens am Schloss Belvedere, der Parkanlagen in Tiefurt, am Ettersberg und in Dornburg mit. Er war zwar in der Gartengestaltung Dilettant, jedoch hatte er durch die sowohl theoretische als auch praktische Beschäftigung mit der Anlage von Gärten soviel Kenntnisse erworben, dass er sich maßgeblich und erfolgreich an den Planungen und Ausführungen beteiligen konnte. 1799 verfasste Goethe gemeinsam mit Schiller und Johann Heinrich Meyer (dem »Kuntsch-Meyer« aus der Schweiz) das Schema *Über den Dilettantismus*, worin sie ihre Kritik am zeitgenössischen Gartenstil formulierten. Gartenschilderungen sind vor allem in seinem Roman *Die Wahlverwandtschaften* (1809) nachzulesen. Dort äußert sich der Gartengehilfe gegenüber der »Bauherrin« Charlotte wie folgt: Menschen, die ihren Grund und Boden zu nutzen genöthigt sind, führen schon wieder Mauern um ihre Gärten auf, damit sie ihrer Erzeugnisse sicher seien. Daraus entsteht nach und nach eine Ansicht der Dinge. Das Nützliche erhält wieder die Oberhand. (...) es ist möglich, daß Ihr Sohn die sämmtlichen Parkanlagen vernachlässigt und sich wieder hinter die ernsten Mauern und unter die hohen Linden seines Großvaters zurückzieht.

Insbesondere die Episode über das Freigut im Dorf *Oberossla* zeigt wiederum die ökonomische Denkweise von Goethe. Er identifiziert das Gut als unprofitabel und unrentabel und stößt es folgerichtig schließlich ab.

Der Sammler

In seinem Wohnhaus am Frauenplan hat Goethe etwa 26 000 Objekte an Kunstgegenständen, Autographen und Büchern seiner Bibliothek sowie 18 000 Mineralien und 5000 andere Gegenstände und Instrumente gesammelt – zum Anschauen und Betrachten für seine umfassenden Studien der Literatur, Kunst und Naturwissenschaften. (Eine ausführliche Darstellung über Goethes Sammlungen, die wegen seiner doch begrenzten finanziellen Mittel nur wenige Gemälde und Statuen, dafür zahlreiche Reproduktionen, Gipsabgüsse und Zeichnungen enthält, stammt von Erich Trunz in »Ein Tag aus Goethes Leben«.)

Fachleute bescheinigen ihm, dass er durch Ankäufe bei Kunsthändlern und auf Auktionen »plan- und absichtsvoll alles ihm preislich erreichbare Bedeutende, Beachtenswerte und Merkwürdige an Kunst als Gegenstände seiner eigenen Bildung« erworben habe. Auf diese Weise habe er, auch infolge der langen Zeit seiner Sammeltätigkeit, eine der in seiner Zeit umfangreichsten und bedeutendsten Privatsammlungen Deutschlands aufgebaut. In seinem Testament verhinderte Goethe durch Vorschriften, dass diese auch von ihm als hochwertig eingeschätzte Sammlung bis zur Volljährigkeit seiner Enkel aufgelöst und zerstreut wurde. Seine Enkel waren zum Zeitpunkt seines Todes Walther Wolfgang (1818–1885), Wolfgang Maximilian (1820–1883) und Alma Sedina Henriette Cornelia (1827–1844) aus der Ehe seines Sohnes Julius August Walther (1789–1830) mit Ottilie Wilhelmine Ernestine Henriette von Pogwitsch (1796–1872). Danach sollte Goethes Wunsch entsprechend die Sammlung geschlossen in eine öffentliche Einrichtung überführt werden. Bis dahin war testamentarisch für die Betreuung in seinem Wohnhaus als Kustos sein Schreiber Friedrich Theodor David Kräuter (1790–1856; s. Kap. 5) vorgesehen.

Unter den genannten 26 000 Objekten befanden sich 6000 Kupfer- und Stahlstiche, Radierungen, Holzschnitte und Lithographien, 2000 Handzeichnungen aus allen Epochen, 2000 eigene Zeichnungen, Ölgemälde und Aquarelle, 130 Skulpturen, Büsten und andere Abgüsse, 5000 antike Gemmen und deren Abgüsse, 100 Majoliken, 200 Porzellane sowie antike Vasen, 50 Basreliefs und Medaillons, 4000 Münzen und Medaillen, Kleinplastiken, Terrakotten, Erotica und vieles andere mehr. Mit der Katalogisierung begann J. Ch. Schuchardt (s. Kap. 5), deren Ergebnisses erstmals 1848 unter dem Titel »Goethes Kunstsammlungen« erfasst wurden. Sowohl das Goethe-Wohnhaus als auch das Goethe-Museum in Weimar vermitteln noch heute einen eindrucksvollen Einblick in diese Sammlungen.

Goethes naturwissenschaftliche Sammlungen, ein Naturalienkabinett besonderer Art, entstanden im Zusammenhang mit seinen Arbeiten zur Naturforschung etwa ab 1780. Nach 1832 wurden etwa 23 000 Einzelstücke registriert, darunter 17 800 Mineralien, Gesteine und Fossilien, ein Herbarium aus rund 2000 Blättern (mit Beispielen zu seinem Aufsatz über die *Metamorphose der Pflanzen* und 200 Früchten, Samen und Hölzern) und Präparate zur Anatomie sowie Zoologie wie Tierschädel, Kleintierskelette (vor allem von Vögeln und auch Reptilienpräparate). Seit 1791 hatte Goethe auch optische bzw. andere physikalische Apparate erworben, die er für seine Farbenlehre und auch zu elektrischen Versuche verwendete. In den Wohn- und Empfangsräumen standen Sammlungsschränke.

Goethes Bibliothek ist heute noch in seinem Wohnhaus zu sehen. Sie befindet sich in einem Raum neben seinem Arbeitszimmer und diente Goethe als praktische Handbibliothek. Zum Zeitpunkt seines Todes umfasste sie etwa 6500 Bände mit 5424 Titeln. Die Wissensgebiete reichten von antiker, europäischer und orientalischer Literatur bis zu Schwerpunkten auf Gebieten der Sprache, Naturwissenschaften, Kunst, Theologie, Philosophie, Geschichte und Biographie. Darüber hinaus standen ihm 137 Nachschlagewerke und Wörterbücher zur Verfügung. Goethe war im engeren Sinne kein Sammler bibliophiler Werke, denn er konnte die umfangreichen Bibliotheken in Weimar und Jena benutzen, so dass seine eigene Bibliothek nur die Aufgabe hatte, ihm für seine Werke als »Handapparat« zu dienen (s. Kap. 4). Goethe hatte sich auch eine Sammlung an Notenwerken angelegt, die den Hausmusiken diente. Über seine Sammlung an Autographen, die er teils gekauft, teils auch geschenkt bekommen hatte, ließ er bereits 1811 ein Verzeichnis drucken, das er an Freunde verschickte.

Geschäfte mit Verlegern

Die vorstehenden Ausführungen zeigen – ebenso wie das nachfolgende Kapitel – Goethe als harten und erfolgreichen Verhandler um die Honorare für seine Werke.

Siegfried Unseld (selbst Verleger) veröffentlichte erstmals 1991 seine umfangreichen Untersuchungen über »Goethe und seine Verleger«. In diesem Kapitel sollen die Verleger seiner Erstdrucke und Gesamtausgaben, vor allem Göschen und Cotta, und Goethes Beziehungen zu ihnen kurz vorgestellt werden.

Zu den ersten Verlegern Goethes zählt (nach dem bereits erwähnten Breitkopf) Christian Friedrich Weygand (um 1742–1807). Weygand kam als Buchhändler aus Helmstadt 1770 nach Leipzig und wurde dort zu einem der führenden Verleger der Autoren des »Sturm und Drang«. Bei ihm erschienen 1774 »Auf Subscription« Goethes *Götter, Helden und Wieland. Eine Farce, Clavigo. Ein Trauerspiel von Göthe, Neueröffnetes moralisch-politisches Puppenspiel* und anonym *Die Leiden des jungen Werthers*. Infolge der deutschen Kleinstaaterei und des Mangels an einem allgemeinen Urheberrechtsschutz konnten von dem Bestseller »Werther« an die 20 Nach- oder Raubdrucke erscheinen.

Goethes erstes größeres Werk, der *Götz von Berlichingen*, erschien anonym im Selbstverlag und wurde bei L. C. Wittich in Darmstadt 1773 gedruckt. Zuvor hatte er seinen längeren Aufsatz *Von Deutscher Baukunst* anonym im November 1772 (mit der Jahreszahl 1773) bei Johann Conrad Deinet (1735–1797) verlegt. Deinet, zuvor hessischer Pagenmeister und Waldecker Hofrat, hatte 1770 durch Heirat die Frankfurter Buchhandlung und Druckerei Eichenberg erworben, in der ab 1771 auch die *Frankfurtischen Gelehrten Zeitungen* und ab 1772 die *Frankfurter Gelehrten Anzeigen* unter Leitung von Merck (s. Kap. 1) erschienen. Bei Deinet bzw. den Eichenbergischen Erben erschien dann 1774 auch die 2. Auflage des *Götz von Berlichingen*.

Durch die Vermittlung von Merck konnte Goethe die Erstaus-
gaben von *Stella. Ein Schauspiel für Liebende in fünf Akten* und
Claudine von Villa Bella. Ein Schauspiel mit Gesang (beide 1776) von
dem Berliner Buchhändler und Verleger August Mylius (s. Kap. 5)
herausgeben lassen.

Ab 1787 spielte der Leipziger Verleger Georg Joachim Göschen
(1752–1828) durch die Vermittlung von Bertuch (s. Kap. 5) ein wichtige Rolle für Goethes Werke. Göschen gab nicht nur 1786 mehrere,
heute weniger bekannte Schauspiele Goethes in Druck – und 1788
auch den *Egmont* als *Ein Trauerspiel in fünf Aufzügen. Von Goethe.* als
Ächte Ausgabe –, sondern er erwarb auch das Verlagsrecht für die
erste rechtmäßige Gesamtausgabe von Goethes Schriften in acht (in
Antiqua gedruckten) Bänden von 1787 bis 1790, wofür Goethe ein
Voraushonorar von 2000 Talern erhielt. Auch von den bei Göschen
erschienenen Werken Goethes kursierten rasch zahlreiche Nachdrucke, so dass ihm ein Verlust von 1500 Talern entstanden sein
soll. So ist es auch zu verstehen, dass Göschen die ihm 1791 von
Goethe angebotene Schrift *Morphologie der Pflanzen* ablehnte. 1790
gab Göschen jedoch als Einzelwerke unter anderem noch den *Torquato Tasso* und den *Faust. Ein Fragment* als ebenfalls *Ächte Ausgabe*
bezeichnet heraus.

Nach der Absage von Göschen erschien die Erstausgabe von *J. W.
von Goethe Herzoglich Sachsen-Weimarischen Geheimraths Versuch die
Metamophose der Pflanzen zu erklären* 1790 bei dem Gothaer Buchhändler und Verleger Carl Wilhelm Ettinger (gest. 1804), der bereits
1789 den *Römischen Carneval* in Kommission veröffentlicht hatte.

Weitere naturwissenschaftliche Werke gab 1791 und 1792 der
Unternehmer Bertuch in Weimar heraus – und zwar Goethes
*Beyträge zur Optik. Erstes Stück mit XXVII Tafeln. Zweytes Stück mit
einer großen colorirten Tafel und einem Kupfer.* (Weimar, im Verlag des
Industrie-Comptoirs).

Johann Friedrich Unger (1753–1804), Berliner Verleger, Buchdrucker, Schriftkünstler (Unger-Fraktur), Schriftgießer und ab 1800
sogar Professor der Holzschneidekunst an der Berliner Kunsthoch-
schule, lernte Goethe persönlich erst am 10. Mai 1800 auf der Leipziger Messe kennen. Aber bereits 1788 vermittelte Carl Philipp
Moritz (1756–1793, Autor des Bildungsromans *Anton Reiser*), den
Goethe im November 1786 in Rom kennen und schätzen gelernt

hatte, den ersten Verlagskontakt. Unger druckte Goethes *Neue Schriften* (VII 1792–1800), und daraus als Einzelausgaben unter anderem Lustspiele *Der Groß-Cophta* (1792) und *Der Bürgergeneral* (1793) sowie *Wilhelm Meisters Lehrjahre* (IV 1795–1796). Goethe blieb jedoch nicht bei diesem Verleger, da dieser von den *Neuen Schriften* auch nicht ganz legale Doppeldrucke (nicht gemeldete Nachdrucke mit Neusatz) herausgab. Auch machte sich Unger bei Goethe dadurch unbeliebt, dass er als Verleger das national-konservative Journal *Deutschland* herausgab.

So wechselte Goethe schließlich auf Vermittlung von Schiller zu Johann Friedrich Cotta (1764–1832, ab 1822 Freiherr von Cottendorf), dem »Verleger der Klassik« in Tübingen, nachdem er 1798 noch sein Epos *Hermann und Dorothea* bei Johann Friedrich Vieweg dem Älteren (1761–1835) herausgegeben hatte. Der in Berlin, ab 1799 in Braunschweig ansässige Verleger Vieweg, erwarb im Januar 1797 das Verlagsrecht (ohne das Werk zuvor gesehen zu haben) für 1000 Taler. Er brachte das Epos im Oktober 1797 als *Taschenbuch für 1798* in fünf verschiedenen Ausstattungen (teils mit Kalender und Kupferstichen ohne Bezug auf den Text) heraus. Die Vertragsbedingungen waren offensichtlich unklar, so dass Vieweg – im Unterschied zu Goethes Verständnis einer Befristung auf zwei Jahre – in eigenwilliger Auslegung ein dauerhaftes Verlagsrecht des großen Bucherfolges beanspruchte. Goethe lernte Vieweg persönlich ebenso wie Unger 1800 auf der Leipziger Buchmesse kennen. Zwischen 1805 und 1830 gab Vieweg entgegen Goethes Einverständnis mindestens 13 Neudrucke heraus. Daraufhin erhielt er von Goethe kein weiteres Werk angeboten.

Ab 1798 wurde nun Cotta zu Goethes Verleger. Cotta hatte Mathematik, Geschichte und Jura studiert und übernahm 1787 die seit 1659 in Familienbesitz befindliche Tübinger Cotta'sche Verlagsbuchhandlung. Auf seiner dritten Schweizer Reise 1797 war Goethe im September zu Gast in dessen Hause in der Münzgasse 15. Das an sich bescheidene Haus wurde um 1725 mit einer barocken Fassadenmalerei versehen, die nach einer Renovierung im Jahre 1987 wieder sichtbar ist. Die Gedenktafel am Cotta-Haus verzeichnet. »Hier wohnte Goethe vom 7.–16. September 1797«. Über den Aufenthalt bei Cotta äußerte sich Goethe in Briefen an Christiane: Hier bin ich bey Herrn Cotta sehr gut aufgehoben, die Stadt selbst ist abscheulich, allein man darf nur wenige Schritte thun um die schönste Gegend zu sehen. Und an Schiller ist zu lesen: By Herrn Cotta habe ich ein heiteres Zimmer, und, zwischen der alten Kirche und dem akademischen Gebäude, einen freundlichen, obgleich schmalen Ausblick in's Neckartal. Weitere Begegnungen zwischen Goethe und Cotta fanden am 2. Mai 1799 bei Schiller in Jena und im Mai 1800 auf der Leipziger Messe statt sowie auf Cottas Rückreise nach Tübingen auch in Weimar am 25. Mai. Danach besuchte Cotta dann Goethe fast jedes Jahr auf seiner Reise zur Leipziger Buchmesse im April/Mai (zum letzten Mal 1829). Zum Verhältnis zwischen Verleger und Dichter schreibt Gero von Wilpert unter anderem: »In die intensiven, nur selten gespannten, doch nüchternen geschäftlichen Beziehungen, bei denen Cotta stets G(oethe)s harte Honorarforderungen annahm, dringen auch freundschaftliche Töne. 1830 wurde Goethe Pate von Cottas erstem Enkel. Ab 1806 wurde Cotta zum alleinigen Inhaber der Verlagsrechte von Goethes Werken, bei dem die 3. und 4. rechtmäßige Gesamtausgabe zwischen 1806 und 1809 (12 Bände) bzw. 1815 und 1819 (20 Bände) sowie auch nach wohl langen Verhandlungen die ›Ausgabe letzter Hand‹ und das ›Nachlasses‹ (1827–1842) erschienen.« Zwischen dem 24. August 1797 und dem 15. März 1832 sind im ›Repertorium von Goethes Briefen‹ des Goethe- und Schiller-Archivs der Klassik Stiftung Weimar 294 Briefe verzeichnet (s. auch Kap. 5). Cotta war nicht nur Verleger sondern auch Industriepionier (verbreitete die Lithographie und gründet seine Pressemacht auf den Einsatz von Dampfmaschinen) und Politiker. 1814 war er Deputierter beim Wiener Kongress, wo er für die Unabhängigkeit des deutschen Buchhandels eintrat. Siegfried Unseld widmet dem Verhältnis Cotta-Goethe den überwiegenden Teil seines Buches – von den »Annäherungen an Cotta« über »Die erste Gesamtausgabe. Goethe und Cotta« bis »Cotta, der Verleger Goethes 1825–1832« in insgesamt fünf Kapiteln (auf über 400 Seiten). Die letzten Sätze des letzten Kapitels von Unseld lauten: »Am 22. März 1832 stirbt Goethe in Weimar. Sein Leben ›als Kunstwerk‹ hatte er vollendet, die Früchte seines ›Kunstwahren‹ in die Scheuer gefahren. Im Dezember 1832 erscheint im Cotta Verlag der erste Band von *Goethe's nachgelassenen Werken* in zwanzig Bänden. Am 29. Dezember desselben Jahres stirbt in Stuttgart Johann Friedrich Cotta.«

Einnahmen und Vermögen

Seine Werke als »Ausgabe letzter Hand« (60 Bände, 1827–1842) hatte Goethe an seinen Hauptverleger Cotta nach einer Art von Auktion unter 36 Verlagsangeboten (unter Vermittlung von Boisserée) für ein Honorar von 72 500 Taler vergeben.

Im 80. Lebensjahr äußerte sich Goethe gegenüber Eckermann am 13. Februar 1829 über *Gewinn und Verlust* nach einem vorausgegangenen Gespräch über Themen aus den Naturwissenschaften wie folgt:

Man muß alt werden, um dieses alles zu übersehen, und Geld genug haben, seine Erfahrungen bezahlen zu können. Jedes Bonmot das ich sage, kostet mir eine Börse voll Gold; eine halbe Million meines Privatvermögens ist durch meine Hände gegangen, um das zu lernen was ich jetzt weiß, nicht allein das ganze Vermögen meines Vaters, sondern auch mein Gehalt und mein bedeutendes literarisches Einkommen seit mehr als fünfzig Jahren. Außerdem habe ich anderthalb Millionen zu großen Zwecken von fürstlichen Personen ausgeben sehen, denen ich nahe verbunden war und an deren Schritten, Gelingen und Mißlingen ich teilnahm.

Es ist nicht genug, daß man Talent hat, es gehört mehr dazu, um gescheit zu werden; man muß auch in großen Verhältnissen leben, und Gelegenheit haben, den spielenden Figuren der Zeit in die Karten zu sehen, und selber zu Gewinn und Verlust mitspielen.

Goethe stammte aus einem vermögenden Haus. Goethes Großvater Friedrich Georg, der sich Göthé schrieb (1657–1730), aus Artern in Thüringen, kam als Schneidermeister nach Frankfurt am Main und gelangte durch seine zweite Ehe mit Cornelia Schellhorn, geb. Walther (1668–1754) in den Besitz des vornehmen Gasthofs »Zum Weidenhof«. Der erfolgreiche Hotelier hinterließ Goethes Vater Johann Caspar (1710–1782) ein Vermögen von 90 000 Frankfurter Gulden, von dessen Zinsen und Renten der Vater ohne eigenes Einkommen leben konnte. Dieses Vermögen betrug nach dem Tod des Vaters noch 70 000 Gulden (seit der Münzkonvention von 1690 als »Zweidrittelstück des Rechnungstalers«, und im 18. Jahrhundert in Süddeutschland und Österreich auf einen halben Konventionstaler abgewertet). Nach dem Tod der Mutter Catharina Elisabeth, geb.

Textor (1731–1808) erbte Goethe 22 000 Gulden. (Gero von Wilpert setzte 1998 1 Frankfurter Gulden auf etwa 20 DM, 1 Sächsischen Taler auf 40 DM – in Euro etwa die Hälfte.)

Aus Goethes eigener Rechnungsführung, aus amtlichen Quellen, dem Briefwechsel mit Verlegern und vor allem auch den Akten des Hauptverlegers Cotta (s. o. und Kap. 6) wuden Goethes Einnahmen und Vermögen berechnet und unter anderem von Gerhard Schmid zusammenfassend im *Goethe-Handbuch* (Hrsg. Witte et al., Stichwort »Eigentum/Einkommen«) dargestellt. Schmid kommt zu folgendem Ergebnis: Goethe habe in über 55 Jahren amtlicher und literarischer Tätigkeit fast 120 000 Reichstaler als Gehalt und etwa 140 000 Reichstaler an Honoraren erhalten. Goethes Gehalt aus amtlicher Tätigkeit entwickelte sich von 1200 Reichtalern (1776) bis auf 3100 Reichstaler (1816) jährlich.

In einem Brief Schillers an Cotta (vom 18. Mai 1802) ist zu lesen: »Liberalität gegen seine Verleger ist seine Sache nicht.« Zu Beginn seiner »Laufbahn« als Schriftsteller hatte Goethe noch eine andere Meinung. Im Hinblick auf mögliche Autorenhonorare äußerte er sich gegenüber von Georg Michael Frank La Roche (1720–1788) am 23. Dezember 1774, dass diese ihm die Suppe noch nicht fett gemacht hätten. Seine Gedichte in Geld umzutauschen war ihm anfangs zuwider. Diese Einstellung änderte sich jedoch bald. Für seine *Schriften* (8 Bände, 1787–1790) erhielt er von Göschen 2000 Taler, für *Hermann und Dorothea* (1798) von Vieweg 1000 Taler und schließlich von Cotta für jeden Band von *Dichtung und Wahrheit* 2000 Taler (ab 1815), die *Werke* (13 Bände, 1806–1810) 10 000 Taler, die *Werke* (20 Bände, 1816–1822 Tübingen, ab Band XIX Stuttgart) 16 000 Taler und für *Vollständige Ausgabe letzter Hand* (40 Bände von 1827–1830, posthum 1832–1842 auf 60 Bände erweitert) 60 000 Taler. Weitere bedeutende Honorare erhielt Goethe für *Kunst und Altertum* (1816–1828; 8500 Taler), für die *Morphologischen Hefte* (1817–1824; 2400 Taler), für die *Italienische Reise* (1816; 400 Taler), je 2000 Taler für den *West-östlichen Divan* (1819), für *Wilhelm Meisters Wanderjahre* (1821) und die *Campagne in Frankreich* (1822) sowie 4000 Taler für seinen Anteil an der Ausgabe seines Briefwechsels mit Schiller (1828). Rechnet man die Honorareinnahmen für 1815 auf ein Durchschnittshonorar um, so beträgt dieses mit etwa 15 000 Talern weniger als die Hälfte seines Gehaltes. Bei Goethes hohem

Lebensstandard hätte er von seinen Einkünften als Schriftsteller nicht leben können.

Von 1798 bis 1803 versuchte sich Goethe auch als Gutsherr. In dem Dorf Oberroßla bei Apolda in der Nähe von Wielands Gut in Ossmannstedt erwarb er am 8. März 1798 für 13 125 Reichstaler ein kleines Freigut, dass er zunächst verpachtete. Mit einem zweiten Pächter ab 1801 legte Goethe auch Baumpflanzungen und Wege an und dachte daran, dort zu ländlichen Vergnügungen zu weilen. Die landschaftliche Grille dauerte aber nur bis 1805, wegen des geringen Ertrags (oder sogar Verluste) und auch der Schwierigkeiten mit den Pächtern. Goethe verlor die Lust an diesem Unternehmen und verkaufte das Gut Oberroßla für 15 500 Reichstaler.

Als Goethe starb, hinterließ er ein Vermögen von 63 000 Sächsischen Talern und die (geschenkten) Immobilien Gartenhaus im Park der Ilm (im April 1776 vom Herzog 1295 erhalten) sowie das Wohnhaus am Frauenplan (1792 vom Herzog für 6000 Meißner Gulden, etwa 4050 Taler gekauft) mit dem erworbenen Inventar und seinen reichhaltigen Sammlungen, das Nachbarhaus in der Seifengasse mit zwei Hinterhäusern und das übernächste Nebenhaus am Frauenplan. Goethe zählte in Weimar zu den »Spitzenverdienern«. Andererseits hätte er bei einem weniger aufwendigen Lebenstil (mit Aufwendungen zwischen 1400 und 3000 Talern pro Jahr) auch von seinen Honoraren leben können – jedoch nicht in den ersten 20 Jahren seines Schaffens. In den letzten zwei bis drei Jahrzehnten seines langen Lebens konnte er ein beträchtliches Kapitalvermögen ansammeln.

Anhang:
Übersicht über Goethes amtliche Tätigkeiten

(Hinweise auf Kapitel dieses Buches in eckigen Klammern)

1776 11. Juni: *Geheimer Legationsrat* mit Sitz und Stimme im *Geheimen Consilium* (nominell bis zur Umwandlung in ein Staatsministerium am 1. Dezember 1815) [2]

25. Juni: Amtseinführung und Vereidigung als Beamter

1777 14. November: Leitung der *Bergwerkskommission* (bis 1800) [2]

1778 5. Januar: Leitung der *Kriegskommission* in ökonomischer Verwaltung und Rekrutenaushebung bis 1786 [2]

1779 19. Januar Leitung der *Wegebaukommission* – Inspektion des Straßenbaus bis 1786 [2]

5. September: *Geheimer Rat* im Ministerrang

1782 April und Mai: Diplomatische Missionen an den thüringischen Höfen

11. Juni: Präsidium der *Kammer* als Leiter der gesamten Finanzverwaltung (einschließlich Domänen und Forsten) [2] – 1787 auf Wunsch vom Herzog entbunden

1783 29. August: Leitung der *Bergwerkskommission* (zusammen mit Chr. G. Voigt) [2]

1784 6. Juli: Leiter der *Ilmenauer Steuerkommission* (bis 1805, nominell bis 1818)

1788 18. Juni: Nach der Italienreise – auf Wunsch Entlastung in den zahlreichen früheren Ämtern

Mit-Oberaufsicht des *Freien Zeichen-Instituts* in Weimar (ab 1797 alleinige Oberaufsicht) [4]

1789 23. März: Mitglied der *Schlossbau-Kommission* zum Wiederaufbau des abgebrannten Weimarer Schlosses (bis 1. August 1803) [2]

1790 21. Oktober: Leitung der *Wasserbaukommission* (bis zur Auflösung am 1. September 1803) [2]

Goethe – der Manager. Georg Schwedt
Copyright © 2009 WILEY-VCH Verlag GmbH & Co. KGaA, Weinheim
ISBN: 978-3-527-50369-8

1791 17. Januar: Oberaufsicht und Leitung (als Intendant) des *Weimarer Hoftheaters* und des Theaters in *Lauchstädt* (Rücktritt am 13. April 1817) [4]

1794 20. Februar: Verwaltung der *Botanischen Anstalt* in Jena (mit Voigt) [4]

1797 9. Dezember: Leitung der herzoglichen Bibliotheken in Weimar und Jena und des Münzkabinetts (mit Voigt) [4]

1803 11. November: Oberaufsicht über die *Museen in Jena* (Mineralogie, Anatomie, Zoologie, physikalisch-chemische Sammlungen) [4]

1804 13. September: Ernennung zum *Wirklichen Geheimen Rat* (mit dem Prädikat Exzellenz)

1809 Oberaufsicht über die *unmittelbaren Anstalten für Wissenschaft und Kunst* in Weimar und Jena (mit Voigt) [4]

1812 21. April: Oberaufsicht über die *Sternwarte* in Jena [4]

1815 12. Dezember: Ernennung zum *Staatsminister*

1816 Oberaufsicht über die *Tierarzneischule* in Jena [4]

1817 7. Oktober: Oberleitung beim Umbau und der Reorganisation der *Universitätsbibliothek* Jena [4]

1825 7. November: *Goldenes Dienstjubiläum*

Literaturverzeichnis

Böttiger, Karl August: *Literarische Zustände und Zeitgenossen. Begegnungen und Gespräche im klassischen Weimar*, 2. Aufl. Berlin 1998.

Bradish, Joseph A. von: *Goethes Beamtenlaufbahn*, B. Westermann, New York 1934.

Bulling, Karl: *Goethe als Erneuerer und Benutzer der jenaischen Bibliotheken*, Frommann, Jena 1932.

Däbritz, Walther: *Goethes volkswirtschaftliche Anschauungen*, Heft 4 der Schriften der Ortsvereinigung Essen der Goethe-Gesellschaft zu Weimar, Essen 1948.

Eckermann, Johann Peter: *Gespräche mit Goethe in den letzten Jahren seines Lebens*, Reclam, Stuttgart 1994.

Götting, Franz: *Chronik von Goethes Leben*, Insel-Verlag, Leipzig 1953.

Heinemann, Albrecht von: *Ein Kaufmann der Goethezeit. Friedrich Johann Justin Bretuchs Leben und Werk*, Hermann Böhlau Nachf., Weimar 1955.

Hüttl, Adolf: *Goethes wirtschafts- und finanzpolitische Tätigkeit. Ein wenig bekannter Teil seines Lebens*, Verlag Dr. Kovač, Hamburg 1995.

Klauß, Jochen: *Der Zeichner Goethe 1788–1832*, Nationale Forschungs- und Gedenkstätten der klassischen und deutschen Literatur in Weimar 1990.

Knoche, Michael (Hrsg.): *Herzogin Anna Amalia Bibliothek. Kulturgeschichte einer Sammlung*, Hanser, München 1999.

Knoche, Michael: *Die Bibliothek brennt. Ein Bericht aus Weimar*, Wallstein, Göttingen 2006.

Küntzel, Ulrich: *Die Geschäfte des Herrn Goethe*, Fackelträger Verlag, Hannover 1997.

Mahl, Bernd: *Goethes ökonomisches Wissen*, Verlag Peter Lang, Frankfurt am Main und Bern 1982.

Pleticha, Heinrich (Hrsg.): *Das klassische Weimar. Texte und Zeugnisse*, dtv, München 1983.

Putnoki, Hans und Hilgers, Bodo: *Große Ökonomen und ihre Theorien. Ein chronologischer Überblick*, Wiley-VCH, Weinheim 2007.

Raabe, Paul: *Spaziergänge durch Goethes Weimar*, Arche, Zürich 1990 (10. Aufl. 2005).

Raabe, Paul (Hrsg.): *Goethes Werke – Weimarer Ausgabe*, 53. Band (Gesamtregister), Nachträge und Register zur IV. Abteilung: Briefe, 3. Band, Deutscher Taschenbuch Verlag, München 1990.

Rohlfing, Helmut: C.»Die Bibliothek. ›In der Gegenwart eines großen Capitals, das geräuschlos unberechenbare Zinsen spendet‹ Goethe und die Göttinger Bibliothek, in: ›*Der gute Kopf leuchtet überall hervor‹ Goethe, Göttingen und die Wissenschaft* (Hrsg. Elmar Mittler, Elke Purpus und Georg Schwedt), Wallstein Verlag, Göttingen 1999.

Rückert, Josef: *Bemerkungen über Weimar 1799.* Herausgegeben und mit einem

Goethe – der Manager. Georg Schwedt
Copyright © 2009 WILEY-VCH Verlag GmbH & Co. KGaA, Weinheim
ISBN: 978-3-527-50369-8

Nachwort versehen von Ebergard Haufe, Kiepenheuer, Weimar 1969.

Schleif, Walter: *Goethes Diener*, Aufbau-Verlag, Berlin und Weimar 1965.

Schwedt, Georg: *Das Reiselexikon. Goethe – Museen, Orte, Reiserouten*, Callway, München 1996.

Schwedt, Georg: *Goethe als Chemiker*, Springer, Berlin/Heidelberg 1998.

Schwedt, Georg: *Goethes Reisen an den Rhein*, Bouvier, Bonn 1998.

Schwedt, Georg: *Die Naturwissenschaften in Goethes Freitagsgesellschaft*, Naturwiss. Rdsch. 52, 5–11 (1999).

Schwedt, Georg: *Goethe in Göttingen und zur Kur in Pyrmont*, Vandenhoeck & Ruprecht, Göttingen 1999.

Schwedt, Georg: *Goethe-Orte des Harzes. Ein Reiseführer auf den Spuren des Dichters und Geologen*, Piepersche Druckerei und Verlag, Clausthal-Zellerfeld 1999.

Seemann, Annette: *Weimar. Ein Reisebegleiter*, Insel Verlag, Frankfurt am Main und Leipzig 2004.

Steiner, Walter und Uta Kühn-Stillmark: *Friedrich Justin Bertuch. Ein Leben im klassischen Weimar zwischen Kultur und Kommerz*, Böhlau et al. 2001.

Steinfeld, Ludwig: *Goethes Reisen zwischen Frankfurt und Weimar*, Verlag W. Kramer, Frankfurt am Main 1991.

Unseld, Siegfried: *Goethe und seine Verleger*, Insel Taschenbuch, Frankfurt am Main 1998.

Vulpius, Wolfgang: *Goethe in Thüringen. Stätten seines Lebens und Wirkens*, Greifenverlag zu Rudolstadt, 2. Aufl. 1990.

Wagenbreth, Otfried: *Goethe und der Ilmenauer Bergbau*, 2. Aufl., TU Bergakademie Freiberg, Ilmenau/Freiberg 2006.

Wilpert, Gero von: *Goethe-Lexikon*, Kröner, Stuttgart 1998.

Witte, Bernd/Buck, Theo/Dahnke, Hans-Dietrich/Otto, Regine und Peter Schmidt: *Goethe-Handbuch*, Metzler, Stuttgart 1997.

Namensregister

Goethe – der Manager. Georg Schwedt
Copyright © 2009 WILEY-VCH Verlag GmbH & Co. KGaA, Weinheim
ISBN: 978-3-527-50369-8